DIN-Taschenbuch 7

DIN

TASCHENBUCH **7**

Normen über Graphische Symbole für die Elektrotechnik

Schaltzeichen

8. Auflage

Stand der abgedruckten Normen: 31. Mai 1983

1983

Herausgeber: DIN Deutsches Institut für Normung e. V.

 BEUTH VERLAG GMBH · BERLIN · KÖLN

CIP-Kurztitelaufnahme der Deutschen Bibliothek

Normen über Graphische Symbole für die Elektrotechnik:

Schaltzeichen

Hrsg.: DIN, Dt. Inst. für Normung e. V.

8. Aufl., Stand d. abgedr. Normen: 31. Mai 1983

Berlin; Köln: Beuth

1983.

(DIN-Taschenbuch; 7)

ISBN 3-410-11633-8

NE: Deutsches Institut für Normung: DIN-Taschenbuch

Titelaufnahme nach RAK entspricht DIN 1505
ISBN nach DIN 1462. Schriftspiegel nach DIN 1504.

Übernahme der CIP-Kurztitelaufnahme auf Schrifttumskarten durch Kopieren oder Nachdrucken frei.

DK 621.3 : 003.62

340 Seiten A5, 1 Tafel A4, brosch.

(ISBN 3-410-11065-8 7. Auflage)

ISSN 0342-801X

© DIN Deutsches Institut für Normung e. V.
1983
Alle Rechte vorbehalten. Nachdruck, auch auszugsweise, verboten.
Printed in Germany. Druck: Oskar Zach KG, Berlin (West)

Inhalt

	Seite
Die deutsche Normung	6
Vorwort	7
Hinweise für das Anwenden des DIN-Taschenbuches	9
Hinweise für den Anwender von DIN-Normen	9
DIN-Nummernverzeichnis	10
Abgedruckte Normen (nach steigenden DIN-Nummern geordnet)	11
Verzeichnis der abgedruckten Normen	322
Verzeichnis nicht abgedruckter Normen und Norm-Entwürfe	324
Verzeichnis von IEC-Publikationen für Schaltzeichen	326
Verzeichnis der im DIN-Taschenbuch 107 abgedruckten Normen	329
Stichwortverzeichnis	330

Die in den Verzeichnissen in Verbindung mit einer DIN- oder IEC-Nummer verwendeten Abkürzungen bedeuten:

T	Teil
E	Entwurf
Bbl	Beiblatt
DIN IEC	Deutsche Norm, in die eine Norm der IEC unverändert übernommen wurde
IEC	Internationale Elektrotechnische Kommission

Maßgebend für das Anwenden jeder in diesem DIN-Taschenbuch abgedruckten Norm ist deren Fassung mit dem neuesten Ausgabedatum. Vergewissern Sie sich bitte im aktuellen DIN-Katalog mit neuestem Ergänzungsheft oder fragen Sie: (030) 26 01-600.

Die deutsche Normung

Grundsätze und Organisation

Normung ist das Ordnungsinstrument des gesamten technisch-wissenschaftlichen und persönlichen Lebens. Sie ist integrierender Bestandteil der bestehenden Wirtschafts-, Sozial- und Rechtsordnungen.

Normung als satzungsgemäße Aufgabe des DIN Deutsches Institut für Normung e. V.*) ist die planmäßige, durch die interessierten Kreise gemeinschaftlich durchgeführte Vereinheitlichung von materiellen und immateriellen Gegenständen zum Nutzen der Allgemeinheit. Sie fördert die Rationalisierung und Qualitätssicherung in Wirtschaft, Technik, Wissenschaft und Verwaltung. Normung dient der Sicherheit von Menschen und Sachen, der Qualitätsverbesserung in allen Lebensbereichen sowie einer sinnvollen Ordnung und der Information auf dem jeweiligen Normungsgebiet. Die Normungsarbeit wird auf nationaler, regionaler und internationaler Ebene durchgeführt.

Träger der Normungsarbeit ist das DIN, das als gemeinnütziger Verein Deutsche Normen (DIN-Normen) erarbeitet. Sie werden unter dem Verbandszeichen

<u>DIN</u>

vom DIN herausgegeben.

Das DIN ist eine Institution der Selbstverwaltung der an der Normung interessierten Kreise und als die zuständige Normenorganisation für das Bundesgebiet und Berlin (West) durch einen Vertrag mit der Bundesrepublik Deutschland bestätigt.

Information

Über alle bestehenden DIN-Normen und Norm-Entwürfe informieren der jährlich neu herausgegebene DIN-Katalog für technische Regeln und die dazu monatlich erscheinenden akkumulierten Ergänzungshefte.

Die Zeitschrift DIN-MITTEILUNGEN + elektronorm — Zentralorgan der deutschen Normung — berichtet über die Normungsarbeit im In- und Ausland. Deren ständige Beilage „DIN-Anzeiger für technische Regeln" gibt sowohl die Veränderungen der technischen Regeln wie die neu in das Arbeitsprogramm aufgenommenen Regelungsvorhaben als auch die Ergebnisse der regionalen und internationalen Normung wieder.

Auskünfte über den jeweiligen Stand der Normungsarbeiten im nationalen Bereich sowie in den europäisch-regionalen und internationalen Normenorganisationen vermittelt:

Deutsches Informationszentrum für technische Regeln (DITR) im DIN, Burggrafenstraße 4—10, D-1000 Berlin 30; Telefon (030) 26 01 - 600. Telex 185 269 ditr d.

Bezug der Normen und Normungsliteratur

Sämtliche Deutsche Normen und Norm-Entwürfe, Europäische Normen, Internationale Normen sowie alles weitere Normen-Schrifttum sind beziehbar durch den organschaftlich mit dem DIN verbundenen Beuth Verlag GmbH, Burggrafenstraße 4—10, 1000 Berlin 30; Fernsprecher: (030) 26 01 - 260.

DIN-Taschenbücher

In DIN-Taschenbüchern sind die für einen Fach- oder Anwendungsbereich wichtigen DIN-Normen, auf Format A5 verkleinert, zusammengestellt. Die DIN-Taschenbücher haben in der Regel eine Laufzeit von drei Jahren, bevor eine Neuauflage erscheint. In der Zwischenzeit kann ein Teil der abgedruckten DIN-Normen überholt sein. Maßgebend für das Anwenden jeder Norm ist jeweils deren Fassung mit dem neuesten Ausgabedatum.

---

*) Im folgenden in der Kurzform DIN verwendet

Vorwort

Regeln über graphische Symbole für Schaltungsunterlagen (Schaltzeichen) werden im UK 113.1 „Schaltzeichen und Schaltungsunterlagen" der Deutschen Elektrotechnischen Kommission (DKE) ausgearbeitet.

Ein großer Teil der Schaltzeichen entspricht Festlegungen der IEC. In den Normen sind die Schaltzeichen in einer dafür vorgesehenen Spalte entsprechend gekennzeichnet.

Schaltzeichen wurden bei IEC in Publikationen der Reihe 117 (siehe Verzeichnis von IEC-Publikationen für Schaltzeichen) festgelegt.

Diese IEC-Publikationen sind z. Z. einer Neugliederung unterworfen. Das IEC-Schaltzeichenwerk wird künftig unter der Nr. 617 in 13 Teilen enthalten sein (DIN-IEC-Norm-Entwürfe dazu siehe Verzeichnis der nicht abgedruckten Normen und Norm-Entwürfe).

Die gegenüber der letzten Auflage von DIN-Taschenbuch 7 (TAB 7) neu aufgenommenen Normen sind im DIN-Nummernverzeichnis entsprechend gekennzeichnet.

Die Reihe der Normen DIN 40 100 über Bildzeichen (graphische Symbole für Einrichtungen) der Elektrotechnik sind in dieser Auflage nicht mehr enthalten. Es ist beabsichtigt, diese Normenreihe zusammen mit der Normenreihe über Schilder der Elektrotechnik in ein neues DIN-Taschenbuch aufzunehmen. DIN 40 700 Teil 18 aus der letzten Auflage ist durch DIN 40 900 Teil 13 ersetzt.

DIN 40 722 Bbl 1 ist im DIN-TAB 107 enthalten. Es ist beabsichtigt, dieses Beiblatt aufgrund der im April 1983 erschienenen DIN 2425 Teil 7 „Planwerke für die Versorgungswirtschaft, die Wasserwirtschaft und für Fernleitungen; Leitungspläne für Stromversorgungs- und Nachrichtenanlagen" zurückzuziehen. Normen über Schaltungsunterlagen der Elektrotechnik sind im TAB 107 zusammengefaßt.

Frankfurt/Main, im Juni 1983   W. Fladerer

Hinweise für das Anwenden des DIN-Taschenbuches

Eine Norm ist das herausgegebene Ergebnis der Normungsarbeit.

Eine Deutsche Norm (DIN-Norm) ist eine im DIN Deutsches Institut für Normung e. V. aufgestellte und von ihm unter dem Zeichen **DIN** herausgegebene Norm.

Eine Vornorm ist eine Norm, zu der noch Vorbehalte hinsichtlich der Anwendung bestehen und nach der versuchsweise gearbeitet werden kann.

Eine Auswahlnorm (früher Auswahlblatt genannt) ist eine Norm, die für ein bestimmtes Fachgebiet einen Auszug aus einer anderen Norm enthält, jedoch ohne sachliche Veränderungen oder Zusätze.

Eine Übersichtsnorm (früher Übersichtsblatt genannt) ist eine Norm, die eine Zusammenstellung aus Festlegungen mehrerer Normen enthält, jedoch ohne sachliche Veränderungen oder Zusätze.

Teil (früher Blatt genannt) kennzeichnet eine Norm, die den Zusammenhang zu anderen Festlegungen — in anderen Teilen — dadurch zum Ausdruck bringt, daß sich die DIN-Nummer nur in der Zählnummer hinter dem Wort Teil unterscheidet. In den Verzeichnissen dieses DIN-Taschenbuches ist deshalb gemäß einem Beschluß des Präsidiums des DIN bei DIN-Nummern generell die Abkürzung „T" für die Benennung „Teil" angegeben; sie steht zutreffendenfalls auch synonym für „Blatt".

Eine Norm, die durch ein liegendes Kreuz hinter dem Ausgabedatum gekennzeichnet ist (Kreuzausgabe), unterscheidet sich von der vorangegangenen Ausgabe nur unwesentlich, so daß die Ausgabe gleichen Ausgabedatums ohne Kreuz unbedenklich weiter angewendet werden kann. Bei zwei oder mehreren Kreuzen hinter einem Ausgabedatum sind zweimal oder mehrmals Kreuzausgaben erschienen. — Seit 1969 werden keine neuen Kreuzausgaben mehr herausgegeben.

Ein Beiblatt enthält Informationen zu einer Norm, jedoch keine zusätzlichen genormten Festlegungen.

Ein Norm-Entwurf ist das vorläufig abgeschlossene Ergebnis einer Normungsarbeit, das in der Fassung der vorgesehenen Norm der Öffentlichkeit zur Stellungnahme vorgelegt wird.

Das Erscheinungsdatum von Normen und Norm-Entwürfen ist der Tag, an dem sie zum Verkauf freigegeben sind.

Die Gültigkeit von Normen beginnt mit dem Zeitpunkt des Erscheinens.

Hinweise für den Anwender von DIN-Normen

Die Normen des Deutschen Normenwerkes stehen jedermann zur Anwendung frei.

Festlegungen in Normen sind aufgrund ihres Zustandekommens nach hierfür geltenden Grundsätzen und Regeln fachgerecht. Sie sollen sich als „anerkannte Regeln der Technik" einführen. Bei sicherheitstechnischen Festlegungen in DIN-Normen besteht überdies eine tatsächliche Vermutung dafür, daß sie „anerkannte Regeln der Technik" sind. Die Normen bilden einen Maßstab für einwandfreies technisches Verhalten; dieser Maßstab ist auch im Rahmen der Rechtsprechung von Bedeutung. Eine Anwendungspflicht kann sich aus Rechts- oder Verwaltungsvorschriften, Verträgen oder aus sonstigen Rechtsgrundlagen ergeben. DIN-Normen sind nicht die einzige, sondern eine Erkenntnisquelle für technisch ordnungsmäßiges Verhalten im Regelfall. Es ist auch zu berücksichtigen, daß DIN-Normen nur den zum Zeitpunkt der jeweiligen Ausgabe herrschenden Stand der Technik berücksichtigen können. Durch das Anwenden von Normen entzieht sich niemand der Verantwortung für eigenes Handeln. Jeder handelt insoweit auf eigene Gefahr.

Jeder, der beim Anwenden einer DIN-Norm auf eine Unrichtigkeit oder die Möglichkeit einer unrichtigen Auslegung stößt, wird gebeten, dies dem DIN unverzüglich mitzuteilen, damit etwaige Mängel beseitigt werden können.

DIN-Nummernverzeichnis

Hierin bedeuten:
- Neu aufgenommen gegenüber der 7. Auflage des TAB 7
- ☐ Geändert gegenüber der 7. Auflage des TAB 7
- ○ Zur abgedruckten Norm besteht ein Norm-Entwurf
- (En) Von dieser Norm gibt es auch eine vom DIN herausgegebene englische Übersetzung

DIN	Seite	DIN	Seite	DIN	Seite
19 227 T 1 ●	11	40 700 T 16 (En)	152	40 713 [2][6]) (En)	215
19 227 T 2 ●	25	40 700 T 20 [5])	156	40 713 Bbl 1 (En)	223
40 700 T 1 [7]) (En)	40	40 700 T 21 [3])	159	40 713 Bbl 3 (En)	232
40 700 T 2 [4]) (En)	42	40 700 T 22	164	40 714 T 1 [5]) (En)	239
40 700 T 3 [8]) (En)	54	40 700 T 23 (En)	168	40 714 T 2 [5]) (En)	244
40 700 T 4 [1]) [8])	60	40 700 T 24 (En)	174	40 714 T 3 [5]) (En)	247
40 700 T 5 (En)	63	40 700 T 25 [8]) (En)	179	40 715 [13])	253
40 700 T 7 [7]) (En)	65	40 700 T 98 [8]) (En)	185	40 716 T 1 [9]) (En)	269
40 700 T 8 [4]) (En)	67	40 703 [1]) (En)	187	40 716 T 4 [9]) (En)	273
40 700 T 9 [3])[7]) (En)	73	40 703 Bbl 1	190	40 716 T 5 (En)	279
40 700 T 10 ☐	75	40 704 T 1	191	40 716 T 6 [9]) (En)	281
40 700 T 11 [8]) (En)	92	40 706 [4]) (En)	195	40 717 ○ (En)	285
40 700 T 12 [4])	100	40 708 (En)	200	40 722 [2])[10])[11]) (En)	299
40 700 T 13 [4]) (En)	111	40 710 [1])[5])	204	40 900 T 13 ●	309
40 700 T 14 [14])	114	40 711 [2]) (En)	207	43 609 ●	317
40 700 T 15 [8])	148	40 712 [1])[3])[5])[12]) (En)	210		

Für die durch nachstehende Fußnoten gekennzeichneten Normen bestehen folgende DIN-IEC-Norm-Entwürfe:

[1]) DIN IEC 3A-75
[2]) DIN IEC 3A-76
[3]) DIN IEC 3A-77
[4]) DIN IEC 3A-78
[5]) DIN IEC 3A-79
[6]) DIN IEC 3A-80
[7]) DIN IEC 3A-81
[8]) DIN IEC 3A-82
[9]) DIN IEC 3A(Sec)88
[10]) DIN IEC 3A(Sec)89
[11]) DIN IEC 3A(CO)122
[12]) DIN IEC 3A(CO)142
[13]) DIN IEC 3A(CO)146
[14]) Zu dieser Norm besteht der Norm-Entwurf DIN 40 900 T 12

Gegenüber der letzten Auflage nicht mehr abgedruckte Normen

DIN	DIN	DIN	DIN
40 100 T 1	40 100 T 6	40 100 T 12	40 100 T 18
40 100 T 1 Bbl 1	40 100 T 7	40 100 T 13	40 100 T 19
40 100 T 2	40 100 T 8	40 100 T 14	40 100 T 20
40 100 T 3	40 100 T 9	40 100 T 15	40 700 T 18
40 100 T 4	40 100 T 10	40 100 T 16	40 722 Bbl 1
40 100 T 5	40 100 T 11	40 100 T 17	

DK 62-5 : 003.62   September 1973

Bildzeichen und Kennbuchstaben
für Messen, Steuern, Regeln
in der Verfahrenstechnik
Zeichen für die funktionelle Darstellung

DIN 19 227
Blatt 1

Graphical symbols and identifying letters for process measurement and control functions; symbols for basic functions

Zusammenhang mit einem in Vorbereitung befindlichen Internationalen Norm-Entwurf, siehe Erläuterungen.

1. Geltungsbereich

Diese Norm gilt für alle verfahrenstechnischen Anlagen, beispielsweise in der chemischen Industrie, in der Mineralölindustrie, für entsprechende Anlagen in Kraftwerken, Hüttenwerken und Zechen, für die Industrie der Steine und Erden, die Zellstoff- und Papierindustrie, die Nahrungsmittelindustrie, die Gas- und Wassertechnik, die Klimatechnik u. ä. Für fertigungstechnische Anlagen mit kontinuierlichen Arbeitsvorgängen ist sie in gleicher Weise anwendbar.

Die vorliegende Norm bezieht sich nur auf meßtechnische, steuerungstechnische und regelungstechnische Einrichtungen, im folgenden MSR-Einrichtungen genannt. Sie ergänzt damit DIN 28 004 (Fließbilder verfahrenstechnischer Anlagen), die derzeitige Neubearbeitung von DIN 2481 (Wärmekraftanlagen) u. a.

Die in den Beispielen gewählte Darstellung von Apparaten, Maschinen, Rohrleitungen und dergleichen ist nicht Gegenstand dieser Norm.

2. Anwendung

MSR-Einrichtungen werden im allgemeinen in zwei Phasen geplant, die sich nicht immer klar trennen lassen: In der ersten Phase wird in engem Zusammenhang mit der Verfahrensplanung die Aufgabenstellung, d. h. die funktionelle Arbeitsweise der MSR-Einrichtungen, in einer einfachen, für alle Beteiligten verständlichen Form dargestellt.

Diese Norm legt ein System von Kennbuchstaben und -zeichen (nachfolgend kurz „Kennbuchstaben" genannt) und einigen Bildzeichen zum Darstellen der funktionellen Arbeitsweise fest.

In der zweiten Phase der Planung wird die gerätetechnische Ausführung der MSR-Einrichtungen festgelegt. Eine Norm über ihre zeichnerische Darstellung ist in Vorbereitung.

3. Darstellung

Aus der Darstellung soll hervorgehen:
Die Meßgröße[1]) oder eine andere Eingangsgröße[2]), ihre Verarbeitung, die MSR-Stellen-Nummer, die Ortsangaben und der Signalflußweg[2]).

3.1. Meßort

Der Meßort kann durch einen Kreis mit einem Durchmesser von vorzugsweise 2 mm[3]) dargestellt werden und ist durch eine Linie von vorzugsweise 0,25 mm[3]) Breite mit dem MSR-Stellen-Kreis (siehe Abschnitt 3.2) zu verbinden.

Wenn keine Verwechslung möglich ist, darf der Kreis für den Meßort wegfallen (siehe Beispiele zu Abschnitt 3.2). Der Meßort soll verfahrensgerecht eingezeichnet werden; wenn notwendig, können genaue Angaben (z. B. bei einer Destillierkolonne: 5. Boden) angeschrieben werden.

3.2. MSR-Stellen-Kreis

Die Funktionen einer MSR-Stelle werden durch Kennbuchstaben (siehe Abschnitt 3.3) in einem Kreis von vorzugsweise 10 mm[3]) Durchmesser dargestellt, der bei größerem Platzbedarf zu einem Langrund gestreckt werden kann. Kreis und Langrund werden im folgenden MSR-Stellen-Kreis genannt. Im MSR-Stellen-Kreis werden zusätzlich zu den Kennbuchstaben die Ortskennzeichnung (siehe Abschnitt 3.4) und die MSR-Stellen-Nummer (siehe Abschnitt 3.5) angegeben.

Beispiele:

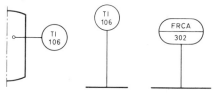

3.2.1. MSR-Stellen-Kreis bei Mehrfacherfassung einer Meßgröße

Wird eine Meßgröße durch getrennte Aufnehmer mehrfach erfaßt — z. B. aus Sicherheitsgründen — dann sollen im allgemeinen auch getrennte MSR-Stellen-Kreise angewendet werden; Widerstandsthermometer oder Thermoelemente, die in einem gemeinsamen Schutzrohr am selben Ort untergebracht sind, erhalten üblicherweise nur einen MSR-Stellen-Kreis.

3.2.2. MSR-Stellen-Kreis bei Ausgabe mehrerer Meßgrößen mit einem Gerät

Werden mehrere Meßgrößen mit einem Ausgabegerät wiedergegeben, wird jeder Meßgröße ein eigener MSR-Stellen-Kreis zugeordnet. Die Zusammenfassung mehrerer Meßgrößen in einem Gerät kann außerhalb des MSR-Stellen-Kreises gekennzeichnet werden (siehe Abschnitt 3.6 und Beispiel TIR 107 auf Seite 5).

---

[1]) Begriff siehe DIN 1319 Blatt 2
[2]) Begriff siehe DIN 19 226
[3]) Empfohlen in Anlehnung an DIN 28 004 Blatt 2

Fortsetzung Seite 2 bis 13
Erläuterungen Seite 14

Fachnormenausschuß Messen, Steuern, Regeln (FMSR) im Deutschen Normenausschuß (DNA)

3.2.3. Verwendung mehrerer MSR-Stellen-Kreise

Mitunter ist es notwendig, die Kennbuchstaben einer MSR-Stelle nicht in einem einzigen MSR-Stellen-Kreis zusammenzufassen, sondern aus Gründen einer unmißverständlichen Darstellung mehrere MSR-Stellen-Kreise anzuwenden, z. B. wenn neben der Meßgröße auch ihre durch Ergänzungsbuchstaben gekennzeichnete Modifizierungen verarbeitet werden (siehe Beispiele Nr 111 auf Seite 5, 504 auf Seite 9 und folgende) oder wenn mehrere Ausgabe- und Bedienungsorte vorhanden sind (siehe Abschnitt 3.4).

3.3. Kennbuchstaben

Meßgrößen oder andere Eingangsgrößen und ihre Verarbeitung werden durch die Kennbuchstaben nach Tabelle 1 angegeben.

3.3.1. Eintragung im MSR-Stellen-Kreis, Reihenfolge

Die Kennbuchstaben werden in den oberen Teil des MSR-Stellen-Kreises eingetragen. Die Reihenfolge ergibt sich aus Tabelle 1.

Tabelle 1. Kennbuchstaben für MSR-Technik

Kenn-buch-stabe	Gruppe 1: Meßgröße oder andere Eingangsgröße		Gruppe 2: Verarbeitung
	als Erstbuchstabe	als Ergänzungsbuchstabe (1) (2)	als Folgebuchstabe Reihenfolge: O, I, R, C, S, Z, A
A	──── (3)		Grenzwertmeldung, Alarm
B	──── (3)		
C	──── (3)		selbsttätige Regelung, selbsttätige fortlaufende Steuerung (10)
D	Dichte	Differenz	──── (1)
E	elektrische Größen		
F	Durchfluß, Durchsatz	Verhältnis	──── (1)
G	Abstand, Länge, Stellung		
H	Handeingabe, Handeingriff (4)		
I	──── (3)		Anzeige
J	──── (3)	──── (9)	──── (1)
K	Zeit		
L	Stand (auch von Trennschicht)		
M	Feuchte		
N	frei verfügbar (5)		
O	frei verfügbar (5)		Sichtzeichen, Ja/Nein-Aussage, (nicht Alarm)
P	Druck		
Q	Qualitätsgrößen (Analyse, Stoffeigenschaft) (außer D, M, V) (6)	Integral, Summe	──── (1) (11)
R	Strahlungsgrößen		Registrierung (12)
S	Geschwindigkeit, Drehzahl, Frequenz		Schaltung, nicht fortlaufende Steuerung
T	Temperatur		──── (13)
U	zusammengesetzte Größen (7)		
V	Viskosität		
W	Gewichtskraft, Masse (8)		
X	sonstige Größen (5)		
Y	frei verfügbar (5)		
Z	──── (3)		Noteingriff, Sicherung durch Auslösung
+			oberer Grenzwert (14)
/			Zwischenwert (14)
−			unterer Grenzwert (14)

Ist zum Beschreiben einer Aufgabenstellung eine zusätzliche Kennzeichnung notwendig, dann gelten die Angaben nach Abschnitt 3.6.

Ergänzende Angaben zu Tabelle 1:

Zu (1):
Buchstaben, denen bereits eine Bedeutung als „Ergänzungsbuchstabe" zugeordnet ist, dürfen nicht als Folgebuchstaben angewendet werden.

Zu (2):
Für die Ergänzungsbuchstaben sind auch Kleinbuchstaben zugelassen.

Zu (3):
Die Buchstaben A, B, C, I, J und Z in Gruppe 1 bleiben einer späteren Normung vorbehalten.

Zu (4):
Der Buchstabe H wurde aus praktischen Gründen in Übereinstimmung mit ISO in die Gruppe 1 der Tabelle aufgenommen. Er steht für vom Menschen vorgenommene (nicht selbsttätige) Einwirkungen.

Zu (5):
Die Buchstaben N, O und Y sind zur freien Verwendung durch den Anwender reserviert. Damit ist gemeint, daß einer dieser Buchstaben einer häufig wiederkehrenden Meßgröße in einer Anlage zugeordnet werden kann, wenn diese Meßgröße nicht in der Buchstabentabelle enthalten ist.
Kommt eine einzelne, nicht zugeordnete Meßgröße vor, dann soll dafür der Buchstabe X angewendet werden.

Zu (6):
Qualitätsgrößen sind z. B.: Konzentration, pH-Wert, Leitfähigkeit, Heizwert, Wobbe-Zahl, Flammpunkt, Farbzahl, Brechungsindex, Konsistenz.

Zu (7):
Aus mehreren Größen zusammengesetzte Größe, soweit sie nicht durch andere Kennbuchstaben dargestellt werden können.

Zu (8):
Begriff siehe DIN 1305

Zu (9):
J ist bei ISO als Ergänzungsbuchstabe für „Abfragen" (Scanning) vorgesehen.

Zu (10):
Die Unterscheidung, ob es sich hierbei um eine Steuerung oder Regelung handelt, ist aus dem Fließbild oder einem entsprechenden Schema zu ersehen (offener oder geschlossener Wirkungsablauf, siehe DIN 19 226, Ausgabe Mai 1968, Abschnitt 1.2 und 1.3).

Zu (11):
Q ist bei ISO außer als Ergänzungsbuchstabe auch als Folgebuchstabe für „Summation" (Integrating or Summating) vorgesehen.

Zu (12):
Registrierung ist der Sammelbegriff für Ausgabe mit Speicherfunktion. Die Art der Speicherung wird dabei nicht unterschieden.

Zu (13):
T ist bei ISO als Folgebuchstabe für Verwendung eines Meßumformers (Transmitting) vorgesehen.

Zu (14):
Oberer Grenzwert, Zwischenwert und unterer Grenzwert der Meßgröße werden durch Pluszeichen, Schrägstrich oder Minuszeichen gekennzeichnet, die den Folgebuchstaben H bzw. L nachgestellt sind. Sinngemäß dürfen die Zeichen + und − auch zur Kennzeichnung der Endstellungen „offen" bzw. „geschlossen" oder der Schaltzustände „ein" bzw. „aus" angewendet werden (siehe Beispiele 203 und 209 auf Seite 6 und 406 und 407 auf Seite 8). Schaltbefehle dürfen am MSR-Stellen-Kreis angegeben werden (siehe Beispiel 308 auf Seite 7).
Bei ISO ist die Kennzeichnung des oberen und unteren Grenzwertes mit den Buchstaben H (high) und L (low) vorgesehen. Diese dürfen innerhalb oder außerhalb des MSR-Stellen-Kreises geschrieben werden.

Beispiel zu Abschnitt 3.3.1:

Differenz-Druckmessung, Anzeige und Regelung in Meßwarte

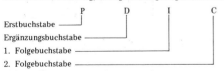

Erstbuchstabe
Ergänzungsbuchstabe
1. Folgebuchstabe
2. Folgebuchstabe

3.3.2. Meßstutzen

Wenn am Meßort zum Erfassen einer Meßgröße nur ein Meßstutzen oder ein nicht ständig angeschlossener Aufnehmer vorhanden ist, dann wird allein der entsprechende Kennbuchstabe für die Meßgröße im MSR-Stellen-Kreis eingetragen (gegebenenfalls eine MSR-Stellen-Nummer). ISO sieht für Meßstutzen nur eine kurze Linie mit Erstbuchstabe vor.

3.4. Ausgabe- und Bedienungsort

Der Ausgabe- und Bedienungsort (Kommunikationsstelle zwischen Mensch und MSR-Einrichtung) wird wie folgt gekennzeichnet:

Ausgabe- und Bedienungsort	Kennzeichnung im MSR-Stellen-Kreis
Meß- oder Stellort	Kennbuchstaben ohne Unterstreichung
Zentrale Warte	Kennbuchstaben werden durchgehend unterstrichen (siehe Beispiele)
Örtliche Meßtafel, Unterwarte	Kennbuchstaben können doppelt unterstrichen werden, wenn Unterscheidung zur zentralen Warte erforderlich ist

Sind für eine MSR-Einrichtung mehrere Ausgabe- und Bedienungsorte vorhanden, dann ist dies durch mehrere MSR-Stellen-Kreise mit entsprechender Kennzeichnung darzustellen.

3.5. MSR-Stellen-Nummer

Die MSR-Stellen-Nummer ist in den unteren Teil des MSR-Stellen-Kreises einzutragen. Die Art des Nummernsystems ist frei wählbar. Bei mehreren Meßstellen gleicher Meßgröße sollte jedoch eine MSR-Stellen-Nummer nur einmal vorkommen.

3.6. Weitere Kennzeichnungen

Soweit die in Tabelle 1 genannten Kennbuchstaben nicht ausreichen, können zusätzlich Zeichen oder beigeschriebene Notizen außerhalb des MSR-Stellen-Kreises angebracht werden. Insbesondere ist eine solche zusätzliche Erläuterung bei den Erstbuchstaben E, Q, R und X erforderlich. Dabei sind möglichst genormte Formelzeichen anzuwenden.

Für den Fall, daß eine digitale Verarbeitung besonders hervorgehoben werden soll, wird empfohlen, den MSR-Stellen-Kreis außerhalb mit dem Buchstaben D zu kennzeichnen.

3.7. Einwirkung auf die Strecke

3.7.1. Stellort, Stellglied

Der Stellort[2] wird dargestellt durch die Spitze eines gleichseitigen Dreiecks von vorzugsweise 5 mm Seitenlänge in Anlehnung an das Bildzeichen „Stellglied, Stellort" (siehe DIN 19 228, z. Z. noch Entwurf).

Ist in einem Fließbild bereits ein spezielles Stellglied[2], z. B. ein Ventil, eingezeichnet, dann ist hierdurch der Stellort gekennzeichnet.

---

[2]) und [3]) siehe Seite 1

3.7.2. Stellgerät

Das Stellgerät wird dargestellt durch das Bildzeichen für Stellglied und einem Kreis von vorzugsweise 5 mm Durchmesser, die mit einer $\approx$ 10 mm langen Linie miteinander verbunden sind (siehe Tabelle 2).

Hat ein Stellgerät einen zusätzlichen Handantrieb, so kann dieser entsprechend dem Beispiel H 307 (auf Seite 7) dargestellt werden.

Verhalten des Stellgerätes mit Hilfsenergie bei Ausfall der Hilfsenergie:

Das Verhalten des Stellgerätes bei Ausfall der Hilfsenergie wird durch zusätzliche Zeichen nach Tabelle 2 gekennzeichnet.

3.8. Signalflußweg

Die Verbindung vom Meßort zum MSR-Stellen-Kreis wird mit einer kurzen schmalen Linie[3]) dargestellt, siehe Abschnitt 3.1.

Der Signalflußweg[2]) vom MSR-Stellen-Kreis zum Stellgerät wird durch eine gestrichelte Linie von gleicher Breite dargestellt. Wenn keine Verwechselung möglich ist, darf auch eine Vollinie angewendet werden. Nach ISO wird eine Vollinie mit schrägen Querstrichen gegenüber der Vollinie bevorzugt.

Wenn Kreuzungen nicht zu vermeiden sind, ist eine der beiden sich kreuzenden Linien, vorzugsweise die schmalere, zu unterbrechen[3]). Bei vermaschten Signalflußwegen, z. B. Kaskadenregelung, Verhältnisregelung, werden die entsprechenden MSR-Stellen-Kreise gemäß dem Wirkungszusammenhang miteinander verbunden. Die Signalflußrichtung kann durch einen Pfeil gekennzeichnet werden.

Tabelle 2. Einwirkung auf die Strecke

Darstellung	Bedeutung
▽	Stellort, Stellglied (auch vereinfachte Darstellung für Stellgeräte)
◯ ▽	Stellgerät (mit Hilfsenergie oder selbsttätig)
◯ ⩑ ▽	Bei Ausfall der Hilfsenergie nimmt das Stellgerät die Stellung für maximalen Massenstrom oder Energiefluß ein
◯ ⩒ ▽	Bei Ausfall der Hilfsenergie nimmt das Stellgerät die Stellung für minimalen Massenstrom oder Energiefluß ein
◯ ǂ ▽	Stellgerät verbleibt bei Ausfall der Hilfsenergie in vorgegebener Stellung
◯ ǂ↓ ▽	Stellgerät verbleibt bei Ausfall der Hilfsenergie zunächst in vorgegebener Stellung, der Pfeil gibt die zulässige Driftrichtung an

DIN 19 227 Blatt 1 Seite 5

Anwendungsbeispiele, Folgebuchstaben I und R

MSR-Einrichtung	Kennzeichnung im Text	Kennzeichnung im Fließbild	Bemerkungen
Druckmessung Anzeige örtlich	PI 101		z. B. Manometer
Standmessung Anzeige örtlich	LI 102		z. B. Standglas
Diff.-Druckmessung Anzeige in Meßwarte	PDI 103		
Mengenmessung Anzeige in Meßwarte	FQI 104		z. B. Volumenzähler mit nachgeschaltetem Impulszählwerk in Meßwarte
Durchflußmessung Registrierung in Meßwarte	FR 105		z. B. mit Normblende als Aufnehmer
Temperaturmessung Anzeige in Meßwarte	TI 106		
Temperaturmessung Anzeige und Registrierung in Meßwarte	TIR 107		z. B. auf Sechsfarbenschreiber R 27. Schreibstelle 3 und getrenntem Anzeiger
Druckmessung Registrierung in zentraler Meßwarte	PR 108		
Messung der Lagertemperatur Anzeige in Unterwarte, zusätzliche Registrierung in zentraler Meßwarte	TIR 109		
Wägung Anzeige und digitale Registrierung örtlich	WIR 110		Auswägeeinrichtung mit Anzeige und Druckwerk
Messung des Durchsatzes Anzeige des Durchsatzes und Ausdrucken der Menge in Meßwarte	FI 111 FQR 111		z. B. mit Bandwaage
Messung der elektrischen Stromstärke Anzeige in Meßwarte	EI 112		
Messung der SO_2-Konzentration Registrierung in Meßwarte	QR 113		

15

Anwendungsbeispiele, Folgebuchstaben O und A

MSR-Einrichtung	Kennzeichnung im Text	Kennzeichnung im Fließbild	Bemerkungen
Überwachung einer Pumpe Sichtzeichen; Pumpe in oder außer Betrieb	SO 201		z. B. über Kontakt am Motorschütz und nachgeschalteter Lauflampe (kein Blinklicht)
Messung der Stellung eines Stellgerätes Stetige Anzeige, zusätzlich Sichtzeichen für Auf- und Zu-Stellung	GOI 202		z. B. mit Schauzeichen und stetigem Stellungsanzeiger
Überwachung eines Stellgerätes Sichtzeichen für Auf-, Mittel- und Zu-Stellung	GO +/− 203		
Grenzwertmeldung eines Durchflusses Alarm bei Erreichen des unteren Fehlbereiches (Tiefalarm)	FA − 204		z. B. Durchflußwächter mit nachgeschaltetem Hör- und Sichtmelder
Druckmessung Stetige Anzeige, zusätzlich Alarm bei Erreichen des oberen Fehlbereiches (Hochalarm)	PIA + 205		
Temperaturmessung Stetige Anzeige, zusätzlich Alarm bei Erreichen des unteren, sowie des ersten und zweiten oberen Fehlbereiches	TIA ±± 206		
Standmessung Alarm örtlich und in Meßwarte bei Erreichen des oberen Fehlbereiches	LA + 207		z. B. über zwei Schwimmerschalter
Standmessung Alarm in Meßwarte bei Erreichen des unteren Fehlbereiches	LA − 208		
Überwachung einer Pumpe Sichtzeichen: Pumpe im Betrieb Alarm: Pumpe ausgefallen	SOA 209 SO + A − 209		Zur Verdeutlichung der Aufgabenstellung kann die Darstellung rechts mit Plus- und Minus-Zeichen angewendet werden.

Anwendungsbeispiele Erstbuchstabe H, Folgebuchstaben C und S

DIN 19 227 Blatt 1 Seite 7

MSR-Einrichtung	im Text	Kennzeichnung im Fließbild	Bemerkungen
Druckregelung, örtlich	PC 301		Wenn kein besonderer Druckstutzen benötigt wird, z. B. bei Reduzierstationen, kann die Darstellung rechts angewendet werden.
Durchflußregelung Registrierung der Regelgröße, Alarm bei Erreichen des unteren Fehlbereiches und Einstellung der Führungsgröße in Meßwarte	FRCA−302		
Druckregelung Anzeige der Regelgröße und Einstellung der Führungsgröße örtlich, zusätzlich Alarm in Meßwarte bei Erreichen des oberen Fehlbereiches	PA + 303 PIC 303		z. B. Zweipunktdruckregelung eines Kompressors
Temperaturregelung Anzeige der Regelgröße und Führungsgröße in Meßwarte	TIC 304		z. B. elektrische Heizung mit Zweipunktregelung
Örtliche Handbetätigung eines Stellgliedes	H 305		Die rechte Alternativdarstellung entspricht ISO
Handbetätigung eines Stellgerätes von der Meßwarte aus	H 306		z. B. Handeinstellung eines Durchflusses über Handfernsteller und Stellgerät mit Hilfsenergie
Zusätzliche örtliche Handbetätigung eines Stellgliedes	H 307		Die rechte Alternativdarstellung entspricht ISO
Hand-Schaltung einer Pumpe, örtlich und in der Meßwarte	HS 308		z. B. örtlich Ein-Aus-Schaltung, in Meßwarte nur Aus-Schaltung

17

Seite 8   DIN 19 227 Blatt 1

Anwendungsbeispiele Folgebuchstaben S und Z

MSR-Einrichtung	Kennzeichnung im Text	Kennzeichnung im Fließbild	Bemerkungen
Durchflußmessung Abschaltung der Pumpe bei Erreichen des unteren Fehlbereiches, Alarm in Meßwarte	FS− A− 401		z. B. Durchflußwächter
Mengenmessung Anzeige vor Ort, Schließen eines Stellgerätes bei Erreichen einer vorgegebenen Menge	FQIS + 402		z. B. Volumenzähler mit Mengenvoreinstellung
Hand-Notbetätigung eines Stellgerätes vor Ort und in Meßwarte, Rückmeldung in Meßwarte	HZ 403 GO 404		z. B. Schnellschlußventil
Druckmessung Registrierung. Bei Erreichen des oberen Fehlbereiches Alarm, Notabschaltung des Verdichters, Schließen des Stellgerätes auf der Druckseite. Rückmeldung des erfolgten Noteingriffs (Alarm)	PRZ+ A + 405 GA− 406 SO + A− 407		

18

DIN 19 227 Blatt 1 Seite 9

Anwendungsbeispiele Folgeregelungen

MSR-Einrichtung	Kennzeichnung im Text	Kennzeichnung im Fließbild	Bemerkungen
Kaskadenregelung Temperatur-Durchfluß	TRC 501 FRC 502		Der Wert der Regelgröße Dampfdurchfluß wird vom Ausgang des Temperaturreglers (Meßort Boden 4) geführt.
Durchflußverhältnisregelung	FR 503 FFC 504 FR 504		Der Wert der Regelgröße Durchfluß 504 wird vom Durchfluß 503 in einem konstanten Verhältnis (einstellbar) geführt
Mengenverhältnisregelung	FQI 505 FQFC 506 FQI 506 FQFC 507 FQI 507		Die Werte der Regelgrößen Menge 506 und Menge 507 werden von der Menge 505 in konstanten Verhältnissen (einstellbar) geführt. (Bezüglich zusätzlicher Mengenvoreinstellung siehe Beispiel 402.)
Kaskadenregelung Dichte-Durchflußverhältnis	FR 508 FFC 509 FR 509 DRC 510		Der Wert des Verhältnisses der Durchflüsse 508 und 509 wird von der Dichte des Gemisches geführt.

19

Anwendungsbeispiele Erstbuchstabe U

MSR-Einrichtung	Kennzeichnung		Bemerkungen
	im Text	im Fließbild	
Mehrkomponentenregelung	FR 601 LR 602 UC 604 FR 603		Zur Regelung des Standes in einer Dampftrommel werden Wasserstand, Dampf- und Speisewasserdurchfluß benutzt.
Pumpgrenzregelung	PR 605 UC 607 FR 606		Diese Regelung verhindert unter Berücksichtigung von Druck und Durchfluß, daß der Verdichter die Pumpgrenze erreicht.
Auswahl zwischen Durchfluß- und Druckregelung	UC 610 FRC 608 PRC 609		Der kleinere Wert der beiden Stellgrößen wird auf das Stellglied geführt.
Regelung mit Störgrößenaufschaltung	FR 611 PRC 612 UC 613		Der Differentialquotient der Störgröße Dampfdurchfluß wird der Stellgröße des Druckreglers zuaddiert. (Vorübergehende Störgrößenaufschaltung)

DIN 19 227 Blatt 1 Seite 11

Anwendungsbeispiele Erstbuchstaben K und U

MSR-Einrichtung	Kennzeichnung im Text	Kennzeichnung im Fließbild	Bemerkungen
Programmregelung	TRC 701 KC 702		Die Führungsgröße für die Temperaturregelung wird von einer Zeitplansteuerung vorgegeben.
Zyklische Zeitplansteuerung	GO 707 GO 704 KIC 703 GO 706		Drei Stellglieder werden entsprechend einem Zeitplan gesteuert, zwei davon gleichzeitig.
Durchflußmessung mit Druck und Temperaturkorrektur	FR 711 FR 708 TR 709 PR 710		Zu FR 711: siehe Ergänzende Angabe 7 zu Tabelle 1
Sicherung eines Verdichters mit 2-von-3-Bewertung	FRZ–A–712 PIZ–A–713 FRZ–A–714 UZ–A–715 PZ–A–716 ..717..718		Der Verdichter wird gegen Kühlwasserausfall über Durchflußmessungen im Zu- und Ablauf und Druckmessung nach dem Kühler in 2-von-3-Bewertung gesichert. Die Meßgröße Saugdruck wird durch 3 Meßgeräte erfaßt, die mit einer 2-von-3-Bewertung den Verdichter abschalten.
Meßstutzen für Temperatur	T 719		Stutzen, normalerweise mit eingebautem Schutzrohr
Entnahmestelle für Analyse	Q 720		
Aufnehmer für Durchfluß	F 721		z. B. Eingebaute Normblende

21

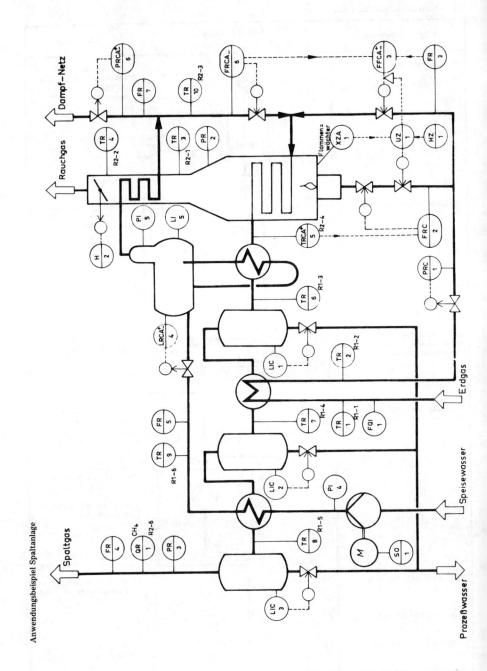

Anwendungsbeispiel Rührkessel-Reaktor

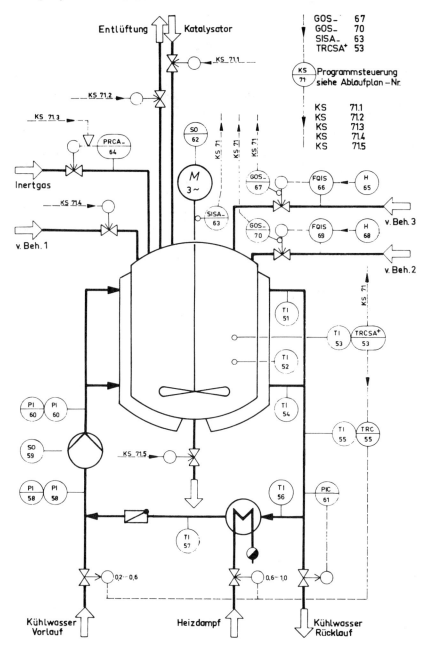

Erläuterungen

Gegenstand der vorliegenden Norm ist die Beschreibung eines Systems von Bildzeichen und Kennbuchstaben zur Darstellung von meß-, steuerungs- und regelungstechnischen Aufgaben in der Verfahrenstechnik. Diese Bildzeichen und Kennbuchstaben sollen in der ersten Phase der Planung ein Hilfsmittel zur Verständigung zwischen den Planern, Erstellern und Betreibern von verfahrenstechnischen Anlagen und den Spezialisten für Meß-, Steuerungs- und Regelungstechnik sein.

Die der zweiten Planungsphase entsprechende Darstellung des gerätetechnischen Lösungsweges bleibt einem Folgeblatt dieser Norm vorbehalten. Der hierzu bereits (Mai 1965) vorgelegte Entwurf DIN 19 227 ist inzwischen zurückgezogen worden, weil die diesbezüglichen internationalen Beratungen in der ISO abgewartet werden sollen.

Auf internationaler Ebene wird im ISO/TC 10/SC 3 derzeit ein internationaler Norm-Entwurf „Graphical Symbols for Process Measurement and Control Functions, Basic Symbols" vorbereitet *).

Die hier vorliegende Norm DIN 19 227 Blatt 1 stimmt mit dem Stand der Arbeiten bei ISO in Umfang und Ausführung weitgehend überein. Somit ist die Anwendbarkeit dieser Norm auch im internationalen Bereich gewährleistet. Im Hinblick auf den vielschichtigen Kreis der Benutzer sowie auf die leichte Einführung und Anwendung des Systems wurde bewußt nur eine begrenzte Anzahl von Kennbuchstaben und einige einfache Bildzeichen festgelegt. Verschiedentlich werden ähnliche Meßgrößen durch einen gemeinsamen Kennbuchstaben wiedergegeben, z. B. Q für Qualitätsgrößen oder E für elektrische Größen. Es bleibt den Benutzern jedoch vorbehalten, für einzelne dieser Meßgrößen entweder nach Tabelle 1 „frei verfügbare" Buchstaben einzusetzen oder außerhalb des MSR-Stellen-Kreises in anderen Normen festgelegte Kennzeichen zu verwenden.

Die Bildzeichen und Kennbuchstaben dieser Norm werden vornehmlich in Rohrleitungs- und Instrumentenfließbildern (RI-Fließbild) und Verfahrensfließbildern angewendet.

Die vorliegende Norm wurde von dem Unterausschuß 2.2 „Sinnbilder für Messen, Steuern und Regeln in der Verfahrenstechnik" des Fachnormenausschusses Messen, Steuern und Regeln (FMSR) ausgearbeitet, dessen Mitarbeiter vorwiegend aus der Chemischen, Mineralöl- und Kraftwerksindustrie, von Planungsfirmen, sowie von Herstellern von Meß-, Steuer- und Regelungsgeräten kommen.

---

*) ISO = International Organization for Standardization
TC 10 = Technical Committee 10 „Technical Drawings"
SC 3 = Sub-Committee 3 „Graphical Symbols for Instrumentation"

DK 53.08 : 62-5 : 66.01/.09 : 003.62

Juli 1979

Messen   Steuern   Regeln
Sinnbilder für die Verfahrenstechnik
Zeichen für die gerätetechnische Darstellung

DIN 19 227
Teil 2

Measurement and control; graphical symbols and identifying letters for process measurement and control functions; symbols for instruments

Zusammenhang mit der von der International Organization for Standardization (ISO) in Vorbereitung befindlichen Publikation, siehe Erläuterungen.

1 Geltungsbereich

Diese Norm gilt für die Darstellung von meßtechnischen, steuerungstechnischen und regelungstechnischen Einrichtungen, im folgenden MSR-Einrichtungen genannt, in allen verfahrenstechnischen Anlagen, beispielsweise in der chemischen Industrie, in der Mineralölindustrie, für entsprechende Anlagen in Kraftwerken, Hüttenwerken und im Bergbau, für die Industrie der Steine und Erden, die Zellstoff- und Papierindustrie, die Nahrungsmittelindustrie, die Gas- und Wassertechnik, die Klimatechnik u. ä. Für fertigungstechnische Anlagen ist sie in gleicher Weise anwendbar.

Sie stellt für diese Bereiche eine Ergänzung von DIN 19 228 dar.

2 Anwendungsbereich

Die Sinnbilder nach dieser Norm dienen zur Darstellung der gerätetechnischen Lösung der im allgemeinen mit den Darstellungsmitteln von DIN 19 227 Teil 1 gegebenen Aufgabenstellung. Pläne, in denen diese Sinnbilder benutzt werden, zeigen den gerätetechnischen Aufbau von MSR-Stellen und dienen als Unterlage für Planung, Montage, Prüfung, Inbetriebnahme und Wartung von MSR-Anlagen.

3 Mitgeltende Normen

DIN 19 227 Teil 1   Bildzeichen und Kennbuchstaben für Messen, Steuern, Regeln in der Verfahrenstechnik; Zeichen für die funktionelle Darstellung

DIN 19 227 Teil 3   Messen, Steuern, Regeln; Sinnbilder für die Verfahrenstechnik; Zeichen für die funktionelle Darstellung

DIN 19 228   Bildzeichen für Messen, Steuern, Regeln; Allgemeine Bildzeichen

4 Aufbau der Sinnbilder

Für die Darstellung ist jedem Gerät[1]) ein Sinnbild zugeordnet. Die Sinnbilder sind nach folgender Regel aufgebaut:

Die Grundformen der Sinnbilder sind Rechteck und Quadrat mit Ausnahme der Stellgeräte sowie der vereinfachten Darstellung der Aufnehmer.

Soweit schon genormte Sinnbilder mit rechteckiger oder quadratischer Begrenzung vorliegen, werden diese verwendet.

Die Grundform wird ergänzt durch Bildelemente, Kennbuchstaben, Anschlußpunkte und Beschriftung.

Um darzustellen, daß ein Gerät aus mehreren Funktionsgruppen (Teilgeräten) besteht, dürfen auch mehrere Sinnbilder aneinandergefügt verwendet werden.

Die Verbindungsleitungen und Anschlußpunkte der Geräte dürfen einpolig oder allpolig dargestellt werden. Die Bezeichnung von Anschlüssen erfolgt außerhalb des Sinnbildes an der Leitungsverbindung.

Diese Regeln erlauben, eine Vielzahl von Sinnbildern aufzubauen, wie sie die diversen Ausführungsarten von MSR-Geräten erfordern. Aus dieser Vielfalt werden nachfolgend die wichtigsten Sinnbilder verbindlich festgelegt (siehe Spalte 2 der Tabellen).

Für weitere Sinnbilder werden Beispiele gegeben, die die Anwendung der Aufbauregeln verdeutlichen.

Die aufgeführten Sinnbilder sind nach Gerätegruppen [2]) gegliedert:

– Aufnehmer, Abschnitt 4.1
– Anpasser, Abschnitt 4.2
– Ausgeber, Abschnitt 4.3
– Regler, Abschnitt 4.4
– Stellgeräte, Abschnitt 4.5
– Bedienungsgeräte, Abschnitt 4.6
– Hilfsenergiegeräte, Abschnitt 4.7
– Leitungen, Abschnitt 4.8
– Zubehör, Abschnitt 4.9

---

[1]) Begriff siehe DIN 19 226
[2]) Begriffe siehe VDE/VDI 2600 Blatt 3

Fortsetzung Seite 2 bis 15
Erläuterungen Seite 15

Deutsche Elektrotechnische Kommission im DIN und VDE (DKE)

4.1 Aufnehmer

Grundform: vorzugsweise Rechteck mit Seitenverhältnis 2 : 1 [3])
Darstellung der Meßgröße durch Eintrag des Kennbuchstabens nach DIN 19 227 Teil 1 in die untere rechte Ecke
Darstellung der Ausführungsart (Meßprinzip, Bauart usw.) durch spezielle Bildelemente, die aus anderen Normen übernommen werden und/oder durch Beschriftung

Nr	Sinnbild	Benennung (Bildelement nach . . .)	Beispiele für ergänzende Darstellungen, Bemerkungen
4.1.1		Aufnehmer für Temperatur, allgemein	Temperaturschalter schließt bei ≥ 30 °C
		alternativ (DIN 19 228)	
4.1.1.1		Widerstandsthermometer (DIN 40 712)	Pt 100 DIN
4.1.1.2		Thermoelement (DIN 40 716 Teil 6)	Ni Cr − Ni
4.1.1.3		Glasthermometer (DIN 30 600 Teil 2, Bildzeichen-Nr 170)	
4.1.1.4		Bimetallthermometer	
4.1.1.5		flüssigkeits- oder gasgefülltes Thermometer (Tensionsprinzip)	
4.1.2		Aufnehmer für Druck, allgemein	Druckschalter öffnet bei Unterschreitung von 2 bar
		alternativ (DIN 19 228)	Rohrfederdruckmesser mit Widerstandsgeber (DIN 40 712, Ausgabe Juli 1971, Nr 54)
			anzeigender Aufnehmer für Druck mit einstellbaren Grenzwerten Oberer Grenzwert eingestellt auf 10 bar Unterer Grenzwert eingestellt auf 6 bar (Grenzwerte siehe Nr 4.3.1.1)
4.1.3		Aufnehmer für Durchfluß, allgemein	induktiver Durchfluß-aufnehmer
		alternativ (DIN 19 228)	Staurohr

[3]) Dort, wo die Eindeutigkeit der Darstellung gewährleistet bleibt, darf das umschreibende Rechteck entfallen.

DIN 19 227 Teil 2 Seite 3

Nr	Sinnbild	Benennung (Bildelement nach ...)		Beispiele für ergänzende Darstellungen, Bemerkungen
4.1.3.1		Venturirohr		
4.1.3.2		Venturidüse		
4.1.3.3		Blende, Normblende		
4.1.3.4		Turbinen-Durchflußaufnehmer (DIN 30 600 Bildzeichen-Nr 632)		
4.1.3.5		Schwebekörper-Durchflußaufnehmer		Schwebekörper-Durchflußaufnehmer mit Anbaugruppe für oberen und unteren Grenzwert (siehe auch Erläuterungen zu Nr 4.3.1.1)
4.1.4		Aufnehmer für Menge, Volumen, allgemein		Mengenmesser mit Impulsgeber und Ziffernzählwerk
		alternativ (DIN 19 228)		Ovalradzähler
				Ringkolbenzähler
4.1.5		Aufnehmer für Stand, allgemein	Perl-me-thode	Aufnehmer für Stand nach der Perlmethode
		alternativ (DIN 19 228)		
4.1.5.1		Kapazitiver Aufnehmer für Stand (DIN 40 712)		Schauglas
4.1.5.2		Aufnehmer für Stand mit Verdrängerkörper		kapazitiver Standschalter (Grenzwerte siehe Nr 4.3.1.1)
4.1.5.3		Aufnehmer für Stand mit Schwimmer		
4.1.5.4		Aufnehmer für Stand mit Leitfähigkeitselektrode		
4.1.5.5		Aufnehmer für Stand mittels radioaktiver Strahlung (DIN 30 600 Bildzeichen-Nr 692, z. Z. noch Entwurf)		

27

Nr	Sinnbild	Benennung (Bildelement nach ...)		Beispiele für ergänzende Darstellungen, Bemerkungen
4.1.5.6	L	Aufnehmer, elektroakustisch (DIN 30 600 Bildzeichen-Nr 1714, z. Z. noch Entwurf)		
4.1.6	Q	Aufnehmer für Qualitätsgröße (Analyse, Stoffeigenschaft) allgemein	CO_2 Q	Aufnehmer für CO_2-Gehalt
	—o Q	alternativ (DIN 19 228)	Q	Aufnehmer für Leitfähigkeit
			Q	Aufnehmer für pH-Wert
4.1.7	W	Aufnehmer für Gewichtskraft, Masse, allgemein	W	Kraftmeßdose mit Widerstandsänderung, z. B. Dehnungsmeßstreifen
	—o W	alternativ (DIN 19 228)	W	Waage, anzeigend
4.1.8	G	Aufnehmer für Abstand, Länge, Stellung, allgemein	G	Aufnehmer für Abstand, Länge, Stellung, mit Widerstandsgeber
	—o G	alternativ (DIN 19 228)	G	Aufnehmer für Abstand, Länge, Stellung, mit induktivem Geber
			II G	Aufnehmer für Abstand, Länge, Stellung, mit induktivem Grenzsignalgeber (Näherungsinitiator) (Grenzwerte siehe Nr 4.3.1.1)
			2 G	Aufnehmer für Abstand, Länge, Stellung, mit 2 Schaltern
4.1.9	S	Aufnehmer für Geschwindigkeit, Drehzahl, Frequenz, allgemein	G S	Aufnehmer für Geschwindigkeit, Drehzahl, mit Tacho-Generator
	—o S	alternativ (DIN 19 228)	(n) II S	Aufnehmer für Drehzahl mit induktivem Impulsgeber
			(f) S	Aufnehmer für Frequenz mit analoger Frequenzanzeige f = Frequenz

Falls erforderlich, stehen Buchstaben zur Bezeichnung der Meßgröße (hier n = Drehzahl) in Klammern gesetzt in der linken oberen Ecke des Rechtecks.

Nr	Sinnbild	Benennung (Bildelement nach ...)	Beispiele für ergänzende Darstellungen, Bemerkungen
4.1.10	R	Aufnehmer für Strahlung, allgemein	
4.1.10.1	○─R R	alternativ (DIN 19 228) Aufnehmer für radioaktive Strahlung (DIN 30 600 Bildzeichen-Nr 692, z. Z. noch Entwurf)	

4.2 Anpasser

Grundform Quadrat

Darstellung weiterer Einzelheiten durch Eintrag des Kennbuchstabens nach DIN 19 227 Teil 1 oder durch Bildelemente, die aus anderen Normen übernommen werden oder/und durch Beschriftung. Zu unterscheiden sind:
- 4.2.1 **Umformer** (Meßumformer, Signalumformer, Signalwandler, Signalumsetzer) [4])
- 4.2.2 **Signalverstärker** [4])
- 4.2.3 **Rechengeräte**
- 4.2.4 **Signalspeicher**

Nr	Sinnbild	Benennung	Beispiele
4.2.1	E	Meßumformer mit elektrischem Einheitssignalausgang (DIN 30 600 Teil 2, Bildzeichen-Nr 44)	E = elektrisches Einheitssignal, wenn erforderlich, mit Größenangabe A = pneumatisches Einheitssignal 0,2 .... 1,0 bar
	A	Meßumformer mit pneumatischem Einheitssignalausgang	Kennbuchstaben nach DIN 19 227 Teil 1 und Teil 3 dürfen in das Dreieck auf der Eingangsseite eingetragen werden. Falls erforderlich, dürfen auch Bildelemente im Eingangsdreieck verwendet werden.
4.2.1.1	T / E	Meßumformer für Temperatur mit elektrischem Einheitssignalausgang und galvanischer Trennung (DIN 40 700 Teil 10, Folgeausgabe z. Z. noch Entwurf)	Galvanische Trennung wird durch Strich parallel zur Diagonale gekennzeichnet.
4.2.1.2	P / A	Meßumformer für Druck, mit pneumatischem Einheitssignalausgang	P / A Meßumformer für Druck, mit Anzeiger-Anbaugruppe
4.2.1.3	F / E	Meßumformer für Durchfluß, mit elektrischem Einheitssignalausgang	
4.2.1.4	PD / A	Meßumformer für Differenzdruck, mit pneumatischem Einheitssignalausgang	

[4]) Begriffe siehe DIN 19 226

Nr	Sinnbild	Benennung (Bildelement nach ...)	Beispiele für ergänzende Darstellungen, Bemerkungen	
4.2.1.5	[L/A Dreieck]	Meßumformer für Stand, mit pneumatischem Einheitssignalausgang	[L/A mit Anbau]	Meßumformer für Stand, mit Regler-Anbaugruppe
4.2.1.6	[Q Dreieck]	Meßumformer für Qualitätsgröße, allgemein	[CO_2/Q/E]	Meßumformer für CO_2-Konzentration CO_2 darf statt Q eingeschrieben werden.
4.2.1.7	[∩/# Symbol]	Analog-Digital-Umsetzer (DIN 40 700 Teil 10, Folgeausgabe z. Z. noch Entwurf)	∩	= Analogsignal
			#	= Digitalsignal
			⌐	= Binärsignal
			[Gray / 2 aus 5]	Umsetzer, Gray-Code in 2-aus-5-Code (Andere Schreibweise für „2 aus 5" ist 2^5)
4.2.1.8	[E/A Dreieck]	Umformer für elektrisches Einheitssignal in pneumatisches Einheitssignal		
4.2.1.9	[X Quadrat]	Signalwandler	Ein- und Ausgangssignal physikalisch gleichartig	
			[E/E mit Trennlinie]	Sicherheitsbarriere für elektrisches Einheitssignal mit galvanischer Trennung
4.2.2	[▷]	Verstärker (DIN 30 600 Teil 2, Bildzeichen-Nr 182)		
4.2.3	[A=f(E)]	Rechenglied für die Funktion A = f (E)	E = Eingang A = Ausgang	
			[$A=\frac{E_1+E_2}{2}$]	Rechenglied zur Bildung des Mittelwertes aus E_1 und E_2
			[Integral/t]	Rechenglied mit Integrierfunktion (aus DIN 19 226)
			[max.]	Rechenglied für Maximalauswahl

DIN 19 227 Teil 2 Seite 7

Nr	Sinnbild	Benennung (Bildelement nach ...)	Beispiele für ergänzende Darstellungen, Bemerkungen
4.2.3			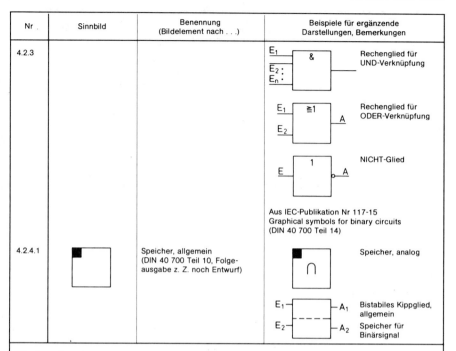 Rechenglied für UND-Verknüpfung Rechenglied für ODER-Verknüpfung NICHT-Glied Aus IEC-Publikation Nr 117-15 Graphical symbols for binary circuits (DIN 40 700 Teil 14)
4.2.4.1		Speicher, allgemein (DIN 40 700 Teil 10, Folgeausgabe z. Z. noch Entwurf)	Speicher, analog Bistabiles Kippglied, allgemein Speicher für Binärsignal

4.3 Ausgeber

Grundform: vorzugsweise Rechteck mit Seitenverhältnis 2 : 1
Darstellung der Art der Ausgabe durch Eintrag des Kennbuchstabens (Folgebuchstaben nach DIN 19 227 Teil 1 und Teil 3) in die linke obere Ecke und/oder durch spezielle Bildelemente, die möglichst aus anderen Normen übernommen werden oder durch Beschriftung

4.3.1	I	Anzeigegerät, allgemein	Angabe des Anzeigebereiches und evtl. des Signalbereiches außerhalb des Sinnbildes 0...10 bar
4.3.1.1		Analoganzeiger (DIN 40 716 Teil 1)	Anzeiger mit Grenzsignalgeber für unteren und oberen Grenzwert ▽ links: unterer Grenzwert ▽ rechts: oberer Grenzwert Falls das Sinnbild 90° gedreht ist: ▽ oben: oberer Grenzwert ▽ unten: unterer Grenzwert
4.3.1.2	|000|	Ziffernanzeiger (DIN 30 600 Bildzeichen-Nr 1780, z. Z. noch Entwurf)	Die Stellenzahl darf durch die Anzahl der Nullen gekennzeichnet werden.
4.3.2	|000| Σ	Zähler, allgemein	|000| ▽ Σ Zähler mit Grenzsignalgeber

31

Seite 8 DIN 19 227 Teil 2

Nr	Sinnbild	Benennung (Bildelement nach ...)	Beispiele für ergänzende Darstellungen, Bemerkungen
4.3.2			Zähler mit Impulsgeber
			Zähler mit Rückstelltaste
4.3.3	R	Registriergerät, allgemein	
4.3.3.1		Analogschreiber (DIN 30 600 Teil 2, Bildzeichen-Nr 199)	Die Lage des Kurvenzuges kennzeichnet die Richtung des Papiertransports
			Analogschreiber als 6fach-Punktdrucker
4.3.3.2		Zifferndrucker (DIN 30 600 Bildzeichen-Nr 1780, z. Z. noch Entwurf, und Bildzeichen-Nr 950)	
4.3.3.3		Lochstanzer	Weitere Bildelemente für digitale Ein- und Ausgabegeräte siehe DIN 40 700 Teil 10
4.3.4	O	Sichtzeichen, allgemein	Leuchtmelder
			Zur Vereinfachung der Darstellung darf auf das Rechteck verzichtet werden.
			Leuchtmelder, sechsfach
4.3.5		Bildschirmsichtgerät (DIN 30 600 Teil 2, Bildzeichen-Nr 7)	

4.4 Regler
Grundform Rechteck; Bildzeichen nach DIN 19 228
Darstellung weiterer Einzelheiten durch Bildelemente und/oder Beschriftung

Nr	Sinnbild	Benennung	Beispiele
4.4.1		Regler, allgemein (DIN 30 600 Teil 2, Bildzeichen-Nr 156)	
4.4.1.1	PID	PID-Regler	Kennzeichnung des Algorithmus durch Buchstaben P für proportionales Übertragungsverhalten I für integrales Übertragungsverhalten D für differentielles Übertragungsverhalten

Nr	Sinnbild	Benennung (Bildelement nach ...)	Beispiele für ergänzende Darstellungen, Bemerkungen
4.4.1.2	▷PI E	PI-Regler, mit analogem elektrischen Einheitssignalausgang mit steigender Kennlinie	
4.4.1.3	▷PI A	PI-Regler, mit analogem pneumatischen Einheitssignalausgang mit fallender Kennlinie	
4.4.1.4	▷PD	PD-Zweipunktregler, mit schaltendem Ausgang (DIN 40 713)	
4.4.1.5	▷PI T_n	PI-Dreipunktregler, mit schaltendem Ausgang, mit Anzeige der Regelgröße und externer T_n-Verstellung (DIN 40 713)	
4.4.1.6	▷PI	PI-Regler, mit steuerbarem Halbleiter-Leistungsausgang (DIN 40 700 Teil 8)	

4.5 Stellgeräte

Stellgeräte bestehen aus Stellantrieb und Stellglied.
Stellantriebe: Darstellung der Art durch spezielle Bildelemente aus anderen Normen
Stellglieder: Grundform aus anderen Normen zu entnehmen, z. B. aus DIN 28 004 Teil 3 Fließbilder verfahrenstechnischer Anlagen; Bildzeichen und aus DIN 2481 Wärmekraftanlagen; Sinnbilder, Schaltpläne

Nr	Sinnbild	Benennung	Bemerkungen
4.5.1		Stellantrieb, allgemein (DIN 19 228)	
4.5.1.1	H	Hand-Stellantrieb	
4.5.1.2		Membran-Stellantrieb (DIN 2429)	
4.5.1.3		Kolben-Stellantrieb (DIN 30 600 Bildzeichen-Nr 565)	
4.5.1.4	M	Motor-Stellantrieb (DIN 30 600 Bildzeichen-Nr 635)	
4.5.1.5		Magnet-Stellantrieb (DIN 40 713)	
4.5.1.6		Feder-Stellantrieb (DIN 2429)	

Seite 10 DIN 19 227 Teil 2

Nr	Sinnbild	Benennung (Bildelement nach . . .)	Beispiele für ergänzende Darstellungen, Bemerkungen
4.5.2		Stellglied, allgemein (DIN 19 228)	
4.5.3		Stellgerät, allgemein (DIN 30 600 Bildzeichen-Nr 353)	Die Darstellung der Stellgerätebewegung bei Ausfall der Hilfsenergie erfolgt nach DIN 19 227 Teil 1, Tabelle 2.
4.5.3.1		Armatur mit Membranantrieb (DIN 2429)	Armatur mit Membranantrieb, angebautem Stellungsregler und Handbetätigung Eingangssignal (Führungsgröße) Stellglied schließt bei Ausfall der Hilfsenergie
4.5.3.2		Klappe mit Motorantrieb (DIN 2429)	Klappe mit Motorantrieb und Grenzsignalgeber mit Schalter, schließend bei 5% und 95% Öffnung (Siehe auch Erläuterung zu Nr 4.3.1.1)

4.6 Bedienungsgeräte

Grundform: vorzugsweise Quadrat
Darstellung der Einstellgröße durch Beschriftung oder Bildelemente
Darstellung der Ausführungsart durch Bildelemente aus bestehenden Normen oder/und durch Beschriftung
Zu unterscheiden sind im wesentlichen:

4.6.1 Einsteller

4.6.2 Schalter

4.6.1		Einsteller, allgemein (DIN 30 600 Bildzeichen-Nr 352)	
4.6.1.1		Signaleinsteller für elektrisches Einheitssignal 4 . . . 20 mA, mit Anzeiger (DIN 40 716 Teil 1)	
4.6.1.2		Einsteller mit Ziffernanzeige und Digitalausgang (DIN 30 600 Bildzeichen-Nr 352 und Bildzeichen-Nr 1780 z. Z. noch Entwurf)	

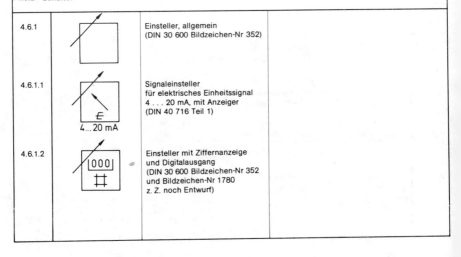

DIN 19 227 Teil 2 Seite 11

Nr	Sinnbild	Benennung (Bildelement nach ...)	Beispiele für ergänzende Darstellungen, Bemerkungen
4.6.1.3		Leitgerät für Regler (DIN 30 600 Bildzeichen-Nr 352)	für Sollwerteinsteller für Umschalter „Hand – Autom." für Stellgliedeinsteller
4.6.2		Schalter, allgemein [5])	Öffner DIN 40 713 Schließer DIN 40 713 Weitere Schalterfunktionen nach DIN 40 713
4.6.2.1		Stellschalter für Handbetätigung (DIN 40 713 Bbl. 1)	
4.6.2.2		Tastschalter für Handbetätigung (DIN 40 713 Bbl. 1)	
4.6.2.3		Wahlschalter	Wahlschalter für 12 Stellen, z. B. 12 Meßstellen

4.7 Hilfsenergiegeräte
Grundform: Quadrat
Darstellung der Ausführungsart durch Bildelemente aus bestehenden Normen oder/und durch Beschriftung

4.7.1		galvanische Batterie (DIN 40 712)	
4.7.2		Wechselrichter (DIN 30 600 Bildzeichen-Nr 928)	
4.7.3		Gleichrichter (DIN 40 700 Teil 8)	
4.7.4	220V 50Hz ±24V	Wechselspannungsnetzgerät mit Gleichspannungsausgang (DIN 30 600 Bildzeichen-Nr 927)	Wechselspannungsnetzgerät mit eigensicherem Gleichspannungsausgang
4.7.5		Druckreduziergerät (DIN 30 600 Bildzeichen-Nr 594)	

[5]) Zur Vereinfachung der Schalterdarstellungen darf auf das Quadrat verzichtet werden.

4.8 Leitungen, Leitungsverbindungen, Geräteanschlüsse
Grundform: Vollinie, Linienbreite vorzugsweise 0,25 mm

Nr	Sinnbild	Benennung (Bildelement nach . . .)	Beispiele für ergänzende Darstellungen, Bemerkungen
4.8		MSR-Leitung, allgemein	
		spezielle Leitungen:	Falls erwünscht, ist Unterscheidung nach Art der Leitung möglich. Dabei ist es zulässig, im Geräteschema lediglich die von den übrigen abweichende Leitungsart hervorzuheben.
4.8.1	—E— E— E—	elektrische	
4.8.2	—A— A—	pneumatische	
4.8.3	—L— L—	hydraulische	
4.8.4	—X— X—	Kapillare	
4.8.5	— — — — —	Wirklinie	allgemeine Beeinflussung, z. B. optisch, akustisch
4.8.6	———▶	Signalwirkrichtung	
4.8.7	3% ▶	Leitungsgefälle in % in Pfeilrichtung	
4.8.8	(+/− Kasten)	Signalwirkung	+ und − können auch die Bedeutung von auf − zu ein − aus mehr − weniger annehmen.
4.8.9	─┼─	Kreuzung ohne Verbindung	6)
4.8.10	──●──	Leitungsverbindung, Verbindungsstelle	
4.8.11	──○──	Anschluß außerhalb von Geräten	Der Kreis darf wahlweise ausgefüllt werden.
4.8.12	(T-Verbindungen)	Leitungsverbindungen und Kreuzung mit Verbindung	
4.8.13	(Gerät mit Anschlüssen 1 2 3 4, 5 6, 33 34)	Anschlüsse und Anschlußbezeichnungen	

6) Bei der Darstellung der MSR-Aufgabenstellung nach DIN 19 227 Teil 1, 3 und 4 werden Kreuzungen ohne Verbindung durch Unterbrechung einer Leitung dargestellt (siehe auch DIN 28 004 Teil 3).

DIN 19 227 Teil 2 Seite 13

Nr	Sinnbild	Benennung (Bildelement nach . . .)	Beispiele für ergänzende Darstellungen, Bemerkungen
4.8.14		Elektrische Anschlußstelle am Gerät	
4.8.15		Pneumatische oder hydraulische Verbindungsstelle	
4.8.16		Pneumatische oder hydraulische Anschlußstelle am Gerät	

4.9 Zubehör

Bildzeichen aus bestehenden Normen, siehe DIN 2429, DIN 2481, DIN 28 004 Teil 3
(auch VDI/VDE-Richtlinie 3516 Blatt 1)

Nr	Sinnbild	Benennung	Beispiele
4.9.1		Filter (DIN 30 600 Bildzeichen-Nr 668)	
4.9.2		Behälter als Abscheider, Puffergefäß u. a. (DIN 28 004 Teil 3)	
4.9.3		Drossel, Lochblende (DIN 30 600 Bildzeichen-Nr 612)	Dämpfungseinrichtung
4.9.4		Trennmembran, Druckmittler	
4.9.5		Manometer-Absperrarmatur, mit Entlüftung	
4.9.6		Absperrkombination, für Nullpunktprüfung	3fach-Ventilblock

37

Anwendungsbeispiele

Am Beispiel einer MSR-Stelle für FRCA [7]) werden zwei Darstellungen mit unterschiedlichem Aussagewert wiedergegeben.

Darstellung der Geräte und ihres Zusammenwirkens (Geräteschema)

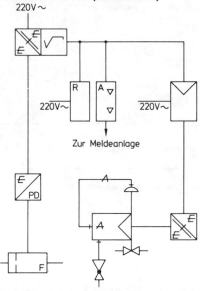

Darstellung der Geräte, ihrer Zusammenschaltung und ihres Einbauortes (Schaltplan)

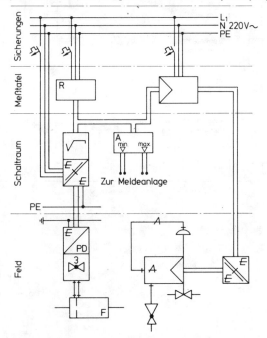

---

[7]) Kennbuchstaben siehe DIN 19 227 Teil 1, Ausgabe September 1973, Tabelle 1

Erläuterungen

Die vorliegende Norm wurde vom Arbeitskreis 2.2 „Sinnbilder für Messen, Steuern, Regeln in der Verfahrenstechnik (früher Unterausschuß 2.2) des Fachnormenausschusses Messen, Steuern, Regeln (FMSR) (seit dem 1. 1. 1976 als UK 911.2 in die DKE überführt) ausgearbeitet, dessen Mitarbeiter vorwiegend aus der chemischen, Mineralöl-, Kraftwerks- und Hüttenindustrie sowie von Planungsfirmen und Herstellern von Meß-, Steuerungs- und Regelungsgeräten kommen.

Gegenstand der vorliegenden Norm ist die Beschreibung eines Systems von Sinnbildern zur Darstellung von meß-, steuerungs- und regelungstechnischen Einrichtungen. Zum Unterschied von Teil 1, welcher der Darstellung der Aufgabenstellung von MSR-Einrichtungen in einer ersten Planungsphase dient, sind in dem vorliegenden Teil 2 die Sinnbilder enthalten, die zur detaillierten Darstellung der gerätetechnischen Lösung in der zweiten Planungsphase erforderlich sind.

Dieses System von Sinnbildern basiert auf der Bildungsregel, welche als Grundfiguren im wesentlichen Rechteck und Quadrat verwendet. Spezielle Aussagen über Gerätefunktion und Gerätebauart werden durch in die Grundfigur eingeschriebene Kennbuchstaben, Bildelemente und Beschriftungen gemacht. Unterschieden wird nach Aufnehmern, Anpassern, Ausgebern, Reglern, Bedienungsgeräten und Hilfsenergiegeräten. Eine Sonderstellung nehmen die Stellgeräte ein.

Sinnbilder von Geräten, die in der vorliegenden Norm nicht enthalten sind, lassen sich durch Anwendung der Bildungsregel leicht selbst entwickeln.

Die vorliegende Norm stimmt sachlich weitgehend mit einem internationalen Norm-Entwurf des ISO/TC 10/SC 3[8] „Process measurement control functions and instrumentation; Symbolic representation; Part 3: Detailed symbols (MSR-Funktionen und Instrumentierung; Symbolische Darstellung; Teil 3: Gerätebildzeichen)" überein.

---

[8] ISO = International Organization for Standardization
TC 10 = Technical Committee 10 „Technical Drawings"
SC 3 = Sub-Committee 3 „Graphical Symbols for Instrumentation"

DK 621.3:003.62 April 1955

Starkstrom- und Fernmeldetechnik
Schaltzeichen
Wähler Nummernschalter Unterbrecher

DIN
40 700
Blatt 1

Teilweise Ersatz für DIN 40 700

Die Norm enthält die Neufassung von DIN 40 700 Teil I Abschnitt G Wähler, Ausgabe Januar 1941.

Fernmeldewesen, allgemeine Schaltzeichen, Wähler, Nummernschalter, Unterbrecher

Lfd. Nr	IEC- Nr	Schaltzeichen		Benennung	Bemerkung
1	371	1.1		**Wähler allgemein,** insbesondere Wähler mit einem Einstellvorgang, z. B. Drehwähler	
	372	1.2		desgleichen mit Darstellung der Nullstellung	
		1.3		desgleichen mit Darstellung des Abschaltschrittes	
		1.4		Drehwähler mit Angabe der Schrittzahl, z. B. 25 Schritte	
2	376	2.1		Wähler mit **zwei unterschiedlichen** Einstellvorgängen, z. B. Hebdrehwähler desgleichen, falls erforderlich mit Angabe der Schrittzahl für jeden Einstellvorgang z. B. 10 Schritte des ersten Vorganges je 20 Schritte des zweiten Vorganges	
		2.2			
3	(373)	3.1		Schaltbahn allgemein	
	(375)	3.2		desgleichen mit Darstellung der Einzelschritte, insbesondere beim Anschluß nicht gleichartiger Leitungen	
4		4.1		**Schaltbahn mit Richtungsaufteilung**	
		4.2		Verschiedene Darstellungen für Wähler mit einem Einstellvorgang	
		4.3			
		4.4		Darstellung für Wähler mit zwei unterschiedlichen Einstellvorgängen	
5		5.1		Motorwähler mit Einzelantrieb allgemein, insbesondere mit **einem** Einstellvorgang	
		5.2		desgleichen mit zwei unterschiedlichen Einstellvorgängen	

Fachnormenausschuß Elektrotechnik im Deutschen Normenausschuß (DNA) Fortsetzung Seite 2

Seite 2 DIN 40 700 Blatt 1

Lfd. Nr	IEC-Nr	Schaltzeichen	Benennung	Bemerkung
6			Wähler mit zentralem bzw. Gruppen-Antrieb, z. B. Maschinenwähler	
7			Wähler, dessen Sprecharme erst nach der Einstellung mit der Schaltbahn verbunden werden	
8			Relaiswähler allgemein	
9			Wähler mit zwei unterschiedlichen Einstellvorgängen Darstellung bei Vielfachschaltung einiger Leitungen über mehrere Wähler	
10			Wähler, dessen Einstellung durch eine Markierung gesteuert wird	
11		$I\,1$	Hilfsschalter für Wählerschaltungen in aufgelöster Darstellung, z. B. Steuerschalter mit Angabe des Schaltarmes (römische Ziffer) und Angabe der Schaltstellung (arabische Ziffer)	
12			Nummernschalter	
13			Zahlengeber allgemein	
14	14.1		**Periodischer Unterbrecher** allgemein	
	14.2		desgleichen mit Relais z. B. Relaisunterbrecher	
	14.3		desgleichen mit Motorantrieb falls erforderlich kann das Verhältnis Öffnungs- zur Schließungszeit angegeben werden, z. B. 10/15 ms	

DK 621.383 : 621.385 : 621.387.1/.3 : 003.62   Juli 1969

Schaltzeichen
Elektronen- und Ionenröhren

DIN 40 700
Blatt 2

Graphical symbols, Tubes

Zusammenhang mit IEC-Empfehlung 117-6-1964 siehe Erläuterungen

Zeichenerklärung

Die in der IEC-Spalte benutzten Zeichen haben die nachstehende Bedeutung:
1. = : Das Schaltzeichen stimmt mit dem IEC-Schaltzeichen überein
2. ≈ : Das Schaltzeichen ist ähnlich dem IEC-Schaltzeichen (die Abweichung ist so geringfügig, daß Mißverständnisse bei Benutzung der deutschen Norm im internationalen Gebrauch nicht zu befürchten sind).
3. ≠ : Schaltzeichen stimmt mit dem IEC-Schaltzeichen nicht überein
4. — : Ein entsprechendes IEC-Schaltzeichen ist nicht vorhanden
5. K : Das Schaltzeichen besteht aus einer Kombination von IEC-Schaltzeichen
6. E : Das Schaltzeichen entspricht den IEC-Schaltzeichen eines IEC-Entwurfes, der zur Abstimmung innerhalb der Mitglieder der IEC verabschiedet ist (6-Monatsregel oder 2-Monatsregel)

Nr	IEC	Schaltzeichen	Benennung	Bemerkung
Kolben für Röhren				
1	=	◯	Röhrenkolben allgemein	
2	=	◯	Röhrenkolben allgemein, insbesondere für Vielelektrodenröhre	Bei gasgefüllten Röhren kann außerhalb des Kolbens das chemische Zeichen des Gases hinzugefügt werden
3	=	◯	Röhrenkolben bei getrennter Darstellung der Systeme einer Mehrfachröhre	
4	=	◯	Röhrenkolben mit Gas- oder Dampffüllung	

Fortsetzung Seite 2 bis 12
Erläuterungen Seite 12

Fachnormenausschuß Elektrotechnik im Deutschen Normenausschuß (DNA)

Nr	IEC	Schaltzeichen	Benennung	Bemerkung
Kolben für Spezialröhren, Beispiele				
5	=		Röhrenkolben für Kathodenstrahlröhre	Die bildliche Darstellung des Kolbens kann den Erfordernissen angepaßt werden
6	–		Röhrenkolben für Super-Ikonoskop	
Schirmung und leitende Beläge für Röhrenkolben				
7	–		Röhrenkolben mit leitendem Innenbelag zur statischen Schirmung	
8	=		Röhrenkolben teilweise mit leitendem Außenbelag zur statischen Schirmung	
9	=		Röhrenkolben teilweise mit leitendem Äquipotentialbelag, z. B. im Innern des Kolbens angebracht	
10	=		Röhrenkolben teilweise mit leitendem Innenbelag als stromführende Widerstandsschicht, üblicherweise wendelförmig	
Elektroden, Konzentrierspulen, Ablenkspulen				
11	=		Anode allgemein	
12	–		Glimmzwischenanode	
13	=		Leuchtanode	
14	=		Röntgenanode, allgemein	
15	–		Röntgenanode, rotierend	

Nr	IEC	Schaltzeichen	Benennung	Bemerkung
16	=		Elektronenoptische Elektrode allgemein	
17	≈		zylindrische Fokussierelektrode	
18	=		zylindrische Fokussierelektrode mit Gitter	
19	=		Wehnelt-Zylinder	
20	=		Mehrfachblende	
21	–		Quadrupollinse	
22	–		Reflexionselektrode	
Kathoden				
23	╪		Kathode allgemein	
24	=		kalte Kathode oder ionenbeheizte Kathode	
25	=		ionenbeheizte Kathode mit Hilfsheizung	
26	=		Fadenkathode (direkt geheizte Kathode) oder Heizer einer indirekt geheizten Kathode	
27	=		indirekt geheizte Kathode, vollständig	
28	=		vereinfachte Darstellung einer indirekt geheizten Kathode ohne Heizer	
29	=		Kathode im Kolben mit dem Heizer verbunden	

Nr	IEC	Schaltzeichen	Benennung	Bemerkung
Quecksilberkathoden				
30	=		Quecksilberkathode allgemein	
31	=		Quecksilberkathode mit Darstellung der Zündanode	
32	=		Quecksilberkathode mit Darstellung des Zündstiftes	
33	K		Quecksilberkathode mit Darstellung der Erregeranode	Die Erregeranode wird durch Größe der Darstellung und Lage im Kolben von der Hauptanode unterschieden
34	–		Quecksilberkathode mit Darstellung der kombinierten Zünd- und Erregeranode	
Photokathoden mit äußerem Photoeffekt				
35	≈		Photokathode allgemein	
36	=		Photokathode wahlweise Darstellung	
Elektroden, abwechselnd als Anode und Kaltkathode wirkend				
37	=		Elektrode allgemein	
38	=		Elektrode wahlweise Darstellung	
Kalte Elektroden mit ausgenutzter Sekundäremission				
39	=		Prallanode	
40	=		Elektronendurchlässige Prallanode (Prallgitter)	

45

Nr	IEC	Schaltzeichen	Benennung	Bemerkung
Gitter				
41	=		Gitter allgemein, insbesondere Steuergitter	
42	–		Schirmgitter	Nr 42 und Nr 43 nur anwenden, wenn die Funktion der Gitter besonders gekennzeichnet werden soll
43	–		Bremsgitter	
44	=	o o o o o—	Quantelungsgitter	
45	–	o—o—	Steuersteg	
Speicher-Elektroden				
46	=		Speicher-Elektrode allgemein	
47	=		Speicher-Elektrode mit äußerem Photoeffekt (Mosaikphotokathode)	
48	=		Speicher-Elektrode mit Ausnutzung der Sekundäremission nur in Pfeilrichtung	
49	=		Speicher-Elektrode mit innerem Photoeffekt	
Ablenkplatten				
50	=		elektrostatische Ablenkung	Ablenkplatten werden unabhängig von der räumlichen Lage dargestellt, wenn notwendig durch z. B. x oder y gekennzeichnet. Wenn erforderlich können die Ablenkplatten durch D_1 bis D_4 gekennzeichnet werden
51	–		elektrostatische Ablenkung und Dunkelsteuerung (blanking-electrode) durch hohe Ablenkspannung	
52	=		Ablenkzylinderpaar für radiale Ablenkung	
Konzentration mit Dauermagneten und Spulen				
53	=		Konzentrierung mit Dauermagnet	
54	=		Konzentrierspule	

Seite 6 DIN 40 700 Blatt 2

Nr	IEC	Schaltzeichen	Benennung	Bemerkung
55	=		Konzentrierspule wahlweise Darstellung	Für die Darstellung der Elektromagneten oder Ablenkspulen können die beiden in DIN 40 712 vorgesehenen Darstellungen der Drosselspule wahlweise verwendet werden
56	–		Konzentrierung mit Dauermagnetsystem mit kleinem Streufeld	

Ablenkspulen, magnetische Ablenkung

Nr	IEC	Schaltzeichen	Benennung	Bemerkung
57	=		Ablenkspule allgemein	Ablenkspulen werden unabhängig von der räumlichen Lage dargestellt, wenn notwendig durch z. B. h (horizontal) oder v (vertikal) besonders gekennzeichnet
58	–		zwei zueinander senkrechte Ablenkfelder mit Darstellung einer transformatorisch gekoppelten Wicklung, z. B. für Hochspannungserzeugung	

Beispiele für Röhren

Nr	IEC	Schaltzeichen	Benennung	Bemerkung
59	=		Diode mit direkt geheizter Kathode	
60	=		Glimmgleichrichterröhre	
61	≈		Duodiode mit indirekt geheizter Kathode	

Trioden

Nr	IEC	Schaltzeichen	Benennung	Bemerkung
62	=		Triode mit direkt geheizter Kathode	

47

Nr	IEC	Schaltzeichen	Benennung	Bemerkung
63	=		Doppeltriode mit getrennter Kathode	
64	K		Doppeltriode in aufgelöster Darstellung	

Pentoden

Nr	IEC	Schaltzeichen	Benennung	Bemerkung
65	≠		Pentode allgemein	
66	=		Pentode mit vereinfachter Darstellung der Gitter	
67	≠		Triode-Heptode	
68	–		Abstimmanzeigeröhre	

Nr	IEC	Schaltzeichen	Benennung	Bemerkung
69	=		Glimmlampe Glimmlichtröhre	
70	K		Glimmspannungteiler	Die Kreise an den Anodenzeichen können wegfallen, wenn keine Verwechslungsgefahr besteht
71	–		Blitzlichtlampe	
72	–		Glimm-Tetrode mit Hilfsanode und Gittersteuerung	Weitere Schaltzeichen für gasgefüllte Röhren siehe DIN 40706

Lichtgesteuerte Röhren

Nr	IEC	Schaltzeichen	Benennung	Bemerkung
73	–		Vakuum-Photozelle	

Sekundärelektronenvervielfacher

Nr	IEC	Schaltzeichen	Benennung	Bemerkung
74	K		Sekundärelektronenvervielfacher mit Prallanoden	Auf die Verwendung des Dynoden-Symbols zur Darstellung der Prallanoden kann verzichtet werden, wenn keine Verwechslungsgefahr besteht
75	K		Sekundärelektronenvervielfacher mit Prallgittern	

Nr	IEC	Schaltzeichen	Benennung	Bemerkung
76	–		Sekundärelektronenvervielfacher mit Fokussier- und Ablenkelektrode sowie mehreren Prallanoden, z. B. *14*	

Elektronische Zählröhren

Nr	IEC	Schaltzeichen	Benennung	Bemerkung
77	–		Zählröhre vereinfachte Darstellung	
78	–		Zählröhre mit genauer Darstellung der Funktion der einzelnen Elektroden, falls erforderlich	

Bild-Bild-Wandlerröhren

Nr	IEC	Schaltzeichen	Benennung	Bemerkung
79	K		Diode	
80	K		Triode	

Nr	IEC	Schaltzeichen	Benennung	Bemerkung
		Bild-Signal-Wandlerröhren, Bildaufnahmeröhren		
81	≈		Super-Ikonoskop	
82	K		Riesel-Ikonoskop	
83	≈		Super-Orthikon	Pfeile deuten den Lichteinfall z. B. von Glimmlampen an
84	≈		Vidikon	

Nr	IEC	Schaltzeichen	Benennung	Bemerkung
Signal-Bild-Wandlerröhren				
85	≈		Bildwiedergaberöhre mit leitendem Außenbelag und getrennt herausgeführtem Innenbelag. Beispiel für Aufbau: Kathode, Wehneltzylinder, magnetische Fokussierung, Hauptbeschleunigungselektrode, magnetische Ablenkung	Vereinfachte Darstellung für Kathode und Wehnelt-Zylinder
86	—		Farbbildwiedergaberöhre mit Maske, mit getrennt herausgeführtem Innenbelag. Beispiel für den Aufbau: Drei Kathodenstrahlsysteme mit elektrostatischer Fokussierung, Dauermagnet zur Einstellung der Farbreinheit (FR), Dauer- und Elektromagnet zur Einstellung der Blau-Lateral-Konvergenz ($B.\,lat.\,K.$), drei Dauermagnete zur Einstellung der statischen Konvergenz für blau, grün und rot ($s.\,K.$), je drei Elektromagnete für horizontale und vertikale Konvergenz ($h.\,K.\,v.\,K.$), magnetische Ablenkung (A), Entmagnetisierungsspule	
Oszillographenröhren				
87	K		Oszillographenröhre mit einstufiger Nachbeschleunigung. Beispiel für Aufbau: Kathode, Wehnelt, Vorbeschleunigungs-, Fokussier-, Hauptbeschleunigungs-Elektrode, zwei Ablenkplatten, zwei getrennte Innenbeläge	
88	K		Oszillographenröhre mit wendelförmigem Nachbeschleunigungswiderstand. Beispiel für Aufbau: Kathode, Wehneltzylinder, Vorbeschleunigungselektrode, Austastelektrode, Fokussier-, Hauptbeschleunigungs-Elektrode, zwei Ablenkplattenpaare, Nachbeschleunigungswiderstand	Schirmnaher Innenbelag für Nachbeschleunigung
89	—		Oszillographenröhre für hohe Frequenzen mit an die Laufzeit der Elektronen angepaßter Ablenkung für eine Ablenkrichtung und Koaxialanschlüssen	

Seite 12 DIN 40 700 Blatt 2

Nr	IEC	Schaltzeichen	Benennung	Bemerkung
90	K		Zweistrahl-Oszillographenröhre mit getrennten Systemen und innerer Abschirmung	
91	=		Zweistrahl-Oszillographenröhre mit gemeinsamer Strahlerzeugung, Strahlspaltelektrode	
92	E		Anzeigeröhre für Ziffern, Buchstaben oder andere Symbole	Jedem Symbol ist eine getrennte Elektrode zugeordnet, die von außen angesteuert werden muß
93	E		Glimmzählröhre, Vielkathodenröhre für Pulszählung mit zwei Satz Führungskathoden, einem Satz Hauptkathoden und einer Ausgangselektrode	Falls erforderlich, kann die Umlaufrichtung der Entladung durch einen Pfeil angezeigt werden

Erläuterungen

In der vorliegenden Neufassung der Norm wurde die IEC-Empfehlung 117–6 „Recommended graphical symbols, Part 6: Variability, Examples of resistors, Elements of electronic tubes, valves and rectifiers" „Empfehlungen für Schaltzeichen, Teil 6: Veränderbarkeit, Beispiele für Widerstände, Elemente für Elektronenröhren, Gleichrichterröhren und Gleichrichter" (Ausgabe 1964) nebst Nachtrag 1 vom August 1966 und Nachtrag 2 vom Dezember 1967 berücksichtigt.

53

DK 621.396.67 : 003.62 September 1969

Schaltzeichen
Antennen

DIN 40700 Blatt 3

Graphical symbols, Aerials

Zusammenhang mit IEC-Empfehlung siehe Erläuterungen

Zeichenerklärung

Die in der IEC-Spalte benutzten Zeichen haben die nachstehende Bedeutung:
= Das Schaltzeichen stimmt mit dem IEC-Schaltzeichen überein.
≈ Das Schaltzeichen ist ähnlich dem IEC-Schaltzeichen (die Abweichung ist so geringfügig, daß Mißverständnisse bei Benutzung der deutschen Norm im internationalen Gebrauch nicht zu befürchten sind).
— Ein entsprechendes IEC-Schaltzeichen ist nicht vorhanden.
K Das Schaltzeichen besteht aus einer Kombination von IEC-Schaltzeichen.

Nr	IEC	Schaltzeichen	Benennung	Bemerkung
Antennenformen				
1	=		Antenne, allgemein	
2	=		Sendeantenne	
3	=		Empfangsantenne	
4	=		Sende- und Empfangsantenne, gleichzeitiges Senden und Empfangen über dieselbe Antenne	
5	=		Sende- und Empfangsantenne, abwechselndes Senden und Empfangen über dieselbe Antenne	

Begriffe und Bezeichnungen aus dem Gebiet der Antennen, Antennengattungen und Antennenformen siehe DIN 45 030 Blatt 2

Fortsetzung Seite 2 bis 6
Erläuterungen Seite 6

Fachnormenausschuß Elektrotechnik im Deutschen Normenausschuß (DNA)

Seite 2 DIN 40 700 Blatt 3

Nr	IEC	Schaltzeichen	Benennung	Bemerkung
Kennzeichen				
6	=	→	horizontale Polarisation	
7	=	↑	vertikale Polarisation	
8	=	—⊖—	zirkulare Polarisation	
9	=	——	Strahlungsrichtung fest in azimutaler Richtung	
10	=	⟋	Strahlungsrichtung variabel in azimutaler Richtung	
11	=	⟋	Strahlungsrichtung fest in Elevationsrichtung	
12	=	⟋	Strahlungsrichtung variabel in Elevationsrichtung	
13	=	∠	Strahlungsrichtung fest in azimutaler und Elevationsrichtung	
14	–	∞$_h$	Zeichen für das Strahlungsdiagramm einer Antenne oder Antennenkombination z. B. Strahlungsdiagramm einer Rahmenantenne in horizontaler (h) Richtung	falls erforderlich, kann das Strahlungsdiagramm in der Horizontal- (h) und/ oder in der Vertikalebene (v) dargestellt werden
15	=	⋈	Zeichen für die Peilfunktion einer Antenne	

Nr	IEC	Schaltzeichen	Benennung	Bemerkung
16	=		Rotation des Richtdiagramms	Die Drehzahl kann angeschrieben werden.
17	=		Periodische Bewegung des Richtdiagramms	Die Frequenz der Bewegung kann angeschrieben werden.

Besondere Antennen und Antennenteile

Nr	IEC	Schaltzeichen	Benennung	Bemerkung
18	=		Rahmenantenne	
19	K		Rahmenantenne, abgeschirmt	
20	K		Kreuzrahmenantenne	
21	=		Rhombus-Antenne mit Darstellung des Abschlußwiderstandes	
22	=		Gegengewicht	
23	=		Ferritantenne	das allgemeine Antennenzeichen kann weggelassen werden, wenn keine Verwechslungsgefahr besteht.
24	=		Dipolantenne (kurz auch Dipol genannt)	

Seite 4 DIN 40 700 Blatt 3

Nr	IEC	Schaltzeichen	Benennung	Bemerkung
25	=		Schleifen-Dipol	
26	=		Reflektor- oder Direktorstab für Dipol	
27	–		Schmetterlingsantenne	
28	=		Hornstrahler	
29	=		Parabol-Antenne Parabolreflektor	
30	=		spezielle Radarantenne	auch Käseschachtel genannt
31	=		spezielle Radarantenne (Käseschachtel) mit Erregung durch Hornstrahler und Speisung über Hohlleiter	
32	=		Schlitzantenne mit Erregung durch Rechteckhohlleiter	
33	=		Hornreflektor, Erregung durch zirkularen Wellenleiter	
34	–		Wendelantenne	
35	–		Dielektrischer Strahler, dipolerregt, horizontal polarisiert	

Nr	IEC	Schaltzeichen	Benennung	Bemerkung
36	=		Symmetriereinrichtung	
37	–		Linse für elektromagnetische Wellen, allgemein	
38	–		Linse für elektromagnetische Wellen, dielektrisch	

Beispiele				
39	–		Peilantenne	
40	≈	$30°$ v $2°$ h	Radarantenne, rotierend mit Darstellung von vertikalem (v) und horizontalem (h) Strahlungsdiagramm und deren Öffnungswinkeln. Vertikale Polarisation	
41	=		Empfangsantennenanlage; Strahlungsdiagramm fest in azimutaler Richtung, schwenkbar in der Elevation, z. B. Musa-Antenne	
42	=	$1 s^{-1}$ $0°$ bis $60°$ bis $0°$ $2,4 \min^{-1}$	Radarantenne rotierend mit 2,4 Umdrehungen je Minute und periodisch in Elevationsrichtung, verändertem Strahlungsdiagramm von $0°$ bis $60°$ bis $0°$ in einer Sekunde	
43	K		Parabol-Antenne mit Speisung über Koaxialkabel	
44	=		Parabol-Antenne mit Speisung über Hohlleiter, Ausleuchtung mit Hornstrahler	

Nr	IEC	Schaltzeichen	Benennung	Bemerkung
45	K		Parabol-Antenne mit Darstellung einer Symmetriereinrichtung	
46	=		Dipol mit Reflektorstab und drei Direktorstäben	
47	–		Schleifen-Dipol mit Reflektorwand	
48	–	$\frac{m}{n}$	Dipolgruppe mit m übereinander und n nebeneinander angeordneten Dipolen	
49	–		Höhenreflektor	

Erläuterungen

In der vorliegenden Norm wurde die IEC-Empfehlung 117-10 (Ausgabe 1968)
„Recommended graphical symbols Part 10: Aerials (antennas) and radio stations"
„Symboles graphiques recommandés 10ème partie: Antennes, stations et postes radioélectriques"
„Empfehlungen für Schaltzeichen, Teil 10: Antennen und Radiostationen"
berücksichtigt.

DK 621.3 : 003.62 : 621.3.02 : 621.3.018.7

Schaltzeichen
Kennzeichen für Strom- und Spannungsarten,
Impulsarten, modulierte Pulse

DIN 40 700
Teil 4

Graphical symbols; kind of current, pulse and modulation signs

Mit DIN 40 710
Ersatz für DIN 40 710,
Ausgabe September 1966

Zusammenhang mit der von der International Electrotechnical Commission (IEC) herausgegebenen IEC-Empfehlung 117-1 (1960) und 117-13 (1969), siehe Erläuterungen.

Die in dieser Norm kursiv gesetzten Benennungen und Anmerkungen sind nicht Bestandteil der Norm. Sie stimmen mit denen der zugehörigen IEC-Publikation überein.

Nr	IEC 117-1 Nr	Kennzeichen	Benennung und Bemerkung	
		Strom- und Spannungsarten		
1	1	────	Gleichstrom, Gleichspannung, allgemein *Direct current*	
2	2	═══	*Anmerkung:* Symbol 2 in Plänen nur anwenden, wenn Verwechslungsgefahr besteht. Für Anwendung an Betriebsmitteln siehe IEC 417-5031a und DIN 30 600 Nr 36	
3	3	∼	Wechselstrom, Wechselspannung, allgemein *Alternating current general symbol*	Frequenzabgabe — falls erforderlich — rechts neben dem Zeichen, z. B. ∼ 50 Hz.
4	5	≈	Tonfrequenter Wechselstrom Tonfrequente Wechselspannung *Audio frequencies*	Nur anwenden, wenn zwischen verschiedenen Frequenzbereichen unterschieden werden soll.
5	6	≋	Hochfrequenter Wechselstrom Hochfrequente Wechselspannung *Super audio, carrier and radio frequencies*	
6	8	∼	Allstrom *Symbol for apparatus and machines suitable either for direct current or alternating current (universal)*	geeignet für Gleich- oder Wechselstrom Gleich- oder Wechselspannung
7	9	∼	Mischstrom, stark welliger Gleichstrom *Undulating or rectified current*	

Fortsetzung Seite 2 und 3
Erläuterungen Seite 3

Deutsche Elektrotechnische Kommission im DIN und VDE (DKE)

Seite 2 DIN 40 700 Teil 4

Nr	IEC 117-1 Nr	Kennzeichen	Benennung und Bemerkung
Beispiele			
8	K*)	1〜 16 2/3 Hz	Einphasen-Wechselstrom 16⅔ Hz
9	K*)	2〜	Zweiphasen-Wechselstrom
10	K*)	3/N〜 50 Hz	Dreiphasen-Wechselstrom (Drehstrom), mit Mittelleiter 50 Hz
11	K*)	2/N ——	Zweileiter-Gleichstrom mit Mittelleiter

Impulsarten

Anmerkung: Das Kennzeichen für die Impulsform kann entsprechend dem angenäherten Kurvenverlauf dargestellt werden.

In den folgenden Beispielen ist das Kennzeichen am Leitungszug dargestellt.

Weitere Informationen können zugefügt werden, vgl. Nr 19.

Nr	IEC 117-13 Nr	Kennzeichen	Benennung und Bemerkung
12	1310	⊓	Rechteckimpuls, positiv Positive-going pulse
13	−*)	⊓⊔	Rechteckwechselimpuls
14	1311	⊔	Rechteckimpuls, negativ Negative-going pulse
15	1312	∿	Schwingungsimpuls Pulse of alternating current
16	1313	⌐	Sprungfunktion, positiv Positive-going step function
17	1314	⌐	Sprungfunktion, negativ Negative-going step function
18	−*)	∧	Dreieckimpuls
19	1315	2µs ⊓ 10 kHz	**Beispiel:** Rechteckimpuls, positiv, mit einer Impulsdauer von 2 µs und einer Pulsfrequenz von 10 kHz Positive-going pulse with a pulse duration of 2 µs and a pulse repetition frequency of 10 kHz

*) Die in der IEC-Spalte benutzten Zeichen haben die nachstehende Bedeutung:
— Ein entsprechendes IEC-Schaltzeichen ist nicht vorhanden.
K Das Schaltzeichen besteht aus einer Kombination von IEC-Schaltzeichen.

DIN 40 700 Teil 4 Seite 3

Nr	IEC 117-13 Nr	Kennzeichen	Benennung und Bemerkung
Modulierte Pulse			
20	1320		Pulsphasenmodulation (PPM) Pulse-position or pulse-phase modulation
21	1321		Pulsfrequenzmodulation (PFM) Pulse-frequency modulation
22	1322		Pulsamplitudenmodulation (PAM) Pulse-amplitude modulation
23	1323		Pulsabstandmodulation Pulse-interval modulation
24	1324		Pulsdauermodulation (PDM) Pulse-duration modulation
25	1325.1		Pulscodemodulation (PCM) z. B. 5-Bit-Code 5-unit binary code
26	1325.2		Pulscodemodulation (PCM) z. B. 3-aus-7-Code 3-out-of-7-code

Erläuterungen

Diese Norm wurde von UK 113.1 „Schaltzeichen, Schaltungsunterlagen" der Deutschen Elektrotechnischen Kommission im DIN und VDE (DKE) ausgearbeitet.
Als beabsichtigte Ergänzung war der Entwurf DIN 40 700 Teil 102 veröffentlicht worden. Im Rahmen der immer engeren Anlehnung an internationale Arbeitsergebnisse wurde beschlossen, den Erweiterungsteil, der IEC-Publikation 117-12 (1968) entspricht, gesondert als DIN 40 700 Teil 25 herauszugeben.
Für die Neufassung von DIN 40 700 Teil 4 wurden aus DIN 40 710, Ausgabe September 1966, die Zeichen für weitere Impulsformen sowie die Strom- und Spannungsarten entnommen. Soweit die Schaltzeichen mit IEC übereinstimmen, sind sie entnommen:
IEC-Publikation 117-1 (1960) und den Nachträgen 1 (1966), 2 (1967), 3 (1973): Strom- und Spannungsarten, Wechselspannungssysteme, Schaltarten . . .
und
IEC-Publikation 117-13 (1969), Sektion D und E: Kennzeichen für Impulsformen und modulierte Pulse

DK 621.3 : 003.62 : 654.9   Juni 1976

	Schaltzeichen Gefahrenmeldeeinrichtungen	DIN 40 700 Teil 5

Graphical symbols; special symbols for danger alarm systems.

Mit DIN 40 700 Teil 23
Ersatz für DIN 40 700 Teil 5,
Ausgabe August 1956 x.

Zusammenhang mit der von der International Electrotechnical Commission (IEC) herausgegebenen IEC-Publikation 117-8, siehe Erläuterungen.

Zeichenerklärung

Die in der IEC-Spalte benutzten Zeichen haben die nachstehende Bedeutung:
= Das Schaltzeichen stimmt mit dem IEC-Schaltzeichen überein
≈ Das Schaltzeichen ist ähnlich dem IEC-Schaltzeichen (die Abweichung ist so geringfügig, daß Mißverständnisse bei Benutzung der deutschen Norm im internationalen Gebrauch nicht zu befürchten sind).
− Ein entsprechendes IEC-Schaltzeichen ist nicht vorhanden
K Das Schaltzeichen besteht aus einer Kombination von IEC-Schaltzeichen

Nr	IEC	Schaltzeichen	Benennung	Bemerkung
Kennzeichen				
1	−		Hilferuf	z. B. an Polizei
2	=		Brandmeldung	Darstellung mit abgedecktem Druckknopf
3	≈		Wächtermeldung	
4	−		Laufwerk, Ablaufwerk	
5	−		Hilferuf mit Sperrung	
6	≈		Brandmeldung mit Sperrung	Die waagerechte Linie kennzeichnet die Sperrung
7	≈		Wächtermeldung mit Sperrung	
8	−		Laufwerk mit Sperrung	
9	−		Anzeigevorrichtung	
10	≈		Fernsprechen	Hinweis auf Fernsprechmöglichkeit
11	−		Bimetallprinzip	
12	−		Schmelzlotprinzip	z. B. für Temperaturmelder
13	−		Differentialprinzip	

Fortsetzung Seite 2
Erläuterungen Seite 2

Deutsche Elektrotechnische Kommission im DIN und VDE (DKE)

Nr	IEC	Schaltzeichen	Benennung	Bemerkung
14	=		Ionisationsprinzip	z. B. für Rauchmelder
15	=		Lichtabhängiges Prinzip	

Beispiele

Nr	IEC	Schaltzeichen	Benennung	Bemerkung
16	–		Polizeimelder	
17	=		Brandmelder	
18	=		Selbsttätiger Brandmelder	
19	–		Selbsttätiger Temperaturmelder Bimetallprinzip	
20	K		Selbsttätiger Rauchmelder lichtabhängiges Prinzip	
21	K		Wächtermelder mit Sicherheitsschaltung	
22	–		Polizeimelder mit Sperrung und mit Fernsprecher	
23	K		Brandmelder mit Laufwerk und mit elektrischer Auslösung	
24	–		Brandmelder mit Laufwerk mit Sperrung, Polizeimelder mit Sperrung	
25	–		Hauptstelle (Zentrale) einer Brandmeldeanlage für vier Schleifen in Sicherheitsschaltung Sirenenanlage für zwei Schleifen	

Erläuterungen

Diese Norm wurde ausgearbeitet von UK 113.1 „Schaltzeichen, Schaltungsunterlagen" der Deutschen Elektrotechnischen Kommission im DIN und VDE.

Soweit Schaltzeichen dieser Norm mit IEC übereinstimmen, sind sie überwiegend entnommen aus IEC-Publication

117-8 Schaltzeichen für Installationspläne
(für lfd. Nr 2, 3, 6, 7, 17, 18, 21)

Gegenüber Ausgabe August 1956 x enthält diese Norm folgende Änderungen: Die Schaltzeichen für elektrische Uhren wurden in DIN 40 700 Teil 23 übernommen. Einige Zeichen, die aus anderen Schaltzeichennormen hier verwendet wurden, sind inzwischen modernisiert worden.

Zu den Gefahrenmeldern, speziell Rauchmeldern ging ein neuer Vorschlag im Rahmen der Einsprüche ein. Er deckt jedoch nicht das gesamte Gebiet ab und hat in der IEC noch keine Basis. Deshalb wurde beschlossen, die seit 1940 festgelegten Zeichen zunächst in der Norm beizubehalten.

DK 621.3 : 003.62   April 1974

		Schaltzeichen	**DIN**
		Magnetköpfe	**40 700** Blatt 7

Graphical symbols; magnetic heads

Zusammenhang mit der von der International Electrotechnical Commission (IEC) herausgegebenen Publikation 117-9, siehe Erläuterungen.

Zeichenerklärung
Die in der IEC-Spalte benutzten Zeichen haben die nachstehende Bedeutung:
= Das Schaltzeichen stimmt mit dem IEC-Schaltzeichen überein
≠ Das Schaltzeichen stimmt mit dem IEC-Schaltzeichen nicht überein
− Ein entsprechendes IEC-Schaltzeichen ist nicht vorhanden
K Das Schaltzeichen besteht aus einer Kombination von IEC-Schaltzeichen

Nr	IEC	Schaltzeichen	Benennung	Bemerkung
Magnetköpfe				
1	≠		Magnetkopf allgemein	
2	=		Magnetkopf wahlweise Darstellung	
3	K		Zweisystemkopf magnetisch gekoppelt (Dreischenkelkopf)	Darstellung der Abschirmung und der Anzapfungen bei Bedarf nach DIN 40 712
4	K		Zweisystemkopf nicht magnetisch gekoppelt	Mehrsystemkopf analog
				Mehrsystemkopf analog
5	≠		Aufnahmekopf (Sprechkopf)	
6	−		Wiedergabekopf (Hörkopf)	

Fortsetzung Seite 2
Erläuterungen Seite 2

Deutsche Elektrotechnische Kommission · Fachnormenausschuß Elektrotechnik im DNA gemeinsam mit Vorschriftenausschuß des VDE

Nr	IEC	Schaltzeichen	Benennung	Bemerkung
Magnetköpfe				
7	+	⊃×	Löschkopf	Angabe der Löschart bei Bedarf ⊃× ≈ z. B. Hochfrequenzlöschung
Kombinierte Magnetköpfe				
8	–	⊖↔	Aufnahme-Wiedergabekopf (Sprech-Hörkopf)	
9	–	⊖⇥	Lösch-Aufnahmekopf (Lösch-Sprechkopf)	
10	–	⊃⇤	Wiedergabe-Löschkopf (Hör-Löschkopf)	
11	–	⊃⇿	Lösch-Aufnahme-Wiedergabekopf (Lösch-Sprech-Hörkopf)	

Erläuterungen

In der vorliegenden Norm wurde die IEC-Publikation 117-9 (Ausgabe 1968 und die Ergänzung A von 1969) „Recommended graphical symbols Part 9: Telephony, telegraphy and transducers", „Empfehlungen für Schaltzeichen für Telephon, Telegraphie und Transduktoren, Teil 9" berücksichtigt.

DK 621.382 : 003.62   Juli 1972

Schaltzeichen
Halbleiterbauelemente

DIN 40 700
Blatt 8

Graphical symbols; semiconductor devices

Zusammenhang mit der von der International Electrotechnical Commission (IEC) herausgegebenen IEC-Empfehlung siehe Erläuterungen.

Zeichenerklärung

Die in der IEC-Spalte benutzten Zeichen haben die nachstehende Bedeutung:

= Das Schaltzeichen stimmt mit dem IEC-Schaltzeichen überein

≠ Das Schaltzeichen stimmt mit dem IEC-Schaltzeichen nicht überein

− Ein entsprechendes IEC-Schaltzeichen ist nicht vorhanden

K Das Schaltzeichen besteht aus einer Kombination von IEC-Schaltzeichen

Nr	IEC	Schaltzeichen	Benennung	Bemerkung
Allgemeine Zeichen, Aufbauelemente				
1	=	○	Umrahmung	Die Umrahmung sollte nur da verwendet werden, wo sie die Übersichtlichkeit des Schaltplanes erhöht
2	=	⊤	Halbleiterzone mit einem Anschluß ohne Gleichrichterwirkung	Der horizontale Strich stellt die Halbleiterzone, und die vertikale Linie den Anschluß dar.
3	=	⊥⊤	Halbleiterzone mit zwei Anschlüssen ohne Gleichrichterwirkung	
4	=	+	Halbleiterzone mit zwei Anschlüssen ohne Gleichrichterwirkung wahlweise Darstellung	
5	=	⊤⊤	Leitender Kanal für Elemente vom Verarmungstyp	
6	=	⊤ ⊤	Leitender Kanal für Elemente vom Anreicherungstyp	
7	=	▽	Gleichrichtender Übergang P-Zone auf N-Zone	

Fortsetzung Seite 2 bis 6
Erläuterungen Seite 6

Deutsche Elektrotechnische Kommission · Fachnormenausschuß Elektrotechnik im DNA gemeinsam mit Vorschriftenausschuß des VDE

Nr	IEC	Schaltzeichen	Benennung	Bemerkung
8	–		Sperrschicht, die mit Hilfe eines elektrischen Feldes eine Halbleiterzone beeinflußt, z. B. in einem Sperrschicht-Feldeffekt-Transistor	
9	–		P-Gebiet beeinflußt eine N-Zone	
10	–		N-Gebiet beeinflußt eine P-Zone	
11	–		Kennzeichnung der Art des Substrats N-leitender Kanal auf einem P-Substrat (gezeigt für einen Verarmungs-IG-FET)	
12	–		Kennzeichnung der Art des Substrats P-leitender Kanal auf einem N-Substrat (gezeigt für einen Anreicherungs-IG-FET)	
13	–		Isoliertes Gate	
14	–		Emitter auf einer Halbleiterzone entgegengesetzten Leitungstyps P-Emitter auf einer N-Zone	Der schräge Strich mit dem Pfeil stellt den Emitter dar
15	–		mehrere P-Emitter auf einer N-Zone	
16	–		N-Emitter auf einer P-Zone	
17	–		mehrere N-Emitter auf einer P-Zone	
18	–		Kollektor auf einer Halbleiterzone entgegengesetzten Leitungstyps	Der rechte schräge Strich stellt den Kollektor dar. Der Leitungstyp des Kollektors kann nur aus dem vollständigen Schaltzeichen mit Hilfe des Pfeiles am Emitter ermittelt werden.
19	–		mehrere Kollektoren auf einer Halbleiterzone entgegengesetzten Leitungstyps	

Nr	IEC	Schaltzeichen	Benennung	Bemerkung
20	=		Kapazitiver Effekt	
21	=		Tunnel-Effekt	
22	=		Durchbruch-Effekt in einer Richtung	
23	=		Durchbrucheffekt in beiden Richtungen	
24	=		Backward-Effekt (Unitunnel-Effekt)	

Halbleiter ohne Gleichrichterwirkung, Halbleiterwiderstände

Nr	IEC	Schaltzeichen	Benennung	Bemerkung
25	K		Von der Induktion eines Magnetfeldes abhängiger Widerstand (z. B. Feldplatte)	
26	=		Hallgenerator	Horizontale Leiter führen den Speisestrom. An den beiden vertikalen Anschlüssen tritt die Hallspannung auf. Das Kreuz bedeutet die Richtung der magnetischen Induktion in die Zeichenebene hinein.
27	=		Photowiderstand	Bei Bedarf kann ein Kennzeichen für lineare oder nichtlineare Veränderbarkeit unter dem Einfluß des Lichtes nach DIN 40 712, Ausgabe Juli 1971 Nr 8 und 9 in das Schaltzeichen eingetragen werden.
28	–		Peltier-Element	Die warme Seite wird durch die gestrichelte Fläche gekennzeichnet

Halbleiter mit Gleichrichterwirkung Dioden, Gleichrichter, Thyristoren

Nr	IEC	Schaltzeichen	Benennung	Bemerkung
29	=		Halbleiter-Diode-Gleichrichter	Durchlaßrichtung für positiven Strom in Richtung der Dreieckspitze
30	K		Temperaturabhängige Diode	
31	=		Kapazitäts-(Variations-)Diode	Betrieb im Sperrbereich
32	=		Tunnel-Diode	
33	=		Z-Diode für Betrieb im Durchbruchbereich geeignet	
34	=		Gegeneinander geschaltete Z-Dioden, Begrenzer	

Nr	IEC	Schaltzeichen	Benennung	Bemerkung
35	∓		Photoelektrisches Bauelement, allgemein	
36	=		Photodiode	
37	−		Luminiszenz	
38	K		Strahlungsdetektor z. B. für γ-Strahlen	
39	=		Photoelement	
40	=		Backward-Diode (Unitunnel-Diode)	
41	=		Zweirichtungsdiode (Varistor)	
42	=		Gleichrichter-Gerät	
43	=		Thyristor, allgemein	
44	=		rückwärts sperrende Thyristordiode	
45	=		rückwärts leitende Thyristordiode	
46	=		Zweirichtungs-Thyristordiode	
47	=		(anodenseitig steuerbare) rückwärts sperrende Thyristortriode	
48	=		(kathodenseitig steuerbare) rückwärts sperrende Thyristortriode	
49	=		(anodenseitig steuerbare) Abschalt-Thyristortriode	
50	=		(kathodenseitig steuerbare) Abschalt-Thyristortriode	
51	=		rückwärts sperrende Thyristortetrode	
52	=		Zweirichtungs-Thyristortriode (TRIAC)	

DIN 40 700 Blatt 8 Seite 5

Nr	IEC	Schaltzeichen	Benennung	Bemerkung
53	=		(anodenseitig steuerbare) rückwärts leitende Thyristortriode	
54	=		(kathodenseitig steuerbare) rückwärts leitende Thyristortriode	

Bipolare Transistoren

Nr	IEC	Schaltzeichen	Benennung	Bemerkung
55	=		PNP-Transistor	E = Emitter C = Kollektor B = Basis
56	=		NPN-Transistor Der Kollektor ist mit dem Gehäuse verbunden	

Spezielle Transistoren

Nr	IEC	Schaltzeichen	Benennung	Bemerkung
57	=		PNP-Phototransistor	
58	=		Zweizonentransistor (Unijunction Transistor, Doppelbasisdiode) mit Basis vom P-Typ	
59	=		Zweizonentransistor (Unijunction Transistor, Doppelbasisdiode) mit Basis vom N-Typ	

Feldeffekt-Transistoren
Sperrschicht-Feldeffekt-Transistoren

Nr	IEC	Schaltzeichen	Benennung	Bemerkung
60	=		Sperrschicht — FET mit N-Kanal	Der Source-Anschluß kann daran erkannt werden, daß er sich innerhalb der unmittelbaren Verlängerung des Gate-Anschlusses befindet.
61	=		Sperrschicht — FET mit P-Kanal	

Isolierschicht-Feldeffekt-Transistoren
(kurz IG — FET)

Nr	IEC	Schaltzeichen	Benennung	Bemerkung
62	=		Anreicherungs-IG-FET mit P-Kanal auf N-Substrat	

71

Nr	IEC	Schaltzeichen	Benennung	Bemerkung
63	=		Anreicherungs-IG-FET mit N-Kanal auf P-Substrat	
64	=		Anreicherungs-IG-FET mit P-Kanal und herausgeführtem Substratanschluß	
65	=		Anreicherungs-IG-FET mit N-Kanal und intern mit dem Source-Anschluß verbundenem Substrat	
66	=		Verarmungs-IG-FET mit N-Kanal	
67	=		Verarmungs-IG-FET mit P-Kanal	
68	=		IE-FET mit zwei Gates mit N-Kanal und herausgeführtem Substratanschluß	

Erläuterungen

In der vorliegenden Norm wurde die IEC-Publikation 117-7 (Ausgabe 1971) „Recommended graphical symbols Part 7: Semiconductor devices, capacitors" „Symboles graphiques recommandés 7ème partie: Dispositifs à semiconducteurs, condensateurs" „Empfehlungen für Schaltzeichen, Teil 7: Halbleiter, Einrichtungen, Kondensatoren" berücksichtigt.

DK 621.3.061:003.62   November 1961

Schaltzeichen
Elektroakustische Übertragungsgeräte

DIN 40700
Blatt 9

Graphical symbols, electroacoustics

Diese Norm enthält die Neufassung von DIN 40700 Teil II Abschnitt J, Ausgabe Januar 1941.

Lfd. Nr	IEC	Schaltzeichen	Benennung	Bemerkung
1			Mikrophon allgemein	
2			Fernhörer allgemein	
3		3.1	Lautsprecher allgemein	Falls erforderlich, Kennzeichen für: Hochton: ≈ Tiefton: ≈
		3.2	mit Divergenzgitter	z.B. ≈ Doppelsystem für Hoch- und Tiefton
4		4.1	Tonabnehmer allgemein	
		4.2	desgl. für Stereowiedergabe	
5			Tonschreiber allgemein	
6			Körperschall-Empfänger	
7			Körperschall-Sender	
8		8.1 → 8.2 ← 8.3 ↔	Kennzeichen bei reziproken elektroakustischen Wandlern für Wiedergabe für Aufnahme für Wechselbetrieb	Pfeilrichtung: vom Schaltzeichen weg zum Schaltzeichen hin
9		9.1 9.2	Kennzeichen der Arbeitsweise elektromagnetisch elektrodynamisch, allgemein	

Fortsetzung Seite 2

Fachnormenausschuß Elektrotechnik im Deutschen Normenausschuß (DNA)

Lfd. Nr	IEC	Schaltzeichen	Benennung	Bemerkung
9	9.3		**Kennzeichen der Arbeitsweise** elektrodynamisch, fremderregt	Erregerspule mit Kennzeichen der Stromart
	9.4		elektrodynamisch, dauermagneterregt	siehe DIN 40 712 Ausgabe April 1956 lfd. Nr 7
	9.5		kapazitiv	
	9.6		piezoelektrisch	
	9.7		elektrothermisch	
	9.8		ionenbewegt	
	9.9		magnetostriktiv	
10	10.1		**Beispiele** Kondensatormikrophon mit Angabe der Charakteristik z. B. nierenförmig	
	10.2		Thermophon z. B. zur Absoluteichung von Mikrophonen	
	10.3		elektrodynamischer Lautsprecher mit Fremderregung	
	10.4		piezoelektrischer Tonabnehmer Kristalltonabnehmer	
	10.5		piezoelektrischer Tonabnehmer Kristalltonabnehmer für Stereowiedergabe	
	10.6		elektrodynamischer Tonabnehmer	
	10.7		elektrodynamischer Tonabnehmer für Stereowiedergabe	
11			System für Wechselsprechverkehr	
12			Strahlergruppe, mit Angabe der gesamten Sprechleistung, z. B. 25 W	im Bedarfsfalle mit Angabe der Schutzart nach DIN 40 050, Richtkennlinie, Zahl der Lautsprecher und ihrer Einzelleistung

DK 621.3 : 003.62 : 621.3.061 Januar 1982

Graphische Symbole
für Übersichtsschaltpläne
Beispiele für Nachrichten-, Navigations-, Meß- und
Regelungstechnik sowie nicht rotierende Generatoren

DIN
40 700
Teil 10

Graphical symbols for block diagrams, examples for telecommunication, navigation, measuring and control equipment, non-rotating generators

Ersatz für Ausgabe 03.66

Zusammenhang mit den von der International Electrotechnical Commission (IEC) herausgegebenen IEC-Publikationen, siehe Erläuterungen.

Zeichenerklärung
Die in der IEC-Spalte benutzten Zeichen haben die nachstehende Bedeutung:
= Das graphische Symbol stimmt mit dem IEC-Symbol überein (siehe Erläuterungen)
K Das graphische Symbol besteht aus einer Kombination von IEC-Symbolen
± Das graphische Symbol weicht vom IEC-Symbol ab
− Ein entsprechendes IEC-Symbol ist nicht vorhanden
Die in der Spalte „Benennung und Bemerkung" angegebene Zahlenfolge ist die Registriernummer unter DIN 30 600.

Inhalt

	Nr	Seite
Allgemeine graphische Symbole	1 bis 9	2
Symbolelemente	10 bis 59	3
Beispiele für		
Begrenzer	130 bis 134	10
Dämpfungsglieder	147 bis 153	12
Entzerrer	135 bis 139	11
Fernschreibtechnik	81 bis 88	7
Fernsprechtechnik	60 bis 80	5
Filter	121 bis 129	10
Gabelschaltungen und Gabelübertrager	154 bis 158	12
Generatoren (nicht rotierend)	159 bis 165	13
Kompasse, Kursregler und Navigationsgeräte	179 bis 188	14
Meß- und Regelungstechnik	193 bis 208	15
Modulatoren, Demodulatoren, Diskriminatoren	110 bis 113	9
Schallschwinger	189 bis 192	15
Speicher	172 bis 178	14
Stromerzeuger (nicht rotierend)	166 bis 171	13
Stromversorgungsgeräte	114 bis 120	9
Umsetzer	102 bis 109	8
Verstärker, Empfänger, Sender	89 bis 101	7
Verzögerungsglieder	140 bis 146	11

Fortsetzung Seite 2 bis 17

Deutsche Elektrotechnische Kommission im DIN und VDE (DKE)

Nr	IEC	Graphische Symbole	Benennung und Bemerkung
Allgemeine graphische Symbole			
1	=	1.1 1.2	¹) Schaltungsglieder, allgemein Wahlweise Quadrat oder Rechteck Größe der Quadrate und Rechtecke sowie Lage der Rechtecke sind beliebig.
	–	1.3 1.4	Schaltungsglieder, unterteilt
	–	1.5 1.6	Schaltungsglied im Sinne von elektrischer Baueinheit, Stufe oder je nach Umfang der darzustellenden Schaltung, z. B. Baugruppe, Gerät, Anlage mit Angabe der wesentlichen Aufgabe.
2	=	2.1	00 044 – 2 Umsetzer, Umformer, Übertragung, allgemein Umsetzer im Sinne von Umsetzung, Umwandlung einer Größe oder eines Wertes in eine andere Größe oder in einen anderen Wert, z. B. elektrisch/elektrisch, elektrisch/physikalisch, elektrisch/chemisch. Die Umsetzrichtung kann durch einen Pfeil angezeigt werden.
	≠	2.2	05 031 – 2 Trenn-Umsetzer, Trenn-Umformer z. B. galvanische Trennung bei elektrischen Umsetzern.
3	=		00 188 – 2 Modulator, Demodulator, Diskriminator, allgemein
4	–		¹) Speicher, allgemein
5	–		05 032 – 2 Gerät mit automatischer Steuerung, allgemein Die senkrechte Schraffur kann in beliebige Teilflächen des graphischen Symbols eingetragen werden.
6	–		¹) Zentrale Einrichtung, Zentrale Schaltstelle, allgemein
7	≠		05 033 – 2 Bedienungsplatz, Vermittlungsplatz, allgemein
8	–		00 156 – 2 Regler, allgemein (siehe DIN 19 228) Vorzugsweise wird die Regelgröße innerhalb des Dreiecks angegeben.
9	K		00 352 – 2 Einsteller, allgemein (siehe DIN 19 228) Der Pfeil kann auch an jeder anderen Ecke angebracht werden.

¹) Siehe Erläuterungen

DIN 40700 Teil 10 Seite 3

Nr	IEC	Graphische Symbole	Benennung und Bemerkung	
Symbolelemente Die Kennzeichen dürfen in beliebiger Lage angeordnet werden mit Ausnahme der richtungsgebundenen Kennzeichen, z.B. Nr 23.				
10	=	—→—	05035–2 Übertragung in einer Richtung, Simplex-Wirkung, Energierichtung, Signal(fluß)richtung	
11	=	—<>—	05034–2 Übertragung in zwei Richtungen, nicht gleichzeitig. Halbduplex-Wirkung, abwechselnd senden und empfangen.	Kennzeichnung der Betriebsart auf den Übertragungswegen (Leitung, Kabel oder Funk).
12	=	—><—	05036–2 Übertragung in zwei Richtungen, gleichzeitig. Duplex-Wirkung	Die Pfeile können bei mehrpoliger Darstellung auch neben dem Leitungszug gezeichnet werden.
13	=	—•→—	05037–2 Senden	
14	=	—→•—	05038–2 Empfangen	Kennzeichnung der Betriebsart eines Schaltungsgliedes, einer Baueinheit, eines Gerätes usw.
15	K	—•<>—	05039–2 Senden oder Empfangen, nicht gleichzeitig	Zusätzliche Zeichen, z. B. Frequenzangabe, können hinzugefügt werden.
16	K	—•><—	05040–2 Senden und Empfangen, gleichzeitig	
17	≠	⌐	05041–2 Größtwertbegrenzung, allgemein	
18	≠	⌐	05042–2 Kleinstwertbegrenzung, allgemein	
19	=	⌐	05043–2 Größt- und Kleinstwertbegrenzung, allgemein, insbesondere symmetrisch	
20	=	≥	05044–2 Dynamikpressung	
21	=	≤	05045–2 Dynamikdehnung	
22	=	▷|	05046–2 Gleichrichtung	
23	=	▷	05047–2 Verstärkung	
24	=	⊢—⊣	[1]) Verzögerung	
25	=	∿	05048–2 Siebung, Filterung	

[1]) Siehe Erläuterungen

Nr	IEC	Graphische Symbole	Benennung und Bemerkung	
26	=	⊥	05 049 – 2 Gabelung	
27	=	╱	05 050 – 2 Vorverzerrung, Preemphase	
28	=	╲	05 051 – 2 Nachverzerrung, Deemphase	
29	=	I	05 052 – 2 Netzwerk, H-Schaltung	
30	–	ᴨ	05 053 – 2 Netzwerk, ᴨ-Schaltung	
31	–	T	05 054 – 2 Netzwerk, T-Schaltung	
32	≠	◇	01 531 – 2 Brückenschaltung	
33	≠	⌒	¹) Fernsprechen	
34	≠	Ω	05 056 – 2 Fernschreiben	
35	–	⊸	¹) Ton-Übertragung, z. B. Rundfunk-, Drahtfunk-Übertragung	
36	≠	▦	¹) Bild-Übertragung	
37	≠	⊙	05 059 – 2 Drucken, Lesen, allgemein	Die Zeichen Nr 37 bis 40 gelten für Drucken und Lesen. Sie können auch ohne Punkt dargestellt werden, wenn nicht besonders unterschieden werden soll (z. B. wie Nr 34).
38	≠	⌐⊙	05 060 – 2 Drucken auf Blatt	
39	≠	⊶⊙⊷	05 061 – 2 Drucken auf Streifen, Band	
40	≠	⌐⊙⌐	05 062 – 2 Drucken auf Karte	
41	≠	┼	05 063 – 2 Lochen, abtasten, allgemein	Die Zeichen Nr 41 bis 44 gelten für Lochen und Abtasten.
42	≠	┌┼┐	05 064 – 2 Lochen in Blatt	
43	≠	⊶┼⊷	05 065 – 2 Lochen in Streifen	
44	≠	┌┼┐	05 066 – 2 Lochen in Karte	
45	≠	∪	05 067 – 2 Übertragung mit Lochstreifen	
46	=	∙∙	05 068 – 2 Tastatur, allgemein	
47	=	∙∙∙	05 069 – 2 Tastwahl	

¹) Siehe Erläuterungen

DIN 40 700 Teil 10 Seite 5

Nr	IEC	Graphische Symbole	Benennung und Bemerkung
48	=		05 070 – 2 Nummernschalterwahl
49	–		05 071 – 2 Zieltasten
50	–		[1]) Kompaßanzeige, allgemein
51	–		05 073 – 2 Kompaßanzeige mit Magnetnadel
52	–		05 074 – 2 Wasserschall
53	–		01 558 – 2 Radar
54	–		05 075 – 2 Hyperbelortung
55	–		05 076 – 2 Zweiseitenband, oberes und unteres Seitenband
56	–		05 077 – 2 Einseitenband, oberes Seitenband
57	–		05 078 – 2 Einseitenband, unteres Seitenband
58	±		00 205 – 2 Pilotfrequenz, allgemein
59	=		05 220 – 2 Koppelanordnung mit Ein- und Ausgängen

Beispiele für die Fernsprechtechnik

Nr	IEC	Graphische Symbole	Benennung und Bemerkung
60	=		05 080 – 2 Fernsprecher, allgemein Es empfiehlt sich, dieses graphische Symbol in den hier gezeigten Proportionen darzustellen.
61	=		05 081 – 2 Fernsprecher für Ortsbatterie-Betrieb (OB-Betrieb)
62	=		05 082 – 2 Fernsprecher für Zentralbatterie-Betrieb (ZB-Betrieb)
63	=		05 083 – 2 Fernsprecher mit Nummernschalterwahl (W-Betrieb)
64	=		05 084 – 2 Fernsprecher mit Tastwahl
65	=		05 085 – 2 Fernsprecher mit zwei oder mehr Leitungen (Amtsleitungen oder Nebenstellenleitungen)
66	=		05 086 – 2 Fernsprecher mit Schalter oder Taste für Sonderfunktion

[1]) Siehe Erläuterungen

Nr	IEC	Graphische Symbole	Benennung und Bemerkung
67	=		05 087 – 2 Münzfernsprecher
68	=		00 134 – 2 Fernsprecher mit Induktorruf
69	=		05 088 – 2 Fernsprecher mit Lautsprecher
70	=		05 089 – 2 Fernsprecher mit Verstärker
71	=		05 090 – 2 Batterieloser Fernsprecher
72	–		05 091 – 2 Fernsprecher mit Nummernschalterwahl und mit Zieltasten
73	K		05 092 – 2 Fernsprecher mit Nummernschalterwahl und Gebührenanzeige
74	–		05 093 – 2 Fernsprecher mit Bildübertragung
75	–		05 094 – 2 OB-Vermittlung
76	±		05 095 – 2 Vermittlungszentrale, allgemein
77	–		05 096 – 2 Wählerzentrale
78	–		05 097 – 2 Bedienungsplatz für Schnurvermittlung
79	–		05 098 – 2 Schnurvermittlung mit Nummernschalterwahl
80	–		05 099 – 2 Bedienungsplatz mit Tastwahl und Zieltasten

DIN 40700 Teil 10 Seite 7

Nr	IEC	Graphische Symbole	Benennung und Bemerkung

Beispiele für die Fernschreibtechnik

Nr	IEC	Symbol	Benennung und Bemerkung
81	±		05 100-2 Fernschreiber, allgemein
82	±		05 101-2 Blattschreiber mit Darstellung der Tastatur
83	±		05 102-2 Blattschreiber, z.B. nur für Empfang
84	±		05 103-2 Streifenschreiber mit Darstellung der Tastatur
85	±		05 104-2 Lochstreifensender
86	±		05 219-2 Lochstreifenempfänger
87	–		05 105-2 Lochabtaster, allgemein
88	K		05 106-2 Schaltgerät mit Nummernwahl

Beispiele für Verstärker, Empfänger, Sender

Nr	IEC	Symbol	Benennung und Bemerkung
89	=		00 182-2 Verstärker, allgemein
90	=		05 107-2 Verstärker, wahlweise Darstellung Die Dreieckspitze zeigt in die Übertragungsrichtung.
91	=		05 108-2 Verstärker, regelbar, mit externer Gleichstromregelung Die Regelgröße kann neben der Pfeilspitze eingetragen werden.
92	K		05 109-2 Verstärker, fünfstufig
93	K		05 110-2 Verstärker, einstellbar
94	–		00 903-2 Verstärker, selbsttätig geregelt
95	K		02 492-2 Gegentaktverstärker

81

Nr	IEC	Graphische Symbole	Benennung und Bemerkung
96	K		02 493 – 2 Vierdrahtverstärker
97	K		02 494 – 2 Zweidrahtverstärker
98	K		05 111 – 2 NL-Verstärker (Negative Leitung)
99	=		00 180 – 2 Sender, Sendegerät, Geber, allgemein
100	=		00 181 – 2 Empfänger, Empfangsgerät, allgemein
101	±		05 112 – 2 Pilotsender

Beispiele für Umsetzer

Nr	IEC	Graphische Symbole	Benennung und Bemerkung
102	=		00 924 – 2 Frequenzumsetzer, Umsetzung von f_1 nach f_2
103	=		00 923 – 2 Frequenzvervielfacher
104	=		00 925 – 2 Frequenzteiler
105	=		05 113 – 2 Pulsinverter
106	=		05 114 – 2 Code-Umsetzer, 5-Bit-Code nach 7-Bit-Code
107	=		05 115 – 2 Umsetzer, Zeitanzeige in 5-Bit-Code
108	–		05 116 – 2 Frequenzumsetzer mit Übertragung des oberen Seitenbandes
109	K		05 117 – 2 Pulswandler, Umsetzung von pulsphasenmodulierten in pulsdauermodulierte Rechteckimpulse

DIN 40 700 Teil 10 Seite 9

Nr	IEC	Graphische Symbole	Benennung und Bemerkung
			Beispiele für Modulatoren, Demodulatoren, Diskriminatoren

110	=		00 188 – 2
			Modulator, Demodulator, allgemein
			
			a und b stellen den modulierenden oder modulierten Signaleingang und den modulierten oder demodulierten Signalausgang dar.
			c stellt, wenn erforderlich, den Eingang der Trägerwelle dar.
			Kennzeichen können wie folgt angewendet werden:
			Für einen Modulator:
			   a = modulierendes Eingangssignal
			   b = modulierte Ausgangswelle
			   c = Trägereingang
			Für einen Demodulator oder Diskriminator:
			   a = modulierte Eingangswelle
			   b = Ausgangssignal
			   c = Trägereingang

111	=		Modulator mit Zweiseitenbandausgang
112	=		Pulscodemodulator (Ausgang: 7-Bit-Code)
113	=		Einseitenband-Demodulator mit unterdrücktem Träger
			Beispiele für Stromversorgungsgeräte
114	=		00 922 – 2 *) Gleichstromumrichter
115	=		00 927 – 2 *) Gleichrichtergerät
116	–		00 921 – 2 Wechselstromumrichter
117	=		00 928 – 2 *) Wechselrichter

*) Alternative Darstellung für Gleichstrom, Gleichspannung, siehe DIN 40 004, Entwurf September 1980

Nr	IEC	Graphische Symbole	Benennung und Bemerkung
118	=		05 121 – 2 *) Gleichrichter/Wechselrichter (umschaltbar)
119	=		05 122 – 2 Gleichrichtergerät
120	–	U const.	05 123 – 2 Spannungskonstanthalter

Beispiele für Filter

Nr	IEC	Graphische Symbole	Benennung und Bemerkung
121	=		00 190 – 2 Filter, allgemein
122	=		00 232 – 2 Tiefpaß
123	=		00 233 – 2 Hochpaß
124	=		00 230 – 2 Bandpaß
125	=		00 231 – 2 Bandsperre
126	K		00 219 – 2 Weiche, insbesondere mit Darstellung der Durchlaßbereiche (z. B. Tief- und Hochpaß)
127	–		05 124 – 2 Mechanisches Filter
128	K		05 125 – 2 Quarzfilter
129	–		05 126 – 2 HF-Sperre

Beispiele für Begrenzer

Nr	IEC	Graphische Symbole	Benennung und Bemerkung
130	=		00 201 – 2 Begrenzer, allgemein
131	–		05 127 – 2 Einrichtung mit linearer Eingangs-Ausgangscharakteristik für alle Signale, die einen **vorgegebenen** Schwellwert überschreiten und die keinen Ausgangswert liefert für Eingangssignale, die zwischen 0 und dem Schwellwert liegen.
132	–		05 128 – 2 Einrichtung mit linearer Eingangs-Ausgangscharakteristik für alle Signale, die einen **einstellbaren** Schwellwert überschreiten und die keinen Ausgangswert liefert für Eingangssignale, die zwischen 0 und dem Schwellwert liegen.

*) Alternative Darstellung für Gleichstrom, Gleichspannung, siehe DIN 40 004, Entwurf September 1980

Nr	IEC	Graphische Symbole	Benennung und Bemerkung
133	=		05 129 – 2 Begrenzer, positive Halbwelle
134	=		05 130 – 2 Begrenzer, negative Halbwelle

Beispiele für Entzerrer

135	=		00 213 – 2 Entzerrer, allgemein
136	=		05 131 – 2 Amplituden/Frequenz-Entzerrer
137	=		05 132 – 2 Phasen/Frequenz-Entzerrer Wenn gezeigt werden soll, daß die Entzerrung sich auf die zeitliche Ableitung von φ bezieht, kann φ durch $\dot\varphi$ ersetzt werden.
138	=		05 133 – 2 Laufzeitentzerrer
139	=		05 134 – 2 Amplituden-Regelglied, nicht verzerrend

Beispiele für Verzögerungsglieder

140	=		05 135 – 2 Verzögerungsglied, allgemein
141	=		05 136 – 2 Verzögerungsglied, magnetostriktiv
142	=		05 137 – 2 Verzögerungsglied, magnetostriktiv, mit einem Eingang und zwei Ausgängen, verzögert um 50 µs und 100 µs
143	=		05 138 – 2 Verzögerungsglied, koaxial
144	=		05 139 – 2 Festkörper-Verzögerungsglied mit piezoelektrischen Wandlern
145	=		05 140 – 2 Quecksilber-Verzögerungsglied mit piezoelektrischen Wandlern
146	=		05 141 – 2 Künstliche Leitung als Verzögerungsglied

Nr	IEC	Graphische Symbole	Benennung und Bemerkung
Beispiele für Dämpfungsglieder			
147	=	dB	05 142 – 2 Dämpfungsglied
148	=	dB	05 143 – 2 Dämpfungsglied, veränderbar
149	=		00 177 – 2 Vorverzerrer, Preemphase
150	=		00 178 – 2 Nachverzerrer, Deemphase
151	=		00 191 – 2 Dynamikpresser
152	=		00 192 – 2 Dynamikdehner
153	=	φ	02 495 – 2 Phasenschieber
Beispiele für Gabelschaltungen und Gabelübertrager			
154	=		00 185 – 2 Gabel, Entkoppler
155	=		00 179 – 2 Nachbildung
156	=		05 144 – 2 Gabel mit Nachbildung
157	=		05 145 – 2 Gabelübertrager
158	=		Gabelübertrager, unsymmetrisch mit Nachbildung

DIN 40700 Teil 10 Seite 13

Nr	IEC	Graphische Symbole	Benennung und Bemerkung

Beispiele für nicht rotierende Generatoren

Nr	IEC	Symbol	Benennung und Bemerkung
159	=	G	02 490 – 2 Generator, Oszillator, allgemein
160	=	G ∼ 500 Hz	05 146 – 2 Sinusgenerator, 500 Hz
161	=	G ⋀ 500 Hz	05 147 – 2 Sägezahngenerator, 500 Hz
162	=	G ⊓	02 491 – 2 Pulsgenerator
163	=	G ∼f	05 148 – 2 Sinusgenerator mit veränderbarer Frequenz
164	=	G kT	00 920 – 2 Rauschgenerator k = Boltzmann'sche Konstante T = absolute Temperatur
165	K	G	00 918 – 2 Quarzgenerator

Beispiele für besondere, nicht rotierende Stromerzeuger

Nr	IEC	Symbol	Benennung und Bemerkung
166	=		05 149 – 2 Thermoelektrischer Generator, betrieben durch Verbrennungswärme
167	=		05 150 – 2 Thermoelektrischer Generator, beheizt durch nichtionisierende Strahlung
168	=		05 151 – 2 Thermoelektrischer Generator, beheizt durch Radio-Isotopen
169	=		05 152 – 2 Thermionischer Konverter, beheizt durch nichtionisierende Strahlung
170	=		05 153 – 2 Thermionischer Konverter, beheizt durch Radio-Isotopen

87

Nr	IEC	Graphische Symbole	Benennung und Bemerkung
171	=		05 154 – 2 Photoelektrischer Stromerzeuger

Beispiele für Speicher

Nr	IEC	Graphische Symbole	Benennung und Bemerkung
172	–		[1] Magnetspeicher, allgemein
173	–		[1] Matrixspeicher, Halbleiterspeicher, Ringkernspeicher
174	–		[1] Magnetplattenspeicher
175	–		[1] Lochstreifenspeicher
176	–		[1] Magnetbandspeicher
177	–		[1] Lochkartenspeicher
178	–		[1] Kondensatorspeicher

Beispiele für Kompasse, Kursregler und Navigationsgeräte

Nr	IEC	Graphische Symbole	Benennung und Bemerkung
179	–		[1] Kompaß, allgemein
180	–		[1] Magnetkompaß
181	–		[1] Kreiselkompaß, allgemein
182	–		[1] Mutter-Kreiselkompaß
183	–		[1] Tochter für Kreiselkompaß
184	–		05 167 – 2 Kursschreiber
185	–		05 168 – 2 Kursregler

[1] Siehe Erläuterungen

Nr	IEC	Graphische Symbole	Benennung und Bemerkung	
186	–		05 169 – 2 Radargerät	
187	–		05 170 – 2 Hyperbel-Navigations-Empfänger (Decca)	
188	–		05 171 – 2 Standortanzeiger (Decometer)	

Beispiele für Schallschwinger

Nr	IEC	Graphische Symbole	Benennung und Bemerkung	
189	K		00 291 – 2 Sender	
190	K		00 292 – 2 Empfänger	
191	=		01 714 – 2 Sender/Empfänger	
192	–		05 172 – 2 Echolot mit Lichtblitzanzeige	

Beispiele für die Meß- und Regelungstechnik

Nr	IEC	Graphische Symbole	Benennung und Bemerkung	
193	K		05 173 – 2 Aufnehmer mit veränderbarem Widerstand, z.B. Kraftmeßdose mit Dehnungsmeßstreifen Das Formelzeichen für die den Widerstand beeinflussende Größe kann eingetragen werden.	
194	K		05 174 – 2 Magnetoelastischer Aufnehmer	siehe auch DIN 40 716 Teil 6
195	K		05 175 – 2 Induktiver Aufnehmer	
196	K		05 176 – 2 Meßumformer, Umformung von Temperatur in elektrischen Strom	
197	–		05 177 – 2 Signalumsetzer mit galvanischer Trennung, Umsetzung von 1 A Wechselstrom auf 10 V Gleichspannung	
198	=		05 178 – 2 Analog/Digital-Umsetzer	

Nr	IEC	Graphische Symbole		Benennung und Bemerkung
199	K			05 179 – 2 Gleichspannungs/Pulsphasen-Umsetzer mit galvanischer Trennung
200	–			05 180 – 2 Drehzahlregler
		Form 1	Form 2	
201	–		PI	05 181 – 2 Stromregler mit PI-Verhalten
202	–			05 182 – 2 Verzögerungsglied
203	–		T_t	05 183 – 2 Totzeitglied
204	–		dx/dt	05 184 – 2 Differenzierer
205	–		$\int x dt$	05 185 – 2 Integrierer
206	–		$f(x)$	05 186 – 2 Funktionsgeber
207	–	min		05 187 – 2 Kleinstwertglied Das Ausgangssignal ist gleich dem kleinsten (negativsten) aller Eingangssignale
208	–	max		05 188 – 2 Größtwertglied Das Ausgangssignal ist gleich dem größten (positivsten) aller Eingangssignale

DIN 40 700 Teil 10 Seite 17

Zitierte Normen

DIN 19 228   Bildzeichen für Messen, Steuern, Regeln; Allgemeine Bildzeichen
DIN 40 004   (Entwurf September 1980) Spannung und Strom; Gekürzte Schreibweise
DIN 40 716 Teil 6   Schaltzeichen; Meßgrößenumformer

Frühere Ausgaben

DIN 40 700: 01.61
DIN 40 700 Teil 10: 03.66

Änderungen

Gegenüber der Ausgabe März 1966 wurden folgende Änderungen vorgenommen:
a) Aufnahme von neuen IEC-Schaltzeichen.
b) Beispiele für elektroakustische Geräte und Anzeige- und Meldegeräte sind nicht mehr enthalten; siehe auch Erläuterungen.

Erläuterungen

Diese Norm wurde ausgearbeitet vom UK 113.1 „Schaltzeichen, Schaltungsunterlagen" der Deutschen Elektrotechnischen Kommission im DIN und VDE (DKE).

Um eine möglichst weitgehende Übereinstimmung mit IEC zu erreichen, wurde abgewartet, bis die Überarbeitung der IEC-Publikation 117 (in Zukunft 617) im wesentlichen abgeschlossen war.

Auf die Angabe der IEC-Nummer wurde verzichtet, da noch Änderungen mit dem Erscheinen der neuen IEC-Publikation 617 zu erwarten sind.

Beispiele für elektroakustische Geräte sind nicht mehr in dieser Norm, sondern in DIN 40 700 Teil 9, Beispiele für Anzeige- und Meldegeräte in DIN 40 708 enthalten.

Für die mit Fußnoten versehenen graphischen Symbolen gibt es im Bereich der „Bildzeichen" (Graphische Symbole für Einrichtungen) in DIN 30 600 ähnliche graphische Symbole mit anderen Benennungen, bzw. aufgrund unterschiedlicher Verwendungszwecke anders gestaltete graphische Symbole mit gleichen bzw. ähnlichen Benennungen.

Das UK 113.1 sieht hier keine Kollisionsgefahr, zumal es sich um Schaltzeichen-Elemente handelt oder um Schaltzeichen, welche bereits seit 1966 im Deutschen Normenwerk aufgenommen sind.

zu Nr   1   siehe DIN 30 600 Nr 2304
zu Nr   4   siehe DIN 30 600 Nr 462
zu Nr   6   siehe DIN 30 600 Nr 154
zu Nr 24   siehe DIN 30 600 Nr 1922
zu Nr 33   siehe DIN 30 600 Nr 211
zu Nr 35   siehe DIN 30 600 Nr 121
zu Nr 36   siehe DIN 30 600 Nr 1001
zu Nr 50   siehe DIN 30 600 Nr   31
zu Nr 172 bis 178 siehe DIN 30 600 Nr 462
zu Nr 179 bis 183 siehe DIN 30 600 Nr 1601 und 1602

DK 621.3 : 003.62 : 621.3.029.63/.66　　　　　　　　　　　　　　　　April 1975

Schaltzeichen
der Höchstfrequenztechnik

**DIN
40 700**
Blatt 11

Graphical symbols; microwave circuit elements

Zusammenhang mit der von der International Electrotechnical Commission (IEC) herausgegebenen IEC-Empfehlung, siehe Erläuterungen.

Zeichenerklärung

Die in der IEC-Spalte benutzten Zeichen haben die nachstehende Bedeutung:
= Das Schaltzeichen stimmt mit dem IEC-Schaltzeichen überein
≈ Das Schaltzeichen ist ähnlich dem IEC-Schaltzeichen (die Abweichung ist so geringfügig, daß Mißverständnisse bei Benutzung der deutschen Norm im internationalen Gebrauch nicht zu befürchten sind)
+ Das Schaltzeichen stimmt mit dem IEC-Schaltzeichen nicht überein
− Ein entsprechendes IEC-Schaltzeichen ist nicht vorhanden
K Das Schaltzeichen besteht aus einer Kombination von IEC-Schaltzeichen

Inhalt	Lfd. Nr	Seite
Leitungen	1 bis 19	2
Beispiele für zusätzliche Angaben an Leitungen	20 bis 24	3
Leitungsverbinder	25 bis 28	3
Leitungsabschlüsse	29 bis 34	3
Leitungsverzweigungen	35 bis 46	4
Kopplungen und Kopplungselemente	47 bis 64	5
Leitungsbauteile, Durchgangselemente	65 bis 96	6

Fortsetzung Seite 2 bis 7
Erläuterungen Seite 8

Deutsche Elektrotechnische Kommission · Fachnormenausschuß Elektrotechnik im DNA gemeinsam mit Vorschriftenausschuß des VDE

Seite 2 DIN 40 700 Blatt 11

Nr	IEC	Schaltzeichen	Benennung	Bemerkung
Leitungen				
1	=		Homogene Leitung, Wellenleitung allgemein	Eine Linie stellt eine Gruppe von Leitern bzw. den Übertragungsweg zur Fortleitung der Leistung oder des Signals dar. Zusätzliche Angaben siehe auch Nr 20 bis 24. Eine durchgehende Linie kennzeichnet einen metallischen Gegenstand, eine unterbrochene Linie stellt ein festes Dielektrikum dar. Siehe Ausnahmen Nr 10, 12, 16 bis 18, 21.
2	=		Bewegbare Wellenleitung	
3	=		Verdrehte Wellenleitung, Drillstück	
4	=		Rechteck-Hohlleitung	
5	≈		Rechteck-Hohlleitung mit festem Dielektrikum	
6	=		Rechteck-Hohlleitung mit Druckgasfüllung	Druckgasstutzen können dargestellt werden, z. B.
7	=		Rund-Hohlleitung	Querschnitts-Symbole vorzugsweise an Leitungsanfang oder -ende setzen
8	=		Steg-Hohlleitung	
9	=		unsymmetrische Streifenleitung	
10	K		unsymmetrische Streifenleitung mit festem Dielektrikum	
11	=		Symmetrische Streifenleitung	
12	K		symmetrische Streifenleitung mit festem Dielektrikum	
13	=		Koaxiale Leitung	
14	–		Paralleldraht-Leitung	
15	K		Paralleldraht-Leitung mit Abschirmung	
16	≈		Drahtwellenleitung mit äußerem Dielektrikum (Goubau-Leitung)	Wenn Verwechslung mit Abschirmung möglich, Dielektrikum als schraffierte Fläche darstellen

DIN 40 700 Blatt 11 Seite 3

Nr	IEC	Schaltzeichen	Benennung	Bemerkung
17	–		Dielektrische Rundleitung	
18	–		Dielektrische Rohrleitung	
19	=		Leitung mit verminderter Ausbreitungsgeschwindigkeit	
Beispiele für zusätzliche Angaben an Leitungen				
20	K	58×29	für Querschnittsabmessungen z. B. 58 mm × 29 mm	
21	K	$\varepsilon = 2$	für Werkstoffeigenschaften z. B. Dielektrizitätszahl $\varepsilon = 2$	
22	=	H_{10}	für den Wellentyp, z. B. H_{10}-Welle	
23	K	$\lambda/4$	für eine kritische Länge, z. B. $\lambda/4$ Transformationsleitung	
24	K	l	für Verstellbarkeit einer Leitungsgröße, z. B. der Leitungslänge l	
Leitungsverbinder				
25	≈		Verbindung zweier koaxialer Leitungen	
26	=	a)	Sperrflansch-Verbindung zweier Rechteck-Hohlleitungen	
	–	b)		
27	=	a)	Universalflansch-Verbindung zweier Rechteck-Hohlleitungen (symmetrische Flansche)	
	–	b)		
28	=		Hohlleiter-Drehkupplung	
Leitungsabschlüsse				
29	=		kurzgeschlossene Leitung	
30	=		verschiebbarer Kurzschluß	
31	K		kurzgeschlossene Rund-Hohlleitung	
32	=		unstetiger Leitungsabschluß	
33	=	$r = 0.1$	Angepaßter Leitungsabschluß, z. B. mit Angabe des Reflexionsfaktors	
34	=		Abschluß mit Bolometer	

Nr	IEC	Schaltzeichen	Benennung	Bemerkung
Leitungsverzweigungen				
35	=		T-Verzweigung, allgemein	
36	=	E	T-Verzweigung mit Angabe des Feldvektors in der Verzweigungsebene, z. B. E-Vektor	
37	=	0,6 / 0,4	Leistungsteiler, Teilerverhältnis 0,6 : 0,4	
38	=	$\lambda/4$, $\lambda/4$, $\lambda/4$, $3\lambda/4$	Ringverzweigung, Ringgabel, z. B. vierarmig mit Angabe der Teillängen	
39	=		Doppel-T-Verzweigung Leitungsgabel	
40	=	E, H	Doppel-T-Verzweigung (Magisches T) mit Angabe der Feldvektoren	
41	=		Richtungs-Ringgabel, dreiarmig	
42	=		Richtungs-Ringgabel, vierarmig	
43	=		Richtungs-Ringgabel mit umkehrbarer Energieumlaufrichtung	Stromeintritt am gekennzeichneten Wicklungsende (o) bedeutet Energieumlauf in Richtung der mit dem Punkt gekennzeichneten Pfeilspitze.
44	=		Zweiwegeumschalter (Rastwinkel 90°)	
45	=		Schalter mit drei Stellungen (Rastwinkel 120°)	
46	=		Schalter mit vier Stellungen (Rastwinkel 45°)	

DIN 40 700 Blatt 11 Seite 5

Nr	IEC	Schaltzeichen	Benennung	Bemerkung
		Kopplungen und Kopplungselemente		
47	=		Kopplung, allgemein	
48	=		Kopplung mit Hohlraumresonator	
49	=		Kopplung mit Rechteck-Hohlleiter	
50	ǂ		Richtungskopplung, allgemein	Die Pfeile kennzeichnen die bevorzugte Kopplungsrichtung
51	ǂ		Polarisationskopplung, allgemein	
52	ǂ	20 dB	Kopplung zwischen zwei Leitungen mit Angabe der Kopplungsdämpfung, z. B. 20 dB	
53		20/40 dB	Richtungskopplung zwischen zwei Leitungen mit Angabe von Kopplungsdämpfung/Richtverhältnis, z. B. 20/40 dB	
54	ǂ	0/40 dB	Polarisationskopplung zwischen zwei Leitungen mit Angabe von Kopplungsdämpfung/Polarisationskopplung, z. B. 0/40 dB	
55	≈		Induktive Kopplung Einfachkopplung	
56	K		Einfachkopplung zwischen einer durchgehenden Leitung und einem Leitungsende	
57	=		Kapazitive Kopplung Einfachkopplung	
58	K		Einfachkopplung zwischen einer durchgehenden Leitung und einem Leitungsende	
59	ǂ		Verschiebbare Sonde auf einer Wellenleitung, z. B. Meßleitung	
60	=		Lochkopplung Lochkopplung, allgemein	
61	=	E	Lochkopplung zwischen zwei Leitungsenden, z. B. Lochebene senkrecht zum E-Vektor	Die Lage der Öffnung senkrecht zum transversalen E-H- oder EH-Vektor kann zusätzlich angegeben werden.
62	K		Lochkopplung, einstellbar	
63	=	H	Lochkopplung zwischen einer durchgehenden Leitung und einem Leitungsende, z. B. Lochebene senkrecht zum H-Vektor	
64	K	E	Lochkopplung zwischen zwei durchgehenden Leitungen, z. B. Lochebene senkrecht zum E-Vektor	

Nr	IEC	Schaltzeichen	Benennung	Bemerkung
		Leitungsbauteile, Durchgangselemente		
65	=		Dämpfungsglied, allgemein	
66	=	0 bis 10 dB	Dämpfungsglied einstellbar, mit Angabe des Einstellbereiches, z. B. 0 bis 10 dB	
67	=		Wellentyp-Wandler, allgemein	
68	=		Wellentyp-Unterdrücker, allgemein (Mode-Filter), allgemein	
69	=	E_{11}	Wellentyp-Unterdrücker, z. B. zur Unterdrückung der E_{11}-Welle	
70	=		Stetiger Übergang von Rund- auf Rechteck-Hohlleiter	
71	=		Stufiger Übergang	
72	=		Übergang von Rund- auf Rechteck-Hohlleitung mit Wellentyp-Wandler und -Unterdrücker	Die durchgestrichene Bezeichnung des unterdrückten Wellentyps darf neben das Schaltzeichen geschrieben werden, z. B. E_{01}
73	–		Leitungsanpassungsglied, Transformationsglied, allgemein	
74	=		Leitungsresonanzkreis, Hohlraumresonator, allgemein	
75	K		desgleichen verstellbar, mit Koaxialleitung induktiv und mit Rechteck-Hohlleitung durch Lochkopplung in der E-Ebene gekoppelt	
76	–		Richtungsleitung, allgemein	
77	K	0,5/30 dB	Richtungsleitung mit Angabe des Verhältnisses Durchgangs-/Sperrdämpfung, z. B. 0,5/30 dB	
78	=	φ	Phasenschieber, allgemein	
79	K	φ 30°	Phasenschieber mit Angabe des Phasenwinkels, z. B. 30°	
80	K	φ	Phasenschieber, veränderbar	

DIN 40 700 Blatt 11 Seite 7

Nr	IEC	Schaltzeichen	Benennung	Bemerkung
81	=		Richtungsphasenschieber	Der längere Pfeil gibt die Richtung an, in der die gewünschte Phasenschiebung erfolgt
82	–		Polarisationsdreher, veränderbar	
83	=		Gyrator	
84	=		Bandpaß im Rechteck-Hohlleiter	
85	=		Bandpaß durch Gasentladung schaltbar	
86	=		Leitungsunstetigkeit, allgemein	
87	=		Leitungsunstetigkeit, variabel	
88	=		Leitungsunstetigkeit, z. B. mit verschiebbaren Abstimmschrauben. Transformationsglied zur Anpassung.	
89	=		E-H-Abstimmer	
90	=		Abstimmer mit z. B. drei Stichleitungen	
91	=		Leitungsunstetigkeit mit Parallelwiderstandscharakter	Y und Z dürfen ersetzt werden durch die entsprechenden Schaltzeichen diskreter Bauelemente
92	=		Leitungsunstetigkeit mit Reihenwiderstandscharakter	
93	=		Leitungsunstetigkeit z. B. Parallelkapazität	
94	K		Leitungsunstetigkeit z. B. Reiheninduktivität	
95	K		Leitungsunstetigkeit mit Parallelresonanzverhalten	
96	K		Leitungsunstetigkeit mit Reihenresonanzverhalten	

98

Erläuterungen

Diese Norm wurde ausgearbeitet vom UK 113.1 „Schaltzeichen und Schaltungsunterlagen" der Deutschen Elektrotechnischen Kommission im DNA und VDE.

Die Neufassung der vorliegenden Norm beruht auf der Angleichung an die IEC-Publikation 117-11, Ausgabe 1968.

Der Übereinstimmungsgrad ist aus den auf Seite 1 erklärten Zeichen und der IEC-Spalte für jedes Schaltzeichen zu ersehen.

Gegenüber der Norm DIN 40 700 Blatt 11, Ausgabe September 1964, unterscheidet sich die vorliegende Fassung in folgenden Punkten:

das Symbol für „Leitungsunstetigkeit" ist nicht mehr quadratisch, sondern ein gleichseitiges Dreieck

die Kopplungselemente wurden vereinfacht; das rechteckige Glied der kapazitiven Kopplung wird durch ein kreisförmiges ersetzt

die Leitungsverzweigungen werden ohne Punkt an der Verbindungsstelle dargestellt.

Im Rahmen der redaktionellen Neugestaltung wurde die Anzahl der angeführten Beispiele eingeschränkt, die Reihenfolge geringfügig umgestellt sowie eine einfache Zählnummer anstatt der hierarchischen Abschnittsnumerierung vorgesehen.

DK 621.3 : 003.62 : 621.385.029.6   Oktober 1977

Schaltzeichen	**DIN**
Mikrowellenröhren	**40 700**
	Teil 12

Graphical symbols for maximum frequency tubes

Zusammenhang mit der von der International Electrical Commission (IEC) herausgegebenen Publication 117-11 (1968), siehe Erläuterungen.

Die englischen Benennungen sind vorgenannter Publikation entnommen.
Das DIN Deutsches Institut für Normung e.V. kann trotz aufgewendeter Sorgfalt keine Gewähr für die Richtigkeit der Übersetzung der englischen Benennungen übernehmen.

Fortsetzung Seite 2 bis 11

Erläuterungen

Diese Norm wurde ausgearbeitet vom UK 113.1 „Schaltzeichen und Schaltungsunterlagen" der Deutschen Elektrotechnischen Kommission im DIN und VDE in Zusammenarbeit mit K 641 „Elektronenröhren".
Diese Norm enthält die direkte Übertragung der IEC-Publication 117-11 (1968), Kapitel II, Mikrowellenröhren.
Soweit in den Beispielen dieser Norm ab Nummer 19 Kennzeichen für Röhren verwendet sind, die in den Nummern 1 bis 18 nicht vorkommen, so sind diese aus DIN 40 700 Teil 2 zu entnehmen, die auf der Basis der IEC-Publication 117-6 existiert und in Kürze ebenfalls in engerer Anlehnung an IEC überarbeitet wird.
Die Überarbeitung erfolgt unter dem Aspekt einer engeren Anlehnung an die internationale Publication. Gegenüber der Ausgabe Januar 1971 ist auf folgende Änderungen hinzuweisen:
1. Der O-Typ der Vorwärts-Wanderfeldverstärkerröhre wird jetzt als Wanderfeldverstärkerröhre allgemein ausgewiesen, vgl. bisher Nummer 20 bis 25 mit jetzt 24, 25, 26, 27, 28, 29.
2. Der M-Typ der Vorwärtswellen-Verstärkerröhre wurde neu aufgenommen, siehe 30, 31.
3. Daß die in der bisherigen Norm enthaltenen nationalen Beispiele 31 bis 35 im Hinblick auf IEC entfallen sind.
4. Ebenfalls gibt es bei IEC nicht das bisherige Symbol 15 „Gleichfeldfreier Laufraum".

Auch ist die Titeländerung der Norm zu beachten: Die frühere Ausgabe hieß „Röhren für Höchstfrequenztechnik".

Deutsche Elektrotechnische Kommission im DIN und VDE (DKE)

1 Elemente für Mikrowellenröhren

Nr	IEC 117-11	Schaltzeichen	Benennung und Bemerkung
1	1165		Elektronenstrahlerzeuger (Elektronenkanone) (Satz von Elektroden, die einen Elektronenstrahlerzeuger bilden, verwendet in vereinfachten Darstellungen) *Electron gun assembly (set of electrodes forming an electron gun assembly, used in simplified representations).*
2	1166		Reflektor *Reflector*
3	1167		Nicht emittierende Sohle, zu verwenden in Verbindung mit einer offenen Verzögerungsleitung *Non-emitting sole, to be used in conjunction with open slow-wave structure*
4	1168		Nicht emittierende Sohle, zu verwenden in Verbindung mit einer geschlossenen Verzögerungsleitung *Non-emitting sole, to be used in conjunction with closed slow-wave structure*
5	1169		Vorgeheizte nicht emittierende Sohle *Preheated non-emitting sole*
6	1170		Emittierende Sohle (der Pfeil zeigt die Richtung des Elektronenflusses an) *Emitting sole (arrow indicates direction of electron flow)*

Nr	IEC 117-11	Schaltzeichen	Benennung und Bemerkung
7	1171	7.1 7.2	Offene Verzögerungsleitung (der Pfeil zeigt die Richtung des Energieflusses an) *Open slow-wave structure (arrow indicates direction of energy flow)*
8	1172		Elektrode zur elektrostatischen Fokussierung (des Elektronenstrahls) längs einer offenen Verzögerungsleitung *Electrode for electrostatic focusing along open slow-wave structure*
9	1173		Elektrodenpaar zur elektrostatischen Fokussierung (des Elektronenstrahls) längs einer offenen Verzögerungsleitung *Pair of electrodes for electrostatic focusing along open slow-wave structure*
10	1174		Geschlossene Verzögerungsleitung *Closed slow-wave structure*
11	1175		Resonator, der einen integrierenden Bestandteil der Röhre bildet *Resonator, forming an integral part of tube*
12	1176		Resonator, der sich teilweise oder ganz außerhalb der Röhre befindet *Resonator, partly or wholly external to tube*

Nr	IEC 117-11	Schaltzeichen	Benennung und Bemerkung
13	1177		Permanentmagnet, der ein magnetisches Querfeld erzeugt (Kreuzfeldröhre oder Magnetron) *Permanent magnet producing a transverse field (crossed field or magnetron type tube)*
14	1178		Elektromagnet, der ein magnetisches Querfeld erzeugt (Kreuzfeldröhre oder Magnetron) *Electromagnet producing a transverse field (crossed field or magnetron type tube)*
15	1179		Quadrupol *Tetrapole*
16	1180		Quadrupol mit Schleifenkoppler *Tetrapole with loop coupler*
17	1181	17.1 17.2	Verzögerungsleitungskoppler *Slow-wave coupler*
18	1182	18.1 18.2	Wendelkoppler *Helical coupler*

DIN 40 700 Teil 12 Seite 5

2 Beispiele für Mikrowellenröhren

Nr	IEC 117-11	Schaltzeichen	Benennung und Bemerkung
			Allgemeine Bemerkungen: Die graphische Darstellung einer Röhre braucht nur jene Elemente und Details zu zeigen, die für den Zweck der Zeichnung oder des Diagramms wichtig sind für eine korrekte Deutung und/oder notwendig sind, Verbindungen der Schaltung zu zeigen. Die gegenseitige Lage der verschiedenen Symbole für die Röhrenelemente gibt keinen Hinweis über die Geometrie des Röhrenaufbaus. *General note: The graphical representation of any one tube need show only those elements and details which are, for the purpose of the drawing or diagram, relevant to a correct interpretation and/or necessary for showing circuit connections. The relative position of the various tube element symbols is no indication of the geometry of the tube structure.*
19	1185		Reflexklystron mit: indirekt geheizter Kathode strahlformender Anode Gitter abstimmbarem inneren Hohlraumresonator Reflektor Schleifenkoppler zum koaxialen Ausgang *Reflex klystron with: – indirectly heated cathode; – beam-forming plate; – grid; – tunable integral cavity resonator; – reflector; – loop coupler to coaxial output.*
20	1185.1	Vereinfachte Form	

104

Seite 6   DIN 40 700 Teil 12

Nr	IEC 117-11	Schaltzeichen	Benennung und Bemerkung
21	1186		Klystron mit: indirekt geheizter Kathode Elektrode zur Stromdichtesteuerung strahlformender Anode äußerem abstimmbaren Eingangs-Hohlraumresonator Triftraumelektrode äußerem abstimmbaren Ausgangs-Hohlraumresonator mit Gleichstromverbindung Kollektor Fokussierspule Eingangsschleifenkoppler zu einer koaxialen Leitung Ausgangsfensterkoppler zu einem Rechteckhohlleiter
22	1186.1	Vereinfachte Form	*Klystron with:* *– indirectly heated cathode;* *– intensity modulating electrode;* *– beam-forming plate;* *– external tunable input cavity resonator;* *– drift space electrode;* *– external tunable output cavity resonator with d.c. connection;* *– collector;* *– focusing coil;* *– input loop coupler to coaxial waveguide;* *– output window coupler to rectangular waveguide.*
23	1186.2		Beispiele Vereinfachte Darstellung eines Klystrons mit fünf äußeren Hohlraumresonatoren. Das Bild (z. B. die Ziffer 3) zeigt die Zahl der Hohlraumresonatoren an, die nur durch ein Hohlraumresonatorsymbol dargestellt sind. *Example:* *Simplified representation of a klystron with five external cavity resonators. The figure (e.g. 3) indicates the number of cavity resonators represented by only one cavity resonator symbol.*
24	1187		Wanderfeldröhre mit: indirekt geheizter Kathode Elektrode zur Stromdichtesteuerung strahlformender Anode Verzögerungsleitung mit Gleichstromverbindung Kollektor Fokussierspule Koppler zu Rechteckhohlleitern mit beweglichem Kurzschluß Vereinfachte Darstellung siehe Symbol 1192 (Nr 29)

Nr	IEC 117-11	Schaltzeichen	Benennung und Bemerkung
24	1187	Fortsetzung	O-type forward travelling wave amplifier tube with: − indirectly heated cathode; − intensity modulating electrode; − beam-forming plate; − slow wave structure with d.c. connection; − collector; − focusing coil; − probe-couplers to rectangular waveguides each with sliding short. Simplified representation, see Symbol No. 1192.
25	1188		Wanderfeldröhre mit: indirekt geheizter Kathode Elektrode zur Stromdichtesteuerung strahlformender Anode Verzögerungsleitung mit Gleichstromverbindung Kollektor Fokussierspule Fensterkoppler zu Rechteckhohlleitern Vereinfachte Darstellung siehe Symbol 1192 (Nr 29) O-type forward travelling wave amplifier tube with: − indirectly heated cathode; − intensity modulating electrode; − beam-forming plate; − slow-wave structure with d.c. connection; − collector; − focusing coil; − window couplers to rectangular waveguides. Simplified representation, see Symbol No. 1192.
26	1189		Wanderfeldröhre mit: indirekt geheizter Kathode Elektrode zur Stromdichtesteuerung strahlformender Anode Verzögerungsleitung mit Gleichstromverbindung Kollektor Permanentmagnet zur Fokussierung Verzögerungsleitungskoppler zu Rechteckhohlleitern Vereinfachte Darstellung siehe Symbol 1192 (Nr 29) O-type forward travelling wave amplifier tube with: − indirectly heated cathode; − intensity modulating electrode; − beam-forming plate; − slow-wave structure with d.c. connection; − collector; − permanent focusing-magnet; − slow-wave couplers to rectangular waveguides. Simplified representation, see Symbol No. 1192.

Nr	IEC 117-11	Schaltzeichen	Benennung und Bemerkung
27	1190		Wanderfeldröhre mit: indirekt geheizter Kathode Elektrode zur Stromdichtesteuerung strahlformender Anode Verzögerungsleitung mit Gleichstromverbindung Kollektor Permanentmagnet zur Fokussierung Fensterkoppler zwischen äußeren abstimmbaren Hohlraumresonatoren und Rechteckhohlleitern Vereinfachte Darstellung siehe Symbol 1192 (Nr 29) *O-type forward travelling wave amplifier tube with:* *– indirectly heated cathode;* *– intensity modulating electrode;* *– beam-forming plate;* *– slow-wave structure with d.c. connection;* *– collector;* *– permanent focusing magnet;* *– window couplers between external tunable cavity resonators and rectangular waveguides.* *Simplified representation, see Symbol No. 1192.*
28	1191		Wanderfeldröhre mit: indirekt geheizter Kathode Elektrode zur Stromdichtesteuerung strahlformender Anode Verzögerungsleitung mit Gleichstromverbindung elektrostatische Fokussierelektrode Kollektor Verzögerungsleitungskoppler zu Rechteckhohlleitern Vereinfachte Darstellung siehe Symbol 1192 (Nr 29) *O-type forward travelling wave amplifier tube with:* *– indirectly heated cathode;* *– intensity modulation electrode;* *– beam-forming plate;* *– slow-wave structure with d.c. connection;* *– electrostatic focusing electrode;* *– collector;* *– slow-wave couplers to rectangular waveguides.* *Simplified representation, see Symbol No. 1192.*
29	1192		Vereinfachte Darstellung einer Wanderfeldröhre *Simplified representation of forward travelling wave amplifier tube.*

Nr	IEC 117-11	Schaltzeichen	Benennung und Bemerkung
30	1193		Vorwärtswellen-Verstärkerröhre vom „M"-Typ mit: indirekt geheizter Kathode Elektrode zur Stromdichtesteuerung strahlformender Anode vorgeheizter nicht emittierender Sohle Verzögerungsleitung mit Gleichstromverbindung Kollektor Permanentmagnet zur Erzeugung eines Querfeldes Fensterkoppler zu Rechteckhohlleitern
31	1193.1	Vereinfachte Form	M-type forward travelling wave amplifier tube with: — indirectly heated cathode; — intensity modulating electrode; — beam-forming plate; — preheated non-emitting sole; — slow-wave structure with d.c. connection; — collector; — permanent transverse field magnet; — window couplers to rectangular waveguides.
32	1194		Rückwärtswellen-Oszillatorröhre vom „O"-Typ mit: indirekt geheizter Kathode Elektrode zur Stromdichtesteuerung strahlformender Anode Verzögerungsleitung mit Gleichstromverbindung über einen Hohlleiter Kollektor Fokussierspule Fensterkoppler zu einem Rechteckhohlleiter
33	1194.1	Vereinfachte Form	O-type backward (travelling) wave oscillator tube with: — indirectly heated cathode; — intensity modulating electrode; — beam-forming plate; — slow-wave structure with d.c. connection via waveguide; — collector; — focusing coil; — window-coupler to rectangular waveguide.
34	1195		Rückwärtswellen-Verstärkerröhre vom „M"-Typ mit: direkt geheizter emittierender Sohle Verzögerungsleitung mit Gleichstromverbindung Permanentmagnet zur Erzeugung eines Querfeldes Fensterkoppler zu Rechteckhohlleitern

Nr	IEC 117-11	Schaltzeichen	Benennung und Bemerkung
35	1195.1	Vereinfachte Form	M-type backward (travelling) wave amplifier tube with: — filament-heated emitting sole; — slow-wave structure with d.c. connection; — permanent transverse field magnet; — window-couplers to rectangular waveguides.
36	1196		Rückwärtswellen-Oszillatorröhre vom „M"-Typ mit: indirekt geheizter Kathode Elektrode zur Stromdichtesteuerung strahlformender Anode nicht emittierender Sohle Verzögerungsleitung mit Gleichstromverbindung über einen Hohlleiter Kollektor Permanentmagnet zur Erzeugung eines Querfeldes Fensterkoppler zu einem Rechteckhohlleiter
37	1196.1	Vereinfachte Form Simplified form	M-type backward (travelling) wave oscillator tube with: — indirectly heated cathode; — intensity modulating electrode; — beam-forming plate; — non-emitting sole; — slow-wave structure with d.c. connection via waveguide; — collector; — permanent transverse field magnet; — window-coupler to rectangular waveguide.
38	1197		Magnetron mit: indirekt geheizter Kathode geschlossener Verzögerungsleitung mit Gleichstromverbindung über einen Hohlleiter Permanentmagnet Fensterkoppler zu einem Rechteckhohlleiter
39	1197.1	Vereinfachte Form	Magnetron oscillator tube with: — indirectly heated cathode; — closed slow-wave structure with d.c. connection via waveguide; — permanent field magnet; — window-coupler to rectangular waveguide.

Nr	IEC 117-11	Schaltzeichen	Benennung und Bemerkung
40	1198		Magnetron mit Spannungsdurchstimmung mit: indirekt geheizter Kathode Elektrode zur Stromdichtesteuerung strahlformender Anode geschlossener Verzögerungsleitung mit Gleichstromverbindung über einen Hohlleiter nicht emittierender Sohle Permanentmagnet Fensterkoppler zu einem Rechteckhohlleiter
41	1198.1	Vereinfachte Form	Backward (travelling) wave oscillator tube (voltage tunable magnetron) with: – indirectly heated cathode; – intensity modulating electrode; – beam-forming plate; – closed slow-wave structure with d.c. connection via waveguide; – non-emitting sole; – permanent field magnet; – window-coupler to rectangular waveguide.

DK 621.387.4 : 003.62　　　　　　　　　　　　　　　　　　　　　　　　　　　Oktober 1972

Schaltzeichen
Detektoren und Meßgerätezubehör
für ionisierende Strahlung

**DIN
40 700**
Blatt 13

Graphical symbols; detectors and measuring instruments for ionizing radiation

Zusammenhang mit IEC-Empfehlungen siehe Erläuterungen.

Zeichenerklärung
Die in der IEC-Spalte benutzten Zeichen haben die nachstehende Bedeutung:
= Das Schaltzeichen stimmt mit dem IEC-Schaltzeichen überein.
— Ein entsprechendes IEC-Schaltzeichen ist nicht vorhanden.
E Das Schaltzeichen entspricht den IEC-Schaltzeichen eines IEC-Entwurfs, der zur Abstimmung innerhalb der Mitglieder der IEC verabschiedet ist (6-Monats-Regel oder 2-Monats-Regel).
K Das Schaltzeichen besteht aus einer Kombination von IEC-Schaltzeichen.

Die Schaltzeichen Form 1 sind in Blockschaltplänen zu benutzen.

Nr	IEC	Schaltzeichen Form 1	Form 2	Benennung	Bemerkung
1	—			Zählrohr, allgemein	
2	—			Zählrohr mit Schutzring	
3	—			Zählrohr mit Zusatzelektrode, z. B. Feldrohr	
4	—			Zählrohr mit Gittern, z. B. mit zwei Gittern	Die Darstellung für Gasfüllung nach DIN 40 700 Blatt 2 kann weggelassen werden.
5	—	α	α	Beispiel für Zählrohr mit Kennzeichnung der Meßaufgabe, z. B. Zählrohr zur Messung von α-Strahlung	Kennzeichen für die Meßaufgabe: α Messung von α-Strahlung β Messung von β-Strahlung γ Messung von γ-Strahlung n̄ Messung von langsamen Neutronen n Messung von schnellen Neutronen
6	—			Ionisationskammer, allgemein	
7	—			Ionisationskammer mit Schutzring	
8	—			Ionisationskammer mit Zusatzelektrode	
9	—			Ionisationskammer mit Gittern, z. B. mit zwei Gittern	

Fortsetzung Seite 2
Erläuterungen Seite 3

Deutsche Elektrotechnische Kommission · Fachnormenausschuß Elektrotechnik im DNA gemeinsam mit Vorschriftenausschuß des VDE

Nr	IEC	Schaltzeichen Form 1	Schaltzeichen Form 2	Benennung	Bemerkung
10	–	β	β	Beispiel für Ionisationskammer mit Kennzeichnung der Meßaufgabe, z. B. Ionisationskammer zum Nachweis von β-Strahlung	Die Darstellung für Gasfüllung nach DIN 40 700 Blatt 2 kann weggelassen werden. Kennzeichen für die Meßaufgabe: α Messung von α-Strahlung β Messung von β-Strahlung γ Messung von γ-Strahlung $\bar{n}$ Messung von langsamen Neutronen n Messung von schnellen Neutronen
11	–		γ ∑	Strahlendetektor, z. B. für Gammastrahlung mit Dosisanzeige	
12	–			Szintillationszähler, allgemein	
13	=	γ		Halbleiterdetektor	
14	K	N/n		Zählratenmesser	N = Impulszahl $n = \dfrac{\Delta N}{\Delta t}$ = Zählrate
15	K	N/$\frac{N}{m}$		Zähluntersetzer (aperiodisch)	m = Untersetzungsfaktor
16	E			Schwellen-Diskriminator	
17	E			Einkanal-Diskriminator	
18	K			Impulsformer	z. B. Impulsformer mit einstellbarer Schwelle
19	=	G		Impulsgenerator	
20	K	x y s		Elektronisch gesteuerter Schalter	$x = y$ (analog), wenn $s = 1$

Erläuterungen

In der vorliegenden Norm wurde die IEC-Empfehlung 117-13 „Recommended graphical symbols Part 13: block symbols for transmission and miscellaneous applications"; „Symboles graphiques recommandés 13ème partie: symboles fonctionnels pour transmission et applications diverses"; „Empfehlungen für Schaltzeichen Teil 13: Grundsymbole für Übertragung und verschiedene Verwendung" (Ausgabe 1969) berücksichtigt.

In dieser Norm sind zunächst nur die wichtigsten Detektoren aus der Strahlungsmeßtechnik berücksichtigt worden, und zwar die Zählrohre, die Ionisationskammern und die Szintillationszähler. Sie sollen in Schaltplänen verwendet werden und enthalten deshalb alle Elektroden des Detektors, wenn auch zum Teil nur in einer mehr oder weniger symbolischen Form.

Die Darstellung für Gasfüllung nach DIN 40 700 Blatt 2 kann weggelassen werden, weil Zählrohre und Ionisationskammern grundsätzlich eine Gasfüllung enthalten. Unter Nr 1 ist das Schaltzeichen eines Zählrohres angegeben. Es beschreibt alle Typen, wie Fensterzählrohre, Flüssigkeitszählrohre, Durchflußzählrohre usw., die entweder im Proportionalbereich oder im Geiger-Müller-Bereich betrieben werden. Das Schaltzeichen unter Nr 2 symbolisiert ein Zählrohr mit Schutzring. Ein Schutzring wird häufig bei Proportionalzählrohren angewendet und hat die Aufgabe, das Auftreten von Störimpulsen zwischen Anode und Kathode zu verhindern. Unter Nr 3 ist das Schaltzeichen eines Zählrohres mit einer Zusatzelektrode, z. B. mit einem Feldrohr, festgelegt. Feldrohre werden ebenfalls bei Proportionalzählrohren angewendet. Sie verhindern Verzerrungen des elektrischen Feldes an den Enden des aktiven Zählvolumens. Soll die Entladung eines Zählrohres über ein oder mehrere Gitter beeinflußt werden, so kann man das Schaltzeichen Nr 4 verwenden. Das zur Erläuterung der Schaltzeichen für Zählrohre Gesagte gilt sinngemäß für die entsprechend aufgebauten Schaltzeichen für Ionisationskammern nach Nr 6 bis 9.

Beispiele zur Kennzeichnung der Meßaufgabe für die Detektoren sind unter Nr 5 und 10 aufgeführt. Unter Nr 12 ist das Schaltzeichen für einen Szintillationszähler festgelegt. Unter Nr 11 ist ein Schaltzeichen für einen Strahlendetektor, z. B. für Gammastrahlung mit Dosisanzeige, und unter Nr 13 ist ein Schaltzeichen für Halbleiterdetektoren festgelegt. Die Schaltzeichen Nr 14 bis 20 sind Beispiele für Meßgerätezubehör für ionisierende Strahlung.

DK 621.3 : 003.62 : 681.325.65-83   Juli 1976

Schaltzeichen
Digitale Informationsverarbeitung

DIN 40 700
Teil 14

Graphical symbols for binary logic elements

Zusammenhang mit den von der International Electrotechnical Commission (IEC) herausgegebenen Empfehlungen, siehe Erläuterungen.

Diese Norm enthält Schaltzeichen für Binär- und Digitalschaltungen.

Die Schaltzeichen und Beschreibungen in dieser Norm entstanden im Hinblick auf elektrische Anwendungen, die meisten davon können aber auch auf nichtelektrische Systeme angewendet werden (z. B. pneumatische, hydraulische, mechanische).

Die Schaltzeichen sind in zweierlei Weise verwendbar:

als graphische Darstellung boolescher Funktionen oder Operationen zum Zweck der Beschreibung, des Entwurfs, der Synthese oder Analyse von Systemen, die der Verarbeitung von digitalen (im wesentlichen binären) Signalen dienen.

als graphische Darstellung von technischen Systemen oder ihrer Teile in Schaltungsunterlagen. Hierbei sind oft zusätzliche Angaben erforderlich, z. B. die Zuordnung der abstrakten Werte der binären Variablen zu den physikalischen Pegeln.

Die in dieser Norm enthaltenen englischen Benennungen sind nicht Bestandteil der Norm; sie sollen nur zur Erleichterung beim Übersetzen dienen.

Die außerhalb der Schaltzeichen verwendeten Buchstaben gehören nicht zur Norm, sie dienen zur Erläuterung der Wirkungsweise.

Zeichenerklärung

Die in der IEC-Spalte benutzten Nummern oder Zeichen haben die nachstehende Bedeutung:

Nr oder =   Das Schaltzeichen stimmt mit dem IEC-Schaltzeichen überein (siehe auch Erläuterungen).

(−)   Ein entsprechendes IEC-Schaltzeichen ist in Vorbereitung (mit Hinweis auf IEC-Entwurf).

K   Das Schaltzeichen besteht aus einer Kombination von IEC-Schaltzeichen.

—   Ein entsprechendes IEC-Schaltzeichen ist nicht vorhanden.

Inhalt

	Seite		Seite
1 Allgemeine Erklärungen	2	23 Codierer	15
2 Grundformen	3	24 Kennzeichnung des Zusammenhanges zwischen Eingängen und Ausgängen von Codierern	15
3 Kombinationen von Schaltzeichen	3	25 Signalpegel-Umsetzer	15
4 Richtung des Signalflusses	4	26 Beispiele für Codierer und Signalpegel-Umsetzer	16
5 Eingangs- und Ausgangsverbindungen	4	27 Schmitt-Trigger, Grenzsignalglied	17
6 Lage des Funktionskennzeichens	4	28 Beispiele für Schmitt-Trigger	17
7 Negation	5	29 Verzögerungsglieder	18
8 Polarität	5	30 Beispiele für Verzögerungsglieder	18
9 Statische und dynamische Eingänge	5	31 Bistabile Kippglieder	19
10 Sperreingänge	6	32 Monostabile Kippglieder	20
11 Eingänge und Ausgänge, die keine binären Signale führen	6	33 Astabile Kippglieder	20
12 Erweiterungseingänge	6	34 Register, Schieberegister, Zähler und Speicher	21
13 Zusammenfassung von Eingängen	7	35 Kennzeichnung der Eingänge und Ausgänge von Speichergliedern	22
14 Binäre Verknüpfungsglieder	7	36 Beispiele für bistabile Kippglieder	24
15 Phantom-Verknüpfungen	8	37 Beispiele für monostabile Kippglieder	28
16 Verstärker; Leistungsglieder	9	38 Beispiele für Register, Schieberegister, Zähler und Speicher	29
17 Beispiele für binäre Verknüpfungsglieder	9		
18 Gleichwertige Darstellung von binären Verknüpfungsgliedern	11	39 Beispiel für die Darstellung des Zusammenhanges zwischen den Werten und den Pegeln der binären Variablen	32
19 Abhängigkeitsnotation	12		
20 Erläuterung des Konzeptes der Abhängigkeitsnotation	13	40 Darstellung der Negation im individuellen Zuordnungssystem	33
21 Steuerblock	14		
22 Ausgangsblock	14		

Fortsetzung Seite 2 bis 33
Erläuterungen Seite 34

Deutsche Elektrotechnische Kommission im DIN und VDE (DKE)
Normenausschuß Informationsverarbeitung (FNI) im DIN Deutsches Institut für Normung e.V.

1 Allgemeine Erklärungen

1.1 Werte der binären Variablen

In dieser Norm werden die Ziffern 0 und 1 für die Kennzeichnung der Werte einer binären Variablen verwendet. Diese Werte werden als Wert 0 und Wert 1 bezeichnet.

1.2 Pegel der binären Variablen

Eine binäre Variable kann beliebigen physikalischen Größen gleichgesetzt werden, für die zwei voneinander getrennte Wertebereiche definiert werden können. Diese voneinander getrennten Wertebereiche werden in dieser Norm als Pegel der binären Variablen angegeben und mit H und L bezeichnet.

1.3 Darstellung des Zusammenhanges zwischen den Werten und den Pegeln der binären Variablen

In den Fällen, in denen es nur auf die graphische Darstellung boolescher Funktionen ankommt, braucht der Zusammenhang zwischen den Werten und den Pegeln der binären Variablen nicht angegeben zu werden. In diesem Fall ist also weder das unten geschilderte gemeinsame noch das individuelle Zuordnungssystem von Bedeutung. Es ist wichtig darauf hinzuweisen, daß die booleschen Funktionen der Binärschaltungen, die in dieser Norm durch Schaltzeichen dargestellt werden, immer frei von irgend einem Zuordnungssystem definiert sind.

Für die Fälle, in denen beides, die boolesche und die physikalische Funktion einer Schaltung und ihrer Glieder angegeben werden sollen, gibt es zwei fundamentale und sich gegenseitig ausschließende Methoden der Darstellung: Das gemeinsame Zuordnungssystem und das individuelle Zuordnungssystem. Ein ausführliches Beispiel ist in Abschnitt 39 angegeben.

1.3.1 Gemeinsames Zuordnungssystem

Die bestehende Zuordnung zwischen den Werten und den Pegeln der binären Variablen gilt in diesem System für den ganzen oder einen klar umgrenzten Teil des Schaltplanes und ist dort oder in einer zugehörigen Unterlage in beliebiger Weise anzugeben.

In diesem System wird das Negationskennzeichen (siehe Nr 9, 10) verwendet wo notwendig. Der Polaritätsindikator (siehe Nr 11, 12) darf nicht verwendet werden!

a) Wenn positive Logik angewendet wird, ist den mehr positiven Pegeln der binären Variablen an allen Eingängen und allen Ausgängen aller Binärschaltungen der Wert 1 und den weniger positiven Pegeln der Wert 0 zugeordnet.

b) Wenn negative Logik angewendet wird, ist den weniger positiven Pegeln der binären Variablen an allen Eingängen und allen Ausgängen aller Binärschaltungen der Wert 1 und den mehr positiven Pegeln der Wert 0 zugeordnet.

1.3.2 Individuelles Zuordnungssystem

Wenn das individuelle Zuordnungssystem verwendet wird, kennzeichnet ein Polaritätsindikator (siehe Nr 11, 12) an einem bestimmten Eingang oder Ausgang, daß der weniger positive Pegel der binären Variablen an diesem Punkt dem Wert 1 zugeordnet ist.

Die Abwesenheit des Polaritätsindikators an einem bestimmten Eingang oder Ausgang bedeutet, daß der mehr positive Pegel der binären Variablen an diesem Punkt dem Wert 1 zugeordnet ist.

Das individuelle Zuordnungssystem, wie es hier definiert ist, wird manchmal auch als „gemischte Logik" (Mixed Logic) bezeichnet, da die oben unter a) und b) gemeinsam für alle Eingänge und Ausgänge geltenden Zuordnungen hier quasi gemischt an einer einzelnen Binärschaltung angewendet werden. Jede gegensätzliche Anwendung des Ausdruckes „gemischte Logik" ist eine Mißinterpretation dieser Ausführungen.

Der Polaritätsindikator wird verwendet wo notwendig. Das Negationskennzeichen darf in diesem System nicht verwendet werden! (Negation wird in diesem System durch einen Wechsel der Zuordnung zwischen den Werten und den Pegeln der binären Variablen auf einer Verbindungslinie dargestellt.)

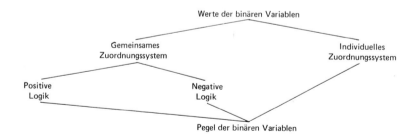

DIN 40 700 Teil 14 Seite 3

2 Grundformen

Nr	IEC 117-15	Schaltzeichen	Benennung und Bemerkung
1	1600	1.1 1.2	**Grundform für Binärschaltungen** *(Logic element; general symbol)* Das Seitenverhältnis des Rechtecks ist beliebig.
2	1750		**Steuerblock** *(Common control block)* Die Proportionen sind beliebig.
3	(–) 2)		**Ausgangsblock** *(Common output block)* Die Proportionen sind beliebig.

3 Kombinationen von Schaltzeichen

4	1602.1	4.1	**Kombination von Schaltzeichen** *(Combination of symbols)* Um Platz im Schaltplan zu sparen, können Schaltzeichen von Binärschaltungen kombiniert werden. Gibt es nur eine Richtung des Informationsflusses innerhalb der Schaltzeichenkombination, so gelten folgende Regeln: – Es besteht keine funktionelle Verbindung zwischen benachbarten Schaltzeichen, wenn die den beiden Schaltzeichen gemeinsame Konturenlinie in Richtung des Signalflusses verläuft. – Es besteht eine einfache funktionelle Verbindung ohne Negation zwischen benachbarten Schaltzeichen, wenn die den beiden Schaltzeichen gemeinsame Konturenlinie senkrecht zur Richtung des Signalflusses verläuft. In einigen Schaltzeichenkombinationen, oft in solchen mit Steuerblock, gibt es zwei oder mehrere Richtungen des Informationsflusses innerhalb der Schaltzeichenkombination. Die oben angegebenen Regeln gelten dann nicht. Jedes Schaltzeichen einer Binärschaltung kann darüber hinaus innerhalb eines anderen Schaltzeichens einer Binärschaltung angeordnet werden, wenn der Zusammenhang zwischen diesen Schaltzeichen entweder durch deren Anordnung oder durch interne Verbindungslinien zweifelsfrei zu erkennen ist.
	1602.2	4.2	
	(–) 2)	4.3	
	K	4.4	

2) 3A (C.O) 62

4 Richtung des Signalflusses

Nr	IEC 117-15	Schaltzeichen	Benennung und Bemerkung
5	1605		**Richtung des Signalflusses** *(Direction of information flow)* Die Richtung des Signalflusses auf dem Schaltplan ist grundsätzlich von links nach rechts und/oder von oben nach unten. Wenn sich dies nicht durchführen läßt und die Richtung des Signalflusses nicht offensichtlich ist, können die Verbindungslinien einen Pfeil tragen, dessen Spitze in Richtung des tatsächlichen Signalflusses zeigt. Der Pfeil darf nicht direkt an ein Schaltzeichen anschließen.

5 Eingangs- und Ausgangsverbindungen

Nr	IEC 117-15	Schaltzeichen	Benennung und Bemerkung
6	=1)	Eingänge — □ — Ausgänge	**Eingangs- und Ausgangsverbindungen am Schaltzeichen** *(Input and output connections to the symbol)* Die Eingänge und Ausgänge sind vorzugsweise an gegenüberliegenden Seiten eines Schaltzeichens anzubringen. Ein Schaltzeichen kann eine beliebige Anzahl von Eingängen und Ausgängen aufweisen, vorausgesetzt die Regeln für die Ausführung des Schaltzeichens selbst werden eingehalten.

6 Lage des Funktionskennzeichens

Nr	IEC 117-15	Schaltzeichen	Benennung und Bemerkung
7	1601	7.1 (* oben) 7.2 (* mitte)	**Lage des Funktionskennzeichen** *(Position of the qualifying symbol for the function)* Das Funktionskennzeichen macht eine Aussage über die Funktion der Binärschaltung, die sich aus den Werten der Variablen an den virtuellen Eingängen und den virtuellen Ausgängen ergibt; d. h. bei Eingängen nach, und bei Ausgängen vor der eventuellen Anwendung von Negations- oder Polaritätskennzeichen. Das Funktionskennzeichen ist entweder oben in der Mitte oder in der Mitte des Schaltzeichens anzubringen. Zusätzliche Angaben, z. B. Typ oder Ort der Binärschaltung können im Innern des Schaltzeichens unter oder folgend dem Funktionskennzeichen, angebracht werden. Diese Norm enthält keine Regeln für die Lage des Funktionskennzeichens für den Fall, daß ein Schaltzeichen zu der hier dargestellten Lage gedreht wird.
8	=1)	8.1 (vier *) 8.2 (ein *)	**Lage des Kennzeichens für die Funktion in einer Schaltzeichenkombination** *(Position of the qualifying symbol for the function in an array of elements)* Bei Schaltzeichen, die lückenlos untereinander angeordnet sind und für die das gleiche Kennzeichen für die Funktion gilt, genügt es, dieses nur in einem der Schaltzeichen, vorzugsweise im ersten oder letzten, anzugeben.

1) In Publikation 117-15 im Text ohne Nr vorhanden

7 Negation

Nr	IEC 117-15	Schaltzeichen	Benennung und Bemerkung
9	1611.1		**Eingang mit Negation** *(Negating input)* Der Kreis drückt die Komplementierung des Wertes der binären Schaltvariablen an einem Eingang aus. Die Verbindungslinie kann auch durch den Kreis führen.
10	1611.2		**Ausgang mit Negation** *(Negating output)* Der Kreis drückt die Komplementierung des Wertes der binären Schaltvariablen an eir.em Ausgang aus. Die Verbindungslinie kann auch durch den Kreis führen.

8 Polarität

Nr	IEC 117-15	Schaltzeichen	Benennung und Bemerkung
11	1610.1		**Eingang mit Polaritätsindikator** *(Input with polarity indicator)* Das Dreieck drückt aus, daß dem H-Pegel der binären Variablen der Wert 0 zugeordnet ist und dem L-Pegel der Wert 1.
12	1610.2		**Ausgang mit Polaritätsindikator** *(Output with polarity indicator)* Das Dreieck drückt aus, daß der Wert 0 der binären Variablen dem H-Pegel zugeordnet ist und der Wert 1 dem L-Pegel.

9 Statische und dynamische Eingänge

Nr	IEC 117-15	Schaltzeichen	Benennung und Bemerkung
13	1612		**Statischer Eingang** *(Static input)* Eingang, bei dem nur der Zustand der binären Eingangsvariablen wirksam ist. (Statischer Eingang mit Negation siehe Nr 9)
14	1613		**Dynamischer Eingang** *(Dynamic input)* Eingang, bei dem nur die Änderung des Zustandes der binären Eingangsvariablen von 0 auf 1 wirksam ist.
15	1614		**Dynamischer Eingang mit Negation** *(Negated dynamic input)* Eingang, bei dem nur die Änderung des Zustandes der binären Eingangsvariablen von 1 auf 0 wirksam ist.

10 Sperreingänge

Ein Sperr-Eingang hat die Eigenschaft, beim Anliegen eines der beiden Werte der Variablen zu verhindern, daß die Schaltvariable am Ausgang den Wert 1 annehmen kann. (Oder den Wert 0, wenn der Ausgang negiert ist.) Umgekehrt, wenn an dem Sperr-Eingang der andere Wert anliegt, wird die Funktion nicht beeinträchtigt.

Nr	IEC 117-15	Schaltzeichen	Benennung und Bemerkung
16	1615		**Sperr-Eingang** *(Inhibiting input)* Eingang, der beim Anliegen des Wertes 1 der Variablen verhindert, daß die Schaltvariable am Ausgang den Wert 1 annimmt oder den Wert 0, wenn der Ausgang negiert ist.
17	1616		**Sperr-Eingang mit Negation** *(Negated inhibiting input)* Eingang, der beim Anliegen des Wertes 0 der Variablen verhindert, daß die Schaltvariable am Ausgang den Wert 1 annimmt oder den Wert 0, wenn der Ausgang negiert ist.

11 Eingänge und Ausgänge, die keine binären Signale führen

| 18 | 1617 | | **Eingang, der kein binäres Signal führt**
 (Input not carrying logic information)

 Das Kreuz kann durch eine beliebige Angabe ersetzt werden, wenn diese eindeutig ausdrückt, daß der Eingang kein binäres Signal führt. |
| 19 | 1618 | | **Ausgang, der kein binäres Signal führt**
 (Output not carrying logic information)

 Das Kreuz kann durch eine beliebige Angabe ersetzt werden, wenn diese eindeutig ausdrückt, daß der Ausgang kein binäres Signal führt. |

12 Erweiterungseingänge

| 20 | 1619.2 | | **Erweiterungs-Eingang**
 (Extension input)

 Ein Erweiterungsglied dient dazu, die Anzahl der Eingänge zu einer anderen Binärschaltung zu erhöhen.
 Der Eingang einer Binärschaltung, die mit einem Ausgang eines Erweiterungsgliedes verbunden ist, wird mit dem Buchstaben E gekennzeichnet.
 Die sonst bestehende Zuordnung der Werte der Schaltvariablen zu den elektrischen Größen des Signals gilt normalerweise nicht für Erweiterungs-Eingänge.
 Der Ausgang eines Erweiterungsgliedes kann zusätzlich mit dem Buchstaben E gekennzeichnet werden. |

13 Zusammenfassung von Eingängen

Nr	IEC 117-15	Schaltzeichen	Benennung und Bemerkung
21	K	a —⌐ b —┤ c —o┘	Zwei oder mehr physikalische Eingänge wirken als ein einzelner funktioneller Eingang *(Two or more lines carrying the same bit of information)* Muß ein Eingang durch mehrere Anschlußlinien dargestellt werden, die so miteinander gekoppelt sind, daß sich bei Änderung des Wertes der Variablen auf einer Linie zwangsläufig die Werte der Variablen auf den anderen Linien ändern, so können diese Linien durch eine Klammer zusammengefaßt werden.

14 Binäre Verknüpfungsglieder

Nr	IEC 117-15	Schaltzeichen	Benennung und Bemerkung
22	1630	&	**UND-Glied** *(AND)* Die Variable am Ausgang nimmt nur dann den Wert 1 an, wenn die Variablen an allen Eingängen den Wert 1 haben.
23	1631	≥ 1	**ODER-Glied** *(OR)* Die Variable am Ausgang nimmt nur dann den Wert 1 an, wenn an mindestens einem Eingang die Variable den Wert 1 hat. „≥ 1" kann durch „1" ersetzt werden, wenn dadurch keine Unklarheiten entstehen.
24	1632	1 ⊸	**NICHT-Glied** *(NOT; Negater)* Die Variable am Ausgang nimmt nur dann den Wert 0 an, wenn die Variable am Eingang den Wert 1 hat.
25	1633	$\geq m$	**Schwellwert-Glied** *(Logic threshold)* Die Variable am Ausgang nimmt nur dann den Wert 1 an, wenn die Anzahl der Eingänge, an denen die Variablen den Wert 1 haben, die Zahl m erreicht oder überschreitet. A n m e r k u n g : m ist immer kleiner als die Gesamtzahl n der Eingänge.
26	1634	$>n/2$	**Majoritäts-Glied** *(Majority)* Die Variable am Ausgang nimmt nur dann den Wert 1 an, wenn an der Mehrzahl der Eingänge die Variablen den Wert 1 haben.

Nr	IEC 117-15	Schaltzeichen	Benennung und Bemerkung
27	1635	`= m`	**(m aus n)-Glied** *(m and only m)* Die Variable am Ausgang nimmt nur dann den Wert 1 an, wenn an m und nur an m von seinen insgesamt n Eingängen die Variablen den Wert 1 haben. A n m e r k u n g : *m ist immer kleiner als die Anzahl n der Eingänge.*
28	1636	`=1`	**Exklusiv-ODER-Glied** *(Exclusive OR)* Die Variable am Ausgang nimmt nur dann den Wert 1 an, wenn an einem, und nur an einem Eingang die Variable den Wert 1 hat. Wegen der Unklarheit, die entsteht, wenn der Ausdruck „Exklusiv-ODER" auf Schaltglieder mit mehr als 2 Eingängen angewendet wird, sind hier nur 2 Eingänge angegeben.
29	(–) 2)	`2k+1`	**Ungerade-Glied (Addition modulo 2-Glied)** *(Odd; Addition modulo 2)* Die Variable am Ausgang nimmt nur dann den Wert 1 an, wenn die Variablen an einer ungeraden Anzahl (1, 3, 5, . . .) von Eingängen den Wert 1 haben.
30	(–) 2)	`2k`	**Gerade-Glied** *(Even)* Die Variable am Ausgang nimmt nur dann den Wert 1 an, wenn die Variablen an einer geraden Anzahl (0, 2, 4, . . .) von Eingängen den Wert 1 haben.
31	1638	`=`	**Äquivalenz-Glied** *(Logic identity)* Die Variable am Ausgang nimmt nur dann den Wert 1 an, wenn entweder an allen Eingängen die Variablen den Wert 1, oder wenn an allen Eingängen die Variablen den Wert 0 haben.

15 Phantom-Verknüpfungen

Eine Phantom-Verknüpfung ist die Verbindung von Ausgängen mehrerer Binärschaltungen, um den Effekt einer Schaltfunktion zu erzielen und ohne dafür ein Verknüpfungsglied zu benutzen.

A n m e r k u n g : *Die Verbindungslinien müssen sich nicht in die Raute hinein erstrecken. Die Kennzeichen für UND und ODER können am Ausgang von davor angeordneten Schaltzeichen oder an anderen entsprechenden Stellen wiederholt werden.*

Wenn keine Unklarheiten entstehen, können Phantom-Verknüpfungen wie normale leitende Verbindungen dargestellt werden. (Diese Regel ist in der IEC nicht enthalten.)

32	1639.1		**Phantom-UND-Verknüpfung; wahlweise Darstellungen** *(Distributed AND connection, dot AND, wired AND)*
	1639.2		

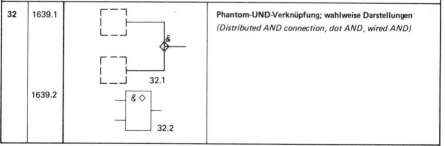

2) 3A (C.O) 62

Nr	IEC 117-15	Schaltzeichen	Benennung und Bemerkung
33	1640.1	33.1	Phantom-ODER-Verknüpfung; wahlweise Darstellungen *(Distributed OR connection, dot OR, wired OR)*
	1640.2	33.2	

16 Verstärker, Leistungsglieder

Nr	IEC 117-15	Schaltzeichen	Benennung und Bemerkung
34	1761	▷	**Nicht negierender Verstärker** *(Amplifier)* Der Ausgang nimmt nur dann den Wert 1 an, wenn die Variable am Eingang den Wert 1 hat.
35	1762	▷○	**Negierender Verstärker** *(Amplifier with negation indicator)* Der Ausgang nimmt nur dann den Wert 0 an, wenn die Variable am Eingang den Wert 1 hat.

17 Beispiele für binäre Verknüpfungsglieder

Nr	IEC 117-15	Schaltzeichen	Benennung und Bemerkung
36	1642	&	**UND-Glied mit negiertem Ausgang, NAND-Glied** *(NAND, i.e. AND with negated output)* Die Variable am Ausgang nimmt nur dann den Wert 0 an, wenn die Variablen an allen Eingängen den Wert 1 haben.
37	1644	≧1	**ODER-Glied mit negiertem Ausgang, NOR-Glied** *(NOR, i.e. OR with negated output)* Die Variable am Ausgang nimmt nur dann den Wert 0 an, wenn an mindestens einem Eingang die Variable den Wert 1 hat.
38	1645	≧1	**NOR-Glied mit einem negierten Eingang** *(NOR with one negated input)* Die Variable am Ausgang nimmt nur dann den Wert 0 an, wenn am oberen Eingang die Variable den Wert 0 hat und/oder an einem oder beiden unteren Eingängen die Variable den Wert 1 hat.
39	1646	a,b,c,d,e ≧1	**ODER-Glied mit Sperr-Eingang** *(OR with inhibiting input)* Das Schaltzeichen ist eine vereinfachte Darstellung von:

Nr	IEC 117-15	Schaltzeichen	Benennung und Bemerkung
40	K		**ODER-Glied mit negiertem Sperr-Eingang** *(OR with negated inhibiting input)* Das Schaltzeichen ist eine vereinfachte Darstellung von:
41	1648		**Drei ODER-Glieder unabhängig voneinander und direkt verbunden mit einem UND-Glied** *(Three OR's independent of each other but directly connected to an AND)* Das Schaltzeichen ist eine Vereinfachte Darstellung von:
42	1620		**Erweitertes NAND-Glied** *(Extended NAND)* Durch die Verwendung eines Erweiterungsgliedes wird die Zahl der funktionellen Eingänge des NAND-Gliedes von 2 auf 4 erhöht. A n m e r k u n g : *Das Funktionskennzeichen & wird in beiden Schaltzeichen angegeben.*

123

Nr	IEC 117-15	Schaltzeichen	Benennung und Bemerkung
43	K		Leistungs-NAND-Glied *(NAND Buffer)*
44	1641		Kombination mehrerer Phantom-ODER-Verknüpfungen *(Combination of several distributed OR connections)*

18 Gleichwertige Darstellung von binären Verknüpfungsgliedern [3]

So, wie es für jeden booleschen Ausdruck einen zweiten, funktionell völlig gleichwertigen Ausdruck gibt, läßt sich zu jedem Schaltzeichen, daß eine oder mehrere der Grundverknüpfungen UND, ODER, NICHT ausdrückt, ein zweites, funktionell völlig gleichwertiges Schaltzeichen konstruieren.
Ein gleichwertiges Schaltzeichen von einem binären Verknüpfungsglied wird nach folgenden Regeln gebildet:
a) Alle & werden ≥ 1
b) Alle ≥ 1 werden &
c) Alle nicht negierten Anschlüsse werden negierte Anschlüsse
d) Alle negierten Anschlüsse werden nicht negierte Anschlüsse
Eine Ausnahme bildet das NICHT-Glied. Beim NICHT-Glied wird die 1 nicht durch & ersetzt.

Beispiel: NAND-Verknüpfung

Eingänge		Ausgang
A	B	X
0	0	1
0	1	1
1	0	1
1	1	0

[3] Ein Ergebnis der Arbeiten auf IEC-Ebene liegt noch nicht vor.

19 Abhängigkeitsnotation

Die Abhängigkeitsnotation ist ein Mittel, die Funktion komplexer Binärschaltungen im allgemeinen und Kippglieder im besonderen, mit vereinfachten Schaltzeichen darzustellen. Dabei werden nicht alle Verknüpfungen, die zwischen den Eingängen oder zwischen Eingängen und Ausgängen einer Binärschaltung bestehen, durch Schaltzeichen und Verbindungslinien ausgedrückt.

Die Abhängigkeitsnotation ersetzt keinesfalls die Schaltzeichen für einfache binäre Verknüpfungsglieder, wie sie in den vorangegangenen Abschnitten enthalten sind, und ist auch nicht als alternative Darstellungsweise gedacht.

Die Abhängigkeitsnotation ergänzt die Aussage, die durch das Kennzeichen für die Funktion vermittelt wird.

Im folgenden werden die Wörter „steuern" und „gesteuert" sowie deren Beugungen verwendet. In den Fällen, in denen es bei der Konstruktion des Schaltzeichens nicht klar ist, welche Eingänge oder Ausgänge nun als steuernd oder gesteuert anzusehen sind, kann die Wahl auf irgendeine Weise erfolgen.

In einigen komplexen Elementen besteht eine Rückkopplung von Ausgängen auf Eingänge oder andere Ausgänge. Der Einfachheit halber bezieht sich der folgende Text nur auf steuernde Eingänge. Es sollte jedoch verstanden werden, daß die Abhängigkeitsnotation auch für steuernde Ausgänge angewendet werden kann.

Die Abhängigkeitsnotation wird wie folgt gebildet:
— Ein Eingang, der die Funktion anderer Eingänge oder Ausgänge steuert, wird durch einen speziellen Buchstaben gekennzeichnet, der die Art der Verknüpfung angibt. Zur eindeutigen Bestimmung wird hinter diesem Buchstaben noch eine Zählnummer angefügt.
— Jeder Eingang oder Ausgang, der von anderen Eingängen gesteuert wird, wird mit der Zählnummer des steuernden Einganges gekennzeichnet.

Zusätzliche Eingänge oder Ausgänge, die die gleiche Zählnummer mit einem Querstrich darüber tragen, werden durch den negierten Zustand des steuernden Einganges aktiviert.

Ist der gesteuerte Eingang oder Ausgang bereits durch ein Zeichen näher gekennzeichnet, dann wird die Zählnummer diesem Zeichen vorangestellt.

Zwei steuernde Eingänge mit unterschiedlichen Buchstaben dürfen nicht die gleiche Zählnummer tragen.

Zwei Eingänge, deren Bezeichnungen sich nur durch unterschiedliche Zählnummern voneinander unterscheiden, stehen in keinerlei Beziehung zueinander. Dann, und nur dann, wenn sie die gleiche Zählnummer tragen, sind sie durch ODER miteinander verknüpft.

Wenn ein Eingang oder Ausgang von mehr als einem Eingang gesteuert wird, so sind die einzelnen Zählnummern durch Kommas zu trennen. Die von links nach rechts laufende Stellung dieser Zählnummern entspricht der Folge der Wirkung der steuernden Eingänge.

Wenn die gesteuerten Eingänge oder Ausgänge schon durch andere Regeln mit Nummern bezeichnet sind, muß die Zählnummer, die die Verbindung zwischen steuerndem Eingang und gesteuertem Eingang herstellt, durch ein anderes Zeichen ersetzt werden, so daß keine Unklarheiten entstehen.

Ein steuernder Eingang wirkt nur auf die entsprechend gekennzeichneten gesteuerten Eingänge oder Ausgänge einer Binärschaltung.

Die Abhängigkeitsnotation sollte nicht dazu verwendet werden, um das zeitabhängige Verhalten einer aus Verknüpfungsgliedern bestehenden Binärschaltung anzugeben.

19.1 UND-Abhängigkeit

Das Zeichen, das eine UND-Abhängigkeit zwischen dem steuernden und dem gesteuerten Eingang oder Ausgang ausdrückt, ist der Buchstabe G.

19.2 ODER-Abhängigkeit

Das Zeichen, das eine ODER-Abhängigkeit zwischen dem steuernden und dem gesteuerten Eingang oder Ausgang ausdrückt, ist der Buchstabe V.

19.3 STEUER-Abhängigkeit

Die STEUER-Abhängigkeit wird in den Fällen verwendet, in denen Mehr als eine einfache UND-Abhängigkeit besteht. Das Zeichen für die STEUER-Abhängigkeit ist der Buchstabe C.

Wenn die Variable am C-Eingang den Wert 1 annimmt, dann haben die durch diesen C-Eingang gesteuerten Eingänge ihre normale Wirkung an der Binärschaltung, vorausgesetzt, keiner der anderen Eingänge hat eine dominierende oder gegensätzliche Wirkung.

Wenn die Variable am C-Eingang den Wert 0 annimmt, dann haben die durch diesen C-Eingang gesteuerten Eingänge keine Wirkung an der Binärschaltung, und die Ausgänge der Binärschaltung verbleiben im gerade eingenommenen Zustand, vorausgesetzt, daß keiner der anderen Eingänge eine dominierende oder gegensätzliche Wirkung hat.

Die STEUER-Abhängigkeit wird bei Schaltzeichen von Speichergliedern verwendet. Siehe Abschnitte 36, 37 und 38 für Beispiele.

20 Erläuterung des Konzeptes der Abhängigkeitsnotation

Nr	IEC 117-15	Schaltzeichen	Benennung und Bemerkung
45	1649		Eingang, der einen anderen Eingang steuert; UND-Verknüpfung *(Input affecting another input; AND-relation)*
46	K		Ausgang, der einen Eingang steuert, UND-Verknüpfung *(Output affecting an input; AND-relation)*
47	1651		Eingang, der einen Ausgang steuert, ODER-Verknüpfung *(Input affecting an output; OR-relation)*
48	1652		Ausgang, der einen anderen Ausgang steuert; ODER-Verknüpfung *(Output affecting another output; OR-relation)*
49	1653		Gebrauch des Querstriches in der Abhängigkeitsnotation *(Use of the bar in dependency notation)*

21 Steuerblock

Nr	IEC 117-15	Schaltzeichen	Benennung und Bemerkung
50	1750	50.1 50.2	**Steuerblock** *(Common control block)* Komplexe Binärschaltungen sind oft so aufgebaut, daß einige oder alle der Elemente einen oder mehrere gemeinsame Eingänge haben. Um Platz auf dem Blatt zu sparen, Linienanhäufungen zu vermeiden und um eine klarere Darstellung zu erreichen, können die gemeinsamen Eingänge an dem Steuerblock zusammengefaßt werden. Der Steuerblock ist an einem Ende des Schaltzeichens angeordnet. Ein Eingang, der allen Elementen gemeinsam ist, ist am Steuerblock in der gleichen Weise zu bezeichnen, wie dies am individuellen Element geschehen wäre, gegebenenfalls durch Anwendung der Abhängigkeitsnotation. A n m e r k u n g : *Die untere Darstellung kann in den Fällen verwendet werden, in denen Verbindungen zwischen den Eingängen und Ausgängen der einzelnen Elemente gezeigt werden sollen.*

22 Ausgangsblock

Nr	IEC 117-15	Schaltzeichen	Benennung und Bemerkung
51	K [2]		**Ausgangsblock** *(Common output block)* Komplexe Binärschaltungen sind oft so aufgebaut, daß einige oder alle der Elemente einen gemeinsamen Ausgang haben. Um Platz auf dem Blatt zu sparen, Linienanhäufungen zu vermeiden und um eine klarere Darstellung zu erreichen, können die gemeinsamen Ausgänge an einem Ausgangsblock zusammengefaßt werden. Der Ausgangsblock soll an dem entgegengesetzten Ende des Schaltzeichens angeordnet werden, an dem der Steuerblock angeordnet wird. Wo immer möglich, sollte die Abhängigkeitsnotation für die Funktionskennzeichnung und die Angabe der bestehenden Verknüpfungen an jedem Ausgang angegeben werden. Wenn ein Ausgangsblock von einem anderen Ausgangsblock angesteuert wird und „eine Erweiterungsfunktion erfüllt, ist dieser Eingang mit „E" zu kennzeichnen.

[2] 3A (C.O) 62

23 Codierer

Als Codierer wird hier eine Binärschaltung definiert, die eine Menge von Eingangswerten in eine Menge von Ausgangswerten übersetzt. Die Übersetzung geschieht gemäß einer festgelegten Tabelle (Code).
Sowohl die Eingangswerte wie auch die Ausgangswerte können grundsätzlich parallel oder seriell auftreten. Man unterscheidet deshalb vier Grundtypen von Codierern:

Parallel-zu-Parallel-Codierer
Parallel-zu-Seriell-Codierer
Seriell-zu-Parallel-Codierer
Seriell-zu-Seriell-Codierer

23.1 Erklärung der verschiedenen Arten von Codierern

Ein Parallel-zu-Parallel-Codierer übersetzt eine Menge von gleichzeitig anliegenden Eingangswerten in eine Menge von gleichzeitig auftretenden Ausgangswerten.
Ein Parallel-zu-Seriell-Codierer übersetzt eine Menge von gleichzeitig anliegenden Eingangswerten in eine Menge von zeitlich aufeinanderfolgenden Ausgangswerten.
Ein Seriell-zu-Parallel-Codierer übersetzt eine Menge von zeitlich aufeinanderfolgenden Eingangswerten in eine Menge von gleichzeitig auftretenden Ausgangswerten.
Ein Seriell-zu-Seriell-Codierer übersetzt eine Menge von zeitlich aufeinanderfolgenden Eingangswerten in eine Menge von zeitlich aufeinanderfolgenden Ausgangswerten.
In komplexeren Codierern können verschiedene dieser Codierer kombiniert sein.

Nr	IEC 117-15	Schaltzeichen	Benennung und Bemerkung
52	(–) 4)	X/Y	Codierer, Grundschaltzeichen (Coder, general symbol) X und Y können durch geeignete Bezeichnungen der Eingangs- und Ausgangsinformation ersetzt werden.

24 Kennzeichnung des Zusammenhanges zwischen Eingängen und Ausgängen von Codierern

Der Zusammenhang zwischen Eingängen und Ausgängen von Codierern kann auf folgende Weise angegeben werden:
a) Durch Bezeichnung der Eingänge und Ausgänge und durch eine Tabelle. Die Tabelle muß auf dem Schaltplan oder einer ändern zugehörigen Unterlage angegeben werden. Die Buchstaben X und Y müssen beide durch die in der Tabelle verwendete Bezeichnungsweise ersetzt werden.
b) Durch Bezeichnung der Eingänge mit Buchstaben und der Ausgänge mit binären Zahlen. Die binären Zahlen geben die Werte der Variablen an den Eingängen an, bei denen die entsprechende Variable am Ausgang den Wert 1 annimmt.
c) Durch Bezeichnung jedes Einganges mit seinem dezimalen Gewicht und jedes Ausganges mit einer dezimalen Zahl oder mit einer Reihe von dezimalen Zahlen, die durch Kommas getrennt sind. Die Variable am Ausgang nimmt nur dann den Wert 1 an, wenn die Summe der Eingangsgewichte gleich ist der Zahl oder Zahlen am Ausgang.
Wenn Codierer Ausgänge haben, die unabhängig vom Wert der Variablen an einem oder mehreren Eingängen sind, kann die entsprechende binäre Stelle der Eingangskombination durch einen Bindestrich gekennzeichnet werden.
In Codierern, in denen eine Gruppierung der Eingänge erfolgt, kann jede Gruppe durch eine in Klammern gesetzte Nummer bezeichnet werden, die angibt, wieviel Variable an den Eingängen den Wert 1 annehmen müssen, um am Ausgang den Wert 1 zu bewirken.
Wenn die Abhängigkeitsnotation mit einer der Methoden für die Darstellung der Zusammenhänge zwischen Eingängen und Ausgängen von Codierern verwendet wird, ist darauf zu achten, daß keine Unklarheiten bestehen.

25 Signalpegel-Umsetzer

X und Y können durch geeignete Bezeichnungen der entsprechenden Signalpegel ersetzt werden. Die Signalpegel können aber auch zusätzlich zu X/Y bzw. X//Y innerhalb oder außerhalb des Schaltzeichens angegeben werden. Wenn die Gefahr einer Verwechslung mit Codierern besteht, müssen X und Y durch Bezeichnungen ersetzt werden, die eine Verwechslung ausschließen.

Nr	IEC 117-15	Schaltzeichen	Benennung und Bemerkung
53	(–) 2)	X/Y	Signalpegel-Umsetzer (Signal level converter)
54	–	X//Y	Signalpegel-Umsetzer mit besonderer Kennzeichnung der Potentialtrennung zwischen Eingang und Ausgang

2) 3A (C.O) 62   4) 3A (C.O) 58

26 Beispiele für Codierer und Signalpegel-Umsetzer

Nr	IEC 117-15	Schaltzeichen	Benennung und Bemerkung
55	(−)4)	A/B mit Eingängen A1 B1, A2 B2, A3 B3	Angabe des Zusammenhangs zwischen Eingängen und Ausgängen durch eine Tabelle

A1	A2	A3	B1	B2	B3		A	B
0	0	0	1	0	0		0	4
0	0	1	0	0	0		1	0
0	1	0	0	1	0		2	2
0	1	1	0	0	0	oder	3	0
1	0	0	0	0	0		4	0
1	0	1	0	0	0		5	0
1	1	0	0	0	1		6	1
1	1	1	0	0	0		7	0

Nr	IEC 117-15	Schaltzeichen	Benennung und Bemerkung
56	(−)4)	X/Y, ABC; A 0 0 0; B 0 1 0; C 1 1 0	Die Variablen an den Ausgängen nehmen nur dann den Wert 1 an, wenn die Variablen an den Eingängen die an den Ausgängen angegebenen Werte eingenommen haben.
57	(−)4)	X/Y; 4 → 0; 2 → 2; → 6	Die Variablen an den Ausgängen nehmen nur dann den Wert 1 an, wenn die Summe der Gewichte an den Eingängen gleich ist der angegebenen Zahlen an den Ausgängen.
58	(−)4)	A/B mit Eingängen A1 B1, A2 B2, A3 B3, B4	Angabe des Zusammenhangs zwischen Eingängen und Ausgängen durch eine Tabelle, in der die irrelevanten Bits durch einen Bindestrich gekennzeichnet sind.

A1	A2	A3	B1	B2	B3	B4
0	0	0	1	0	0	0
−	0	1	0	0	0	0
0	1	0	0	1	0	0
−	1	1	0	0	0	1
1	0	−	0	0	0	0
1	1	0	0	0	1	0

Nr	IEC 117-15	Schaltzeichen	Benennung und Bemerkung
59	(−)4)	X/Y, A1 A2 A3; A1 0 0 0; A2 0 1 0; A3 1 1 0; − 1 1	Die Variablen an den Ausgängen nehmen nur dann den Wert 1 an, wenn die Variablen an den Eingängen die an den Ausgängen angegebenen Werte eingenommen haben. Das irrelevante Bit ist durch einen Bindestrich gekennzeichnet.
60	(−)4)	X/Y; 4 → 0; 2 → 2; 1 → 6; → 3,7	Die Variablen an den Ausgängen nehmen nur dann den Wert 1 an, wenn die Summe der Gewichte an den Eingängen gleich ist der angegebenen Zahlen an den Ausgängen. Die Variable am untersten Ausgang nimmt bei zwei Eingangskombinationen den Wert 1 an.

4) 3A (C.O) 58

DIN 40700 Teil 14 Seite 17

Nr	IEC 117-15	Schaltzeichen	Benennung und Bemerkung
61	(–) 4)	X/Y (2) — 0 — 1 — 2 13 — — 4 — 7 (2) — 00 — 10 32 — — 20 — 40 — 70	**Codierer mit gruppierten Eingängen** *(Coder with grouped inputs)* Der mit 13 bezeichnete Ausgang nimmt nur dann den 1-Zustand an, wenn die mit 1, 2, 00 und 10 bezeichneten Eingänge den 1-Zustand annehmen. Der mit 32 bezeichnete Ausgang nimmt nur dann den 1-Zustand an, wenn die mit 0, 2, 10 und 20 bezeichneten Eingänge den 1-Zustand annehmen.
62	K	ECL/TTL	Signalpegel-Umsetzer von ECL nach TTL-Technik

27 Schmitt-Trigger, Grenzsignalglied

63	1760	⟂	**Schmitt-Trigger mit binärem Ausgangssignal** *(Threshold detector; Schmitt trigger)* Die Variable am Ausgang nimmt den Wert 1 an, wenn das Eingangssignal einen spezifischen Schwellwert (u_1) in der angegebenen Richtung überschreitet. Die Variable am Ausgang behält den Wert 1 so lange bei, bis das Eingangssignal einen spezifischen Schwellwert (u_2) unterschreitet.

28 Beispiel für Schmitt-Trigger

64	K	& ⟂	**Schmitt-Trigger mit vier Eingängen** Die Eingangssignale werden zuerst durch UND verknüpft; anschließend wird die resultierende Schaltvariable über einen Schmitt-Trigger an den Ausgang geführt.

29 Verzögerungsglieder

Nr	IEC 117-15	Schaltzeichen	Benennung und Bemerkung
65	1660		**Verzögerung, Allgemein** *(Delay element, general symbol)* Jeder Übergang zwischen den beiden Werten der Variablen am Eingang bewirkt einen um jeweils die gleiche Zeit verzögerten Übergang zwischen den Werten der Variablen am Ausgang.
66	1661	t_1 t_2	**Verzögerungsglied mit Angabe der Verzögerungswerte** *(Delay element with delay times specified)* Der Übergang vom Wert 0 zum Wert 1 der Variablen am Ausgang erfolgt nach einer Verzögerung von t_1 in bezug auf denselben Übergang am Eingang. Der Übergang vom Wert 1 zum Wert 0 der Variablen am Ausgang erfolgt nach einer Verzögerung von t_2 in bezug auf denselben Übergang am Eingang. Eingang, Ausgang (Diagramm mit t_1, t_2) t_1 und t_2 können durch die tatsächlichen Verzögerungswerte ersetzt werden, ausgedrückt in Sekunden oder Takten. Die Verzögerungswerte dürfen innerhalb oder außerhalb des Schaltzeichens angegeben werden. Wenn die beiden Verzögerungswerte gleich sind, genügt es, nur einen Wert anzugeben. Bei Verzögerungsgliedern mit Abgriffen (tapped delay elements) können die Verzögerungszeiten direkt an den einzelnen Ausgängen angegeben werden. Ist an einem Ausgang nur ein Wert angegeben, so wird angenommen, daß beide Verzögerungswerte gleich sind. Ein spezielles zusätzliches Verhalten eines Verzögerungsgliedes kann innerhalb oder außerhalb des Schaltzeichens angegeben werden.
67	1662		**Variables Verzögerungsglied** *(Variable delay element)*

30 Beispiele für Verzögerungsglieder

Nr	IEC 117-15	Schaltzeichen	Benennung und Bemerkung
68	1663	25ns t_2	Der Übergang vom Wert 0 zum Wert 1 der Variablen am Ausgang erfolgt 25 ns nach dem gleichen Übergang am Eingang. t_2 ist nicht näher spezifiziert.
69	1664	t_1 30ns	Der Übergang vom Wert 1 zum Wert 0 der Variablen am Ausgang erfolgt 30 ns nach dem gleichen Übergang am Eingang. t_1 ist nicht näher spezifiziert.

DIN 40 700 Teil 14 Seite 19

Nr	IEC 117-15	Schaltzeichen	Benennung und Bemerkung
70	1665	0 35ns	Der Übergang vom Wert 0 zum Wert 1 der Variablen am Ausgang ist nicht verzögert in bezug auf denselben Übergang am Eingang. Der Übergang vom Wert 1 zum Wert 0 der Variablen am Ausgang erfolgt 35 ns nach demselben Übergang am Eingang.
71	1666	25ns 30ns	Der Übergang vom Wert 0 zum Wert 1 der Variablen am Ausgang erfolgt 25 ns nach dem gleichen Übergang am Eingang. Der Übergang vom Wert 1 zum Wert 0 der Variablen am Ausgang erfolgt 30 ns nach dem gleichen Übergang am Eingang.
72	1667	35 ns	Beide Übergänge der Variablen am Ausgang, vom Wert 0 zum Wert 1 und vom Wert 1 zum Wert 0, erfolgen 35 ns nach den entsprechenden Übergängen am Eingang.
73	1668	5ns 10ns 15ns	**Verzögerungsglied mit Abgriffen** *(Tapped delay element)* Das Schaltzeichen ist eine vereinfachte Darstellung von:

31 Bistabile Kippglieder

Nr	IEC 117-15	Schaltzeichen	Benennung und Bemerkung
74	1700	74.1 K 74.2	**Bistabiles Kippglied, Allgemein** *(Bistable element)* Wenn die Variable am Eingang den Wert 1 hat, nimmt die Variable am Ausgang, die im gleichen Feld des Schaltzeichens liegt, den Wert 1 an. Die Variablen von zwei Ausgängen oder Gruppen von Ausgängen, die sich in den durch die gestrichelte Linie gebildeten Feldern des Schaltzeichens gegenüberliegen, haben komplementäre Werte. Der Informationsfluß verläuft parallel zur gestrichelten Linie. Diese Linie muß nicht durch die Mitte des Schaltzeichens gehen. Mehrere Eingänge derselben Art können durch ein entsprechendes Schaltzeichen wie für das UND, Exklusiv-ODER, usw. zusammengefaßt werden und so auf das bistabile Kippglied wirken. Es ist nicht notwendig, eine ODER-Verknüpfung zwischen Eingängen derselben Art am Kippglied durch ein Schaltzeichen darzustellen. Um eine einfachere Darstellung zu erzielen und um Raum für zusätzliche Eintragungen innerhalb der Kontur zu gewinnen, kann die gestrichelte Linie im Schaltzeichen von bistabilen Kippgliedern entfallen, wenn dadurch keine Unklarheiten entstehen. In diesem Fall sind alle Ausgänge — gegebenenfalls durch Verwendung des Negationskennzeichens — so anzugeben, daß die im definierten 1-Zustand (Setz-Zustand) des Kippgliedes an den Ausgängen auftretenden Werte der Variablen gezeigt werden. **Anmerkung**: *Der Gebrauch beider Formen (mit und ohne gestrichelte Linie) in einem Schaltplan wird nicht empfohlen.*

Nr	IEC 117-15	Schaltzeichen	Benennung und Bemerkung
75	–		**Bistabiles Kippglied mit Angabe eines besonderen Schaltverhaltens** Die Variablen an den Ausgängen in den beiden Feldern des Schaltzeichens nehmen nur dann die Werte b und c an, wenn an beiden Eingängen der Wert a anliegt. Für a, b und c ist gemäß der Funktion des Kippgliedes 0 oder 1 zu setzen.
76	–		**Kippglied mit Haftverhalten, Haftspeicher** Die Variablen an den Ausgängen in den beiden Feldern des Schaltzeichens nehmen beim Einschalten der Energie die gleichen Werte an, wie sie beim vorangegangenen Ausschalten der Energie an diesen Ausgängen lagen.
77	–		**Bistabiles Kippglied mit besonders gekennzeichneter Grundstellung** Der gekennzeichnete Ausgang hat in einer besonders zu definierenden Grundstellung den Wert 1. A n m e r k u n g : *Wenn keine Unklarheiten entstehen, braucht das Rechteck nicht ausgefüllt zu werden.*

32 Monostabile Kippglieder

Nr	IEC 117-15	Schaltzeichen	Benennung und Bemerkung
78	1730		**Monostabiles Kippglied** *(Monostable element, single shot)* Die Variable am Ausgang nimmt den Wert 1 an, wenn die Variable am Eingang den Wert 1 annimmt; die Ausgangsvariable behält den Wert für eine bestimmte Zeit, unabhängig von der Dauer des Wertes 1 der Variablen am Eingang. Die Dauer des Ausgangsimpulses wird durch die Eigenschaften des monostabilen Kippgliedes bestimmt. Das Funktionskennzeichen 1 ⎍ macht keine Aussage über die Art und Polarität des Ausgangsimpulses.

$$\text{Eingang} \quad \begin{matrix} 1 \\ 0 \end{matrix} \text{------} \rule{2cm}{0.4pt}$$

$$\text{Ausgang} \quad \begin{matrix} 1 \\ 0 \end{matrix} \rule{2cm}{0.4pt}$$

Ein spezielles zusätzliches Verhalten eines monostabilen Kippgliedes kann innerhalb oder außerhalb des Schaltzeichens angegeben werden.

33 Astabile Kippglieder

Das Symbol ⎍⎍ kann entfallen, wenn die Impulsform offensichtlich ist.

Nr	IEC 117-15	Schaltzeichen	Benennung und Bemerkung
79	1740	G ⎍⎍	**Astabiles Kippglied** *(Astable element)* An das Schaltzeichen können auch Steuereingänge geführt werden.

DIN 40700 Teil 14 Seite 21

Nr	IEC 117-15	Schaltzeichen	Benennung und Bemerkung
80	(−) [2]	⊣[!G ⊓⊓]⊢	**Synchron anlaufendes astabiles Kippglied** *(Synchronously starting astable element)* Wenn die Variable am Eingang den Wert 1 annimmt, erscheint am Ausgang eine Impulsfolge. Die Impulsfolge beginnt mit einem vollen Impuls.
81	(−) [2]	⊣[G! ⊓⊓]⊢	**Synchron anhaltendes astabiles Kippglied** *(Synchronously stopping astable element)* Wenn die Variable am Eingang den Wert 0 annimmt, wird am Ausgang die Impulsfolge angehalten, nachdem der letzte Impuls voll beendet wurde.
82	(−) [2]	⊣[!G! ⊓⊓]⊢	**Synchron anlaufendes und anhaltendes astabiles Kippglied** *(Synchronously starting and stopping astable element)*

34 Register, Schieberegister, Zähler und Speicher [1]

Register, Schieberegister, Zähler und Speicher (unter letzteren sind insbesondere Speicherglieder wie RAM, ROM, PROM, CAM etc. gemeint), werden nicht durch besondere Schaltzeichen dargestellt. Vielmehr sind die angegebenen Methoden der Kombination von Schaltzeichen, die Abhängigkeitsnotation, Steuerblock und Ausgangsblock für die Darstellung dieser Speicherglieder zu verwenden.

Wenn Dateneingänge und Datenausgänge von Speichergliedern intern miteinander verbunden sind, also die gleiche Anschlußnummer tragen, sind die Eingänge und Ausgänge dennoch getrennt anzugeben. Die Eingänge und Ausgänge müssen dann die gleiche Anschlußnummer tragen.

Der Zählcode eines Zählers kann auf jede beliebige Weise angegeben werden, solange er nicht mit anderen Notationen verwechselt werden kann. Wenn der Zählcode nicht angegeben ist, wird ein Binärzähler angenommen.

Der Teil eines Schaltzeichens eines Zählers, der dem Steuerblock am nächsten liegt, ist die niedrigste Zählstufe.

[2] 3A (C.O) 62

35 Kennzeichnung der Eingänge und Ausgänge von Speichergliedern

Die Wirkung eines Einganges oder Ausganges kann zusätzlich durch weitere Angaben beschrieben werden, die vor dem Kennzeichen angeordnet sind, z. B. Negation, dynamischer Eingang etc.

Das Kennzeichen für einen Eingang kann zusammen mit anderen Buchstaben und/oder Zahlen auftreten, die angeben, daß die Wirkung dieses Einganges abhängig ist von einem weiteren Eingang (siehe Abhängigkeitsnotation, Abschnitt 19). Dieser zweite Eingang wird im allgemeinen mit G oder C bezeichnet, wobei Nummern die Verbindung zum ersten Eingang angeben.

Verschiedene Eingänge der gleichen Art können durch ein entsprechendes Schaltzeichen zusammengefaßt werden, wie z. B. das für UND. Wenn diese Funktion ein ODER ist, ist es nicht notwendig, dies durch ein Schaltzeichen oder durch die Abhängigkeitsnotation anzugeben.

Diese Norm enthält keine Regeln für die Lage der Kennzeichen an den Eingängen und Ausgängen für den Fall, daß ein Schaltzeichen zu der hier dargestellten Lage gedreht wird.

Nr	IEC 117-15	Schaltzeichen	Benennung und Bemerkung
83	1701	⊣R	**R-Eingang** *(Forcing static R input)* Wenn die Variable am R-Eingang den Wert 1 annimmt, erzwingt sie den Wert 1 am zugehörigen Ausgang. Dieser Zustand des bistabilen Kippgliedes wird als „Zustand 0", Rücksetzzustand, definiert. Die Rückkehr der Variablen am R-Eingang zum Wert 0 bewirkt keine Zustandsänderung.
84	1703	⊣S	**S-Eingang** *(Forcing static S input)* Wenn die Variable am S-Eingang den Wert 1 annimmt, erzwingt sie den Wert 1 am zugehörigen Ausgang. Dieser Zustand des bistabilen Kippgliedes wird als „Zustand 1", Setzzustand, definiert. Die Rückkehr der Variablen am S-Eingang zum Wert 0 bewirkt keine Zustandsänderung.
85			**C-Eingang (Takt-Eingang)** *(C input)* zum Beispiel:
	K 85.1	⊣C	Takt-Eingang mit Zustandssteuerung. Die Variablen an den Eingängen, die von C abhängen, werden bei C = 1 wirksam.
	K 85.2	▷C	Takt-Eingang mit Flankensteuerung. Die Variablen an den Eingängen, die von C abhängen, werden nur beim 0-1-Übergang von C wirksam.
	K 85.3	⊸▷C	Takt-Eingang mit Flankensteuerung. Die Variablen an den Eingängen, die von C abhängen, werden nur beim 1-0-Übergang von C wirksam.
86	1707	⊣T	**T-Eingang** *(T input)* Der T-Eingang bewirkt jedesmal einen Zustandswechsel des bistabilen Kippgliedes, wenn seine Variable den Wert 1 annimmt. Die Rückkehr dieser Variablen zum Wert 0 bewirkt keine Änderung des Zustands.
87	1708	⊣XD	**D-Eingang** *(D input)* Ein D-Eingang ist immer einem anderen Eingang untergeordnet, häufig ist dies ein C-Eingang. Das Kippglied nimmt den Zustand an und speichert ihn, der gleich dem Wert der Variablen am D-Eingang ist.

DIN 40 700 Teil 14 Seite 23

Nr	IEC 117-15	Schaltzeichen	Benennung und Bemerkung
88	1709	─── J	**J-Eingang** *(J input)* Setzeingang wie der S-Eingang, jedoch mit der zusätzlichen Eigenschaft, daß das bistabile Kippglied seinen komplementären Zustand annimmt, wenn die Variablen an den Eingängen J und K beide den Wert 1 haben.
89	1710	─── K	**K-Eingang** *(K input)* Rücksetzeingang wie der R-Eingang, jedoch mit der zusätzlichen Eigenschaft, daß das bistabile Kippglied seinen komplementären Zustand annimmt, wenn die Variablen an den Eingängen J und K beide den Wert 1 haben.
90	1713	─── H^0	**Halteeingang für den 0-Zustand** *(Holding input for the 0-state)* Das bistabile Kippglied bleibt im Zustand 0, wenn die Variable des H^0-Eingangs den Wert 1 hat. Dieser Eingang ist wirkungslos, wenn das bistabile Kippglied im Zustand 1 ist.
91	1714	─── H^1	**Halteeingang für den 1-Zustand** *(Holding input for the 1-state)* Das bistabile Kippglied bleibt im Zustand 1, wenn die Variable des H^1-Eingangs den Wert 1 hat. Dieser Eingang ist wirkungslos, wenn das bistabile Kippglied im Zustand 0 ist.
92	1752	─── →m	**Schiebeeingang, vorwärts** *(Shifting input)* Jedesmal, wenn die Variable am Eingang den Wert 1 angenommen hat, wird die Information des Registers m Stellen von links nach rechts oder von oben nach unten geschoben. A n m e r k u n g : *m muß durch die entsprechende Zahl ersetzt werden. Wenn m gleich 1 ist, kann die ‚1' entfallen.*
93	1753	─── ←m	**Schiebeeingang, rückwärts** *(Shifting input)* Jedesmal, wenn die Variable am Eingang den Wert 1 angenommen hat, wird die Information des Registers m Stellen von rechts nach links oder von unten nach oben geschoben. A n m e r k u n g : *m ist durch die entsprechende Zahl zu ersetzen. Wenn m gleich 1 ist, kann die ‚1' entfallen.*
94	1754	─── +m	**Zähleingang, vorwärts** *(Counting input)* Jedesmal, wenn die Variable am Eingang den Wert 1 angenommen hat, wird der Zählerstand um m erhöht. A n m e r k u n g : *m ist durch die entsprechende Zahl zu ersetzen. Wenn m gleich 1 ist, kann die ‚1' entfallen.*
95	1755	─── −m	**Zähleingang, rückwärts** *(Counting input)* Jedesmal, wenn die Variable am Eingang den Wert 1 angenommen hat, wird der Zählerstand um m erniedrigt. A n m e r k u n g : *m ist durch die entsprechende Zahl zu ersetzen. Wenn m gleich 1 ist, kann die ‚1' entfallen.*

Seite 24 DIN 40 700 Teil 14

Nr	IEC 117-15	Schaltzeichen	Benennung und Bemerkung
96	(–) 2)	⊢ A	**Adresseneingang** *(Addressing input)* Die Wertigkeit eines Adresseneingangs wird mit einer dezimalen Zahl angegeben, die dem A nachgestellt wird. Diejenigen Eingänge und Ausgänge eines Speichergliedes, deren Funktion von den Adresseneingängen abhängt, werden ebenfalls mit A bezeichnet. Bei Adresseneingängen, die im Speicherglied decodiert werden, kann folgende abkürzende Schreibweise verwendet werden: $A \dfrac{0}{127}$ repräsentiert 128 decodierte Adressen 0 bis 127.
97	(–) 2)	A⊢	**Ausgang, der von Adresseneingängen abhängig ist** *(Output dependent of addressing inputs)*
98	1727	⌐⊢	**Retardierter Ausgang** *(Postponed output symbol)* Der Zustandswechsel des bistabilen Kippgliedes wird an diesem Ausgang erst dann wirksam, wenn die zugehörige Eingangsvariable wieder zu ihrem ursprünglichen Wert zurückkehrt. Das Zeichen ⌐ macht keine Aussage über die Richtung des Zustandswechsels des Trigger- oder Ausgangssignals. Die Ausgangsvariable nimmt den Wert 1 erst dann an, wenn die Eingangsvariable wieder vom Wert 1 auf den Wert 0 zurückkehrt. Die Ausgangsvariable nimmt den Wert 1 erst dann an, wenn die Eingangsvariable wieder vom Wert 0 auf den Wert 1 zurückkehrt. Wenn das Kennzeichen für den retardierten Ausgang alleine steht, ist damit die Aussage verbunden, daß dieser Effekt ausschließlich durch den C-Eingang bewirkt wird. Wenn der Effekt durch andere Arten von Eingängen zustande kommt, wie z. B. S, R, G usw., muß dem Kennzeichen für retardierten Ausgang das Kennzeichen des entsprechenden Einganges vorangestellt werden einschließlich der C-Eingänge.

36 Beispiele für bistabile Kippglieder

Nr	IEC 117-15	Schaltzeichen	Benennung und Bemerkung
99	1720	⊢S⊣ ⊢R⊣	**RS-Kippglied** *(RS bistable element)* Wenn die Variablen an beiden Eingängen verschiedene Werte oder gleichzeitig den Wert 0 haben, zeigen die Variablen an den beiden Ausgängen komplementäre (verschiedene) Werte. Wenn zunächst die Variablen an beiden Eingängen verschiedene Werte haben und dann den Wert 0 einnehmen, ändern sich die Werte der Variablen an den Ausgängen nicht. Solange die Variablen an beiden Eingängen gleichzeitig den Wert 1 einnehmen, haben die Variablen an den beiden Ausgängen den gleichen Wert; wenn nachher die Variablen an den Eingängen gleichzeitig den Wert 0 einnehmen bzw. in diesen übergehen, dann ist nicht vorhersehbar, wie die Werte 1 und 0 den beiden Ausgängen zugeordnet sind.

2) 3A (C.O) 62

137

DIN 40 700 Teil 14 Seite 25

Nr	IEC 117-15	Schaltzeichen	Benennung und Bemerkung
100	1722	→▷T---	**T-Kippglied (Binärteiler)** *(T bistable element; binary divider, complementing element)* Wenn bei der Variablen am Eingang der Übergang vom Wert 0 zum Wert 1 eintritt, dann gehen die Werte der Variablen an den Ausgängen in die komplementären über. Wenn die Variable am Eingang den Wert 0 einnimmt, ändern sich die Werte der Variablen an den Ausgängen nicht.
101	K	a—1D—c b—C1--- —d	**D-Kippglied** *(D bistable element)* Wenn die Variable am C-Eingang den Wert 1 annimmt, wird der zu diesem Zeitpunkt vorhandene Wert der Variablen am D-Eingang im Kippglied gespeichert. Das Schaltzeichen ist eine vereinfachte Darstellung von:

(Logikschaltung mit & S und & R, Ausgänge c und d; Signaldiagramm a, b, c)

| 102 | 1723 | S
S
R
R | **RS-Kippglied**
(RS bistable element)
Die beiden R-Eingänge sind durch ODER und die beiden S-Eingänge sind durch ODER miteinander verknüpft.
Das Schaltzeichen ist eine vereinfachte Darstellung von:

≧1 S
≧1 R |
| 103 | K | ─◁S
─ & 1J
─▷C1---
─ & 1K
─◁R | **JK-Kippglied mit Einflankensteuerung**
(JK bistable element)
Die drei J-Eingänge sind durch UND miteinander verknüpft und die drei K-Eingänge sind durch UND miteinander verknüpft. |

Seite 26 DIN 40 700 Teil 14

Nr	IEC 117-15	Schaltzeichen	Benennung und Bemerkung
104	K	a—○S b—1J ┐—f c—▷C1--- d—1K e—○R ┐—g	**JK-Kippglied mit Zweiflankensteuerung** *(Bistable element of the Master-slave type)* Die Übernahme der Information am J- und am K-Eingang in das Kippglied erfolgt mit dem Übergang vom Wert 0 zum Wert 1 der Variablen am C-Eingang. Die Ausgabe erfolgt mit dem Übergang vom Wert 1 zum Wert 0 der Variablen am C-Eingang. Das Schaltzeichen ist eine vereinfachte Darstellung von: a —————— b —1J — S/1S c —▷C1--- ▷C1 — f d —1K — 1R/R — g e ——————
105	–	S 1|0 R 1|1	**RS-Kippglied mit dominierendem R-Eingang**
106	1726 A	a—1S—d b—C1 c—1R—○e	**RS-Kippglied mit Zustandssteuerung** *(Input affecting two other inputs)* Das Schaltzeichen ist eine vereinfachte Darstellung von: a —— & S — d b —— c —— & R — e A n m e r k u n g : In diesem Fall ist anstelle der Bezeichnung C auch G zulässig.
107	K	a—1S—e b—C1 ┐—f c—1R ┐○—g d—R ○—h	**RS-Kippglied mit Zweizustandssteuerung** *(RS Master-slave bistable element)* Das Schaltzeichen ist eine vereinfachte Darstellung von: (vereinfachte Darstellung mit & S, & R usw.)

139

Nr	IEC 117-15	Schaltzeichen	Benennung und Bemerkung
108	1726C	a — 2,1D — d b — G2 c — C1 — e	**D-Kippglied mit Zustandssteuerung** *(D bistable element)* Eingang a wird zuerst mit Eingang b durch UND verknüpft und dann von Eingang c aktiviert. Das Schaltzeichen ist eine vereinfachte Darstellung von: A n m e r k u n g : *Ein G-Eingang ist mit den entsprechend gekennzeichneten Eingängen durch UND verknüpft, während ein C-Eingang eine UND-Verknüpfung mit dem gesamten Kippglied darstellt.*
109	1726D	a — 2D — d b — G1 c — 1C2 — e	**D-Kippglied mit Zustandssteuerung** *(D bistable element)* Eingang ‚c' steuert Eingang ‚a' und wird selbst durch Eingang ‚b' gesteuert. Das Schaltzeichen ist eine vereinfachte Darstellung von:
110	1726E	a — 1̄S — f b — 1D c d — & C1 e — 1̄R — g	**D-Kippglied mit Zustandssteuerung** (D bistable element) Die Eingänge c und d sind durch UND verknüpft. Die resultierende Schaltvariable (C1) aktiviert beim Wert 1 den Dateneingang b; beim Wert 0 wird das separate Setzen bzw. Rücksetzen des Kippgliedes ermöglicht. Das Schaltzeichen ist eine vereinfachte Darstellung von:

37 Beispiele für monostabile Kippglieder

Nr	IEC 117-15	Schaltzeichen	Benennung und Bemerkung
111	1731		**Monostabiles Kippglied mit Verzögerung** *(Delayed monostable element, delayed single shot)*
112	K		**Monostabiles Kippglied mit Verzögerung und Angabe der charakteristischen Werte**
113	K		**Monostabiles Kippglied mit invertiertem, dynamischen Eingang**
114	1732		**Monostabiles Kippglied** *(Single shot)* Der Eingang wirkt durch eine ODER-Verknüpfung direkt auf den Ausgang. Das Schaltzeichen ist eine vereinfachte Darstellung von:
115	K		**Monostabiles Kippglied** *(Single shot)* Wenn die Variablen an den Eingängen a, b und c die Werte 1, 0 und 1 angenommen haben, erscheint an den Ausgängen ein Impuls von 80 ns Dauer. Die Eingänge d und e dienen zum Anschalten von externen, zeitbestimmenden Elementen. Das Kippglied ist über den Eingang c rücksetzbar.

38 Beispiele für Register, Schieberegister, Zähler und Speicher

Nr	IEC 117-15	Schaltzeichen	Benennung und Bemerkung
116	1751	(siehe Abbildung)	**4-Bit-Register mit Datenauswahlschaltung** *(Register with an array of gated D bistable elements)* Das Register besteht aus 4 D-Kippgliedern mit gemeinsamem Trigger- und Rücksetzeingang (Eingänge c und d). Über die Eingänge a und b erfolgt die Auswahl der Datenpaare, die an den Eingängen ef, gh, ij und kl anliegen. Über den Eingang d erfolgt die Rücksetzung aller 4 Stufen des Registers. Das Schaltzeichen ist eine vereinfachte Darstellung von:
117	1758	(siehe Abbildung)	**4 Bit Vorwärts-Rückwärts-Schieberegister** *(Bidirectional shift register)* Eingang ‚a' bewirkt eine Verschiebung der Information von oben nach unten, Eingang ‚b' von unten nach oben und Eingang ‚c' steuert die parallele Übernahme (Laden) der Information. Die Information an den Eingängen f, g, h, j erscheint sofort an den zugehörigen Ausgängen, d. h. noch während die Variable am Eingang c den Wert 1 hat. Bei einem Schiebevorgang erscheint die neue Information erst dann an den Ausgängen, wenn die Variable am Eingang a bzw. b wieder den Wert 0 angenommen hat. Über den Eingang d erfolgt die Rücksetzung aller 4 Stufen des Schieberegisters.

Nr	IEC 117-15	Schaltzeichen	Benennung und Bemerkung
118	1759	(Schaltzeichen: vierstufiger Zähler mit Eingängen +, −, C1, R und vier 1D-Stufen mit +−┐)	**Vierstufiger binärer Vorwärts-Rückwärts-Zähler** *(Four-stage bidirectional counter with parallel loading and common reset)* Jedesmal, wenn die Variable am Eingang a den Wert 1 annimmt, wird der Zählerstand um 1 erhöht. Jedesmal, wenn die Variable am Eingang b den Wert 1 annimmt, wird der Zählerstand um 1 erniedrigt. Der neue Zählerstand erscheint erst nach dem Zählimpuls an den Ausgängen, d. h. wenn die Variable am Eingang a bzw. b wieder den Wert 0 angenommen hat. Die parallele Informationsübernahme (Laden) erfolgt durch den Eingang c. Die übernommene Eingangsinformation erscheint sofort an den Ausgängen, d. h. noch während die Variable am Eingang c den Wert 1 hat. Über den Eingang d erfolgt die Rücksetzung des Zählers. Der Ausgang i gehört der niedrigstwertigsten, der Ausgang l der höchstwertigsten Stufe an.
119	K	(Schaltzeichen mit Eingängen a—+, b—−, c—C1, d—R, e—1D C1-+┐—i, f—1D C1-+┐—j, g—1D C1-+┐—k, h—1D C1-+┐—l, +CT=15—m, −CT=0—n)	**Vierstufiger Vorwärts-Rückwärts-Zähler** *(4 stage binary counter)* Jedesmal, wenn die Variable am Eingang a den Wert 0 annimmt, wird der Zählerstand um 1 erhöht. Jedesmal, wenn die Variable am Eingang b den Wert 0 annimmt, wird der Zählerstand um 1 erniedrigt. Der neue Zählerstand erscheint erst nach dem Zählimpuls an den Ausgängen, d. h. wenn die Variable am Eingang a bzw. b wieder den Wert 1 angenommen hat. Die parallele Informationsübernahme (Laden) erfolgt durch den Eingang c. Die übernommene Eingangsinformation erscheint erst nach dem Ladevorgang, d. h. wenn die Variable am Eingang c wieder den Wert 1 angenommen hat. Die Variablen an den Ausgängen m und n am Ausgangsblock nehmen nur dann den Wert 0 an, wenn der Zählerstand 15 bzw. 0 erreicht ist und der Zählimpuls, der diesen Zählerstand bewirkt hat, wieder den Wert 1 angenommen hat. (CT steht für count und ist nur als Beispiel verwendet.) Über den Eingang d erfolgt die Rücksetzung des Zählers. Der Ausgang i gehört der niedrigstwertigsten, der Ausgang l der höchstwertigsten Stufe an.
120	(−) [2]	(Schaltzeichen mit Eingängen a—A0, b—A1, c—A2, d—C3, und vier A,3D A-Stufen)	**3 x 4 Bit Schreib-Lese-Speicher; RAM** *(4 bit-3 address memory)* An den Ausgängen liegt der Inhalt der Speicherstellen, die den Adresseneingängen zugeordnet sind. Wenn die Variable am Eingang d den Wert annimmt, wird die an den Dateneingängen anliegende Information in die Speicherstellen übernommen, die den Adresseneingängen zugeordnet sind, und an den Ausgang geschaltet.

[2] 3A (C.O) 62

DIN 40 700 Teil 14 Seite 31

Nr	IEC 117-15	Schaltzeichen	Benennung und Bemerkung
121	K	(siehe Abbildung)	**8 x n Bit Schreib-Lese-Speicher; RAM** *(8 words – n bit memory)* An den Ausgängen liegt der Inhalt der Speicherstellen, die der an den Eingängen a, b und c anliegenden, codierten Adresse zugeordnet sind. Wenn die Variable am Eingang d den Wert 1 annimmt, wird die an den Dateneingängen anliegende Information in die durch die Adresse ausgewählten Speicherstellen übernommen und an den Ausgang geschaltet. Die Decodierung der Adresseneingänge ist ausführlich dargestellt.
122	K	(siehe Abbildung)	**8 x n Bit Schreib-Lese-Speicher; RAM** *(8 words – n bit memory)* Dieses Schaltzeichen ist eine alternative Darstellungsweise von Schaltzeichen Nr 121. Die Decodierung der Adresseneingänge ist in abgekürzter Schreibweise angegeben (siehe Schaltzeichen Nr 96).
123	(–) [2]	(siehe Abbildung)	**3 x 4 Bit Lese-Speicher; ROM** *(Read only memory)* An den Ausgängen liegt der Inhalt der Speicherstellen, die den Adresseneingängen zugeordnet sind, wenn die Variable am Eingang d den Wert 1 annimmt.

[2] 3A (C.O) 62

39 Beispiel für die Darstellung des Zusammenhanges zwischen den Werten und den Pegeln der binären Variablen

Es wird von dem gegebenen physikalischen Verhalten einer Binärschaltung ausgegangen, insbesondere von der Beziehung, die zwischen Eingängen und Ausgang in Form binärer elektrischer Größen besteht. Die Schaltfunktion dieser Binärschaltung ergibt sich dann durch die Zuordnung der binären elektrischen Größen zu den Werten der binären Schaltvariablen. Theoretisch kann für jeden einzelnen Eingang und jeden einzelnen Ausgang einer Binärschaltung eine von zwei derartigen Zuordnungen getroffen werden. Jede Kombination, die sich dabei bedeutsam von den übrigen unterscheidet, ergibt eine andere Schaltfunktion der Binärschaltung.

Gegeben sei nun eine Binärschaltung, deren Ausgang (X) eine Funktion von zwei Eingangsvariablen (A, B) ist und deren variable Eingangspegel und Ausgangspegel nur + 2 V und − 3 V annehmen können. Die Binärschaltung verhalte sich gemäß folgender Arbeitstabelle:

Eingänge A B	Ausgang X		Eingänge A B	Ausgang X
−3 V −3 V	+ 2 V		L L	H
−3 V + 2 V	+ 2 V	bzw.	L H	H
+ 2 V −3 V	+ 2 V		H L	H
+ 2 V + 2 V	−3 V		H H	L

L steht für „Low", H für „High"

39.1 Gemeinsames Zuordnungssystem

In diesem System vermitteln die Schaltzeichen zunächst nur die boolesche Funktion der Binärschaltungen. Eine Aussage über das physikalische Verhalten ist nur dann möglich, wenn zusätzlich angegeben wird, ob positive Logik oder negative Logik gilt.

a) Positive Logik

In positiver Logik werden die − 3 V (L) dem Wert 0 und die + 2 V (H) dem Wert 1 der Schaltvariablen zugeordnet. Die Durchführung dieser Substitution an beiden Eingängen und am Ausgang der Binärschaltung ergibt folgende Wahrheitstabelle:

Eingänge A B	Ausgang X
0 0	1
0 1	1
1 0	1
1 1	0

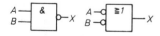

Dies ist die Wahrheitstabelle eines NAND-Gliedes. Die Binärschaltung führt also bei Anwendung der positiven Logik die NAND-Verknüpfung aus und läßt sich wahlweise durch eines der beiden angegebenen Schaltzeichen darstellen.

b) Negative Logik

In negativer Logik werden die − 3 V (L) dem Wert 1 und die + 2 V (H) dem Wert 0 der Schaltvariablen zugeordnet. Die Durchführung dieser Substitution an beiden Eingängen und am Ausgang der Binärschaltung ergibt folgende Wahrheitstabelle:

Eingänge A B	Ausgang X
1 1	0
1 0	0
0 1	0
0 0	1

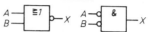

Dies ist die Wahrheitstabelle eines NOR-Gliedes. Die Binärschaltung führt also bei Anwendung der negativen Logik die NOR-Verknüpfung aus und läßt sich wahlweise durch eines der beiden angegebenen Schaltzeichen darstellen.

39.2 Individuelles Zuordnungssystem

In diesem System vermitteln die Schaltzeichen beides, die boolesche Funktion und das physikalische Verhalten der Binärschaltungen. Es ist hier keine weitere verbale Angabe über die Art der verwendeten Zuordnungen erforderlich, da diese direkt durch den Polaritätsindikator bzw. durch dessen Abwesenheit angegeben werden.

In diesem System erfolgt keine einheitliche Zuordnung der binären elektrischen Größen zu den Werten der binären Schaltvariablen. Die − 3 V (L) können sowohl dem Wert 1 als auch dem Wert 0 ein und derselben Schaltvariablen zugeordnet werden. Entsprechendes gilt für die + 2 V (H).

Werden z. B. die + 2 V (H) an den Eingängen A und B dem Wert 1 der Schaltvariablen zugeordnet und am Ausgang X dem Wert 0, so ergibt dies folgende Wahrheitstabelle:

Eingänge A B	Ausgang X
0 0	0
0 1	0
1 0	0
1 1	1

Dies ist die Wahrheitstabelle eines UND-Gliedes. Die Binärschaltung führt also die UND-Verknüpfung aus und läßt sich durch das angegebene Schaltzeichen darstellen.

Werden dagegen die + 2 V (H) an den Eingängen A und B dem Wert 0 der Schaltvariablen zugeordnet und am Ausgang X dem Wert 1, so ergibt dies folgende Wahrheitstabelle:

Eingänge A B	Ausgang X
1 1	1
1 0	1
0 1	1
0 0	0

Dies ist die Wahrheitstabelle eines ODER-Gliedes. Die Binärschaltung führt also die ODER-Verknüpfung aus und läßt sich durch das angegebene Schaltzeichen darstellen.

DIN 40 700 Teil 14 Seite 33

40 Darstellung der Negation im individuellen Zuordnungssystem

Es ist wichtig zu erkennen, daß im individuellen Zuordnungssystem keine Schaltzeichen für NAND-, NOR- und NICHT-Glieder existieren. Trotzdem lassen sich diese Funktionen darstellen, und zwar durch einen Wechsel der Zuordnung der Werte der binären Variablen auf den Verbindungslinien. Das folgende Beispiel zeigt die möglichen Verhältnisse auf der Verbindungslinie zwischen zwei Schaltzeichen.

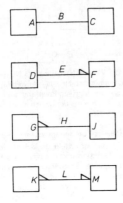

A	B	C	D	E	F	G	H	J	K	L	M
0	L	0	0	L	1	0	H	1	0	H	0
1	H	1	1	H	0	1	L	0	1	L	1

Weitere Normen

DIN 44 300   Informationsverarbeitung, Begriffe
DIN 41 859 Teil 1   Elektrische Digitalschaltungen, Begriffe
DIN 41 859 Teil 1   Beiblatt Elektrische Digitalschaltungen, Begriffe, Allgemeine Anmerkungen
DIN 41 859 Teil 2   Elektrische Digitalschaltungen, Kurzbezeichnungen von Folgeschaltungen und Beschreibung ihrer Wirkungsweise
DIN 41 859 Teil 10   Elektrische Digitalschaltungen, Begriffe, Ergänzung zu DIN 41 859 Teil 1 (z. Z. noch Entwurf)

Erläuterungen

Diese Norm wurde ausgearbeitet vom UK 113.1 der Deutschen Elektrotechnischen Kommission im DIN und VDE (DKE).

Diese Norm stellt die weitgehende Übertragung folgender IEC-Publikation in die deutsche Norm dar:

IEC-Publikation 117-15 von 1972 und
117-15 A von 1975

(in der IEC-Spalte kurz 117-15 genannt)

Symboles graphiques recommendés: Opérateurs logiques binaires

Recommended graphical symbols: Binary logic elements

Gegenüber der bisherigen Ausgabe von November 1963 unterscheidet sich diese Norm durch die Änderung der Grundform der digitalen Verknüpfungsglieder, die bisher in Halbkreisform dargestellt wurde und nunmehr quadratisch bzw. rechteckig ist. Darüber hinaus sind neben den Schaltzeichen für Verknüpfungsglieder, Kippglieder und Verzögerungsglieder in dieser Norm auch die Schaltzeichen für komplexere Binär- und Digitalschaltungen aufgenommen.

Dieser Norm vorangegangen waren zwei Entwurfsausgaben von November 1974 und Oktober 1975. Der zweite Entwurf war durch die große Aktivität der IEC auf diesem Gebiet erforderlich geworden. Da der Abschluß der IEC-Arbeiten jedoch zur Zeit nicht überschaubar ist, entschied UK 113.1 sich dafür, Mai 1975 als Termin für den vorläufigen Abschluß der Arbeiten zu setzen, um endlich die dringend erwartete Norm herausgeben zu können. Der augenblickliche Stand ist folgender:

Die Norm enthält weitgehend Symbole, die in der IEC-Publikation 117-15 und 117-15 A enthalten sind. Einige Symbole aus dem Nachtrag 117-15 A sind in der vorliegenden Norm noch nicht enthalten, weil sie noch nicht als DIN-Entwurf veröffentlicht waren. Sie konnten nicht mehr aufgenommen werden, weil sie noch nicht als DIN-Entwurf veröffentlicht waren. Darüber hinaus liegen andere in der Norm enthaltene Symbole international noch nicht als Publikation vor. Sie sind durch Hinweis auf den entsprechenden IEC-Entwurf gekennzeichnet.

Noch aus der bisher gültigen Fassung von November 1963 sind die Schaltzeichen Nr 75 und 77 entnommen. Sie bleiben national noch bestehen; allerdings zeichnet sich international eine geänderte Darstellung ab.

Hinsichtlich der Übereinstimmung mit IEC ist auf folgendes hinzuweisen: Um dem Anwender einen gegebenenfalls notwendigen Vergleich mit der IEC-Publikation zu erleichtern, werden neuerdings die IEC-Nummern in der IEC-Spalte angegeben, soweit dies möglich ist (Ausnahme: Bei IEC ist das Zeichen im Text ohne Nummer enthalten).

Einige IEC-Nummern können beim Vergleich geringfügige Abweichungen in den Darstellungen zeigen. Diese Abweichungen sind entweder sachlich gleichwertig, weil IEC mehrere Möglichkeiten gestattet, oder sie beruhen auf Inkonsequenz bei den von IEC gezeigten Beispielen, insbesondere bei der Zufügung von Hilfslinien oder Buchstaben (außerhalb des Schaltzeichens) zum besseren Verständnis in dieser Norm.

Hinsichtlich der Texte ist zu sagen, daß sie nicht immer die wörtliche Übersetzung sind, sondern oft analog zu den im deutschen Normenwerk verbindlichen Fachausdrücken formuliert wurden.

DK 621.3 : 003.62 : 621.396.7

November 1977

Schaltzeichen
Funkstellen

**DIN
40 700**
Teil 15

Graphical symbols for radio stations

Zusammenhang mit der von der International Electrotechnical Commission (IEC) herausgegebenen IEC-Publikation 117-10 (1968), siehe Erläuterungen.

Die in dieser Norm kursiv gesetzten englischen Benennungen und Anmerkungen sind nicht Bestandteil der Norm. Sie stimmen mit denen der zugehörigen IEC-Publikation überein.

Zeichenerklärung in der IEC-Spalte (siehe auch Erläuterungen):
Die Nummer bedeutet Übereinstimmung des Schaltzeichens mit dem unter dieser Nummer in IEC 117-10 enthaltenen IEC-Schaltzeichen.
Das Zeichen — bedeutet, daß ein entsprechendes IEC-Schaltzeichen nicht vorhanden ist.
K Das Schaltzeichen besteht aus einer Kombination von IEC-Schaltzeichen.

Nr	IEC 117-10 Nr	Schaltzeichen Kennzeichen	Benennung und Bemerkung
Grundformen			
1	1060		Funkstelle, allgemein E: *Radio station. General symbol* Jedes geeignete Antennensymbol kann angewendet werden. E: *Any appropriate symbol for an aerial may be used.* Anmerkung: Geeignete Zeichen dürfen zur Kennzeichnung der Funkstelle in das Quadrat eingezeichnet werden, z. B. T = Telegraph
2	1060A		Funkstelle im Weltraum, allgemein E: *Space-station. General symbol.*
3	1061		Passive Relaisstelle (Reflektor) E: *Passive relay station.*
Kennzeichen an Antennen für Funkstellen für Senden und/oder Empfangen			
4	1065		Senden E: *Transmission*
5	1066		Empfangen E: *Reception*
6	1067		Abwechselnd senden und empfangen E: *Alternate transmission and reception*
7	1068		Gleichzeitig senden und empfangen E: *Simultaneous transmission and reception*

Fortsetzung Seite 2 und 3
Erläuterungen Seite 4

Deutsche Elektrotechnische Kommission im DIN und VDE (DKE)

Nr	IEC 117-10 Nr	Schaltzeichen Kennzeichen	Benennung und Bemerkung
Beispiele für Funkstellen			
8	1075		Funksende- und Empfangsstelle für gleichzeitiges Senden und Empfangen E: Transmitting and receiving radio station (simultaneous transmission and reception on the same aerial).
9	1076		Funksende- und Empfangsstelle für abwechselndes Senden und Empfangen E: Transmitting and receiving radio station (alternate transmission and reception on the same aerial).
10	1077		Funkstelle tragbar E: Portable radio station.
11	1078		Funkpeilempfangsstelle (Funkpeiler), allgemein E: Direction finding radio station.
12	1079		Funkpeilsendestelle (Funkbake), allgemein E: Radio beacon station.
13	1080		Funkleitstelle E: Controlling radio station.
14	1081		Funkstelle, fahrbar E: Mobile radio station
15	1082		Richtfunk-Relaisstation (Einwegverkehr) Empfangen und Senden auf unterschiedlichen Frequenzen f_1 und f_2, Richtantennen azimutal ausgerichtet E: (One-way) radio relay station, directional aerials fixed in azimuth, reception and transmission on different frequencies f_1 and f_2.

DIN 40700 Teil 15 Seite 3

Nr	IEC 117-10 Nr	Schaltzeichen Kennzeichen	Benennung und Bemerkung
16	1085		Funkstelle im Weltraum, aktiv E: *Active space-station.*
17	1086		Funkstelle im Weltraum, passiv E: *Passive space-station.*
18	1087		Erdefunkstelle zur Bahn-Verfolgung einer Funkstelle im Weltraum, z. B. dargestellt mit einer Parabol-Antenne E: *Earth station only for tracking a space-station, example showing a parabolic aerial.*
19	1088		Erdefunkstelle für einen Funkdienst E: *Earth-station of a communication service.*
20	K 1060 + 1065		Funksendestelle
21	K 1060 + 1066		Funkempfangsstelle
22	K 1060 + 1082		Richtfunkstelle Antennendiagramm bündelt in azimutaler Richtung
23	–		Funkpeilsendestelle mit Kennzeichnung des Meßprinzips, z. B. VOR (**V**ery high frequency **O**mni **R**ange)
24	–		Funkstelle mit 2 Anlagen selbsttätig umschaltbar

150

Erläuterungen

Diese Norm wurde von UK 113.1 „Schaltzeichen, Schaltungsunterlagen" in Zusammenarbeit mit K 734 „Funksender und Umsetzer", K 736 „Bewegliche Funkdienste" und K 737 „Mikrowellen-Funksysteme zur Nachrichtenübertragung" ausgearbeitet.

Mit Ausnahme der Schaltzeichen ab Nr 20 entspricht der Inhalt dieser Norm voll der IEC-Publikation 117-10 (1968) Antennen- und Funkstellen, Kapitel II und 117-10 A (1969) Nachtrag A.

Gegenüber Ausgabe September 1969 wurde die enge Anlehnung an IEC-Publikation 117-10 deutlich gemacht durch Angabe der Nummern der IEC-Symbole sowie deren englische Benennung. Einige deutschsprachige Benennungen wurden dem Stand der Technik angepaßt.

Bis zur Nr 19 sind die Schaltzeichen voll identisch mit IEC 117-10 (1968) Kapitel II. Die Beispiele 20 bis 22 zeigen zusätzlich Kombinationen aus IEC-Schaltzeichen. Die Beispiele 23 und 24 haben bei IEC keine Vorbilder.

DK 621.3.06 : 003.62 : 621.398 Mai 1965

Schaltzeichen
Fernwirkgeräte und Fernwirkanlagen

DIN
40 700
Blatt 16

Graphical symbols. Remote control equipment

Ersatz für DIN 40 700
Ausgabe Januar 1961 Teil VIII

Nr	IEC	Schaltzeichen	Benennung	Bemerkung
1. Allgemeine Schaltzeichen				
1.1.			Fernwirkgerät, allgemein	
1.2.			Fernwirkzentrale, allgemein	
1.3.			Fernwirkgeber, allgemein	
1.4.			Fernwirkempfänger, allgemein	
2. Kennzeichen für Übertragungs- und Auswahlverfahren				
2.1.		⊓	Parallelverfahren	Parallelverfahren wird die gleichzeitige Übertragung aller Informationen oder der Elemente einer Einzelinformation genannt
2.2.		---	Serienverfahren	Serienverfahren wird die nacheinander folgende Übertragung der Elemente einer Einzelinformation genannt

Fortsetzung Seite 2 bis 4

Fachnormenausschuß Elektrotechnik im Deutschen Normenausschuß (DNA)

Nr	IEC	Schaltzeichen	Benennung		Bemerkung
2.3.		⌒	Analogverfahren		
2.4.		♯	Digitalverfahren		
2.5.		/ᴛ	Schrittwahlverfahren		
2.6.		↻	Synchronwahlverfahren, Start-Stop-Verfahren		
2.7.		⟲	Synchronwahlverfahren mit zyklischem Umlauf		
2.8.		⇌	Rückvergleichsverfahren		

3. Beispiele für Fernbedienung und Fernüberwachung

Nr	IEC	Schaltzeichen	Benennung	Bemerkung
3.1.			Fernbedienungsgeber	Zur Kennzeichnung von Ausführungsformen von Fernwirkgeräten können auch andere Schaltzeichen und Kennzeichen eingetragen werden. (Dieser Hinweis gilt für Nr 3.1 bis 3.7)
3.2.			Fernüberwachungsgeber	
3.3.			Fernbedienungsempfänger	
3.4.			Fernüberwachungsempfänger	
3.5.			Fernwirkgeber nach einem Serienverfahren, Typ Schrittwahlverfahren	
3.6.			Fernwirkgerät, bestehend aus Fernbedienungsempfänger und Fernüberwachungsgeber nach einem Parallelverfahren, 20 Bedienungsinformationen n aus m codiert, 50 uncodierte Überwachungsinformationen.	Benutzung der Kennzeichen für Informationsübertragung nach allgemeinen Regeln

DIN 40 700 Blatt 16 Seite 3

Nr	IEC	Schaltzeichen	Benennung	Bemerkung
3.7.			Fernwirkgerät, bestehend aus Fernbedienungsgeber und Fernüberwachungsempfänger nach einem Serienverfahren, z. B. Binärcodierung mit 3 Elementen (Bits)	Die Richtung des Nachrichtenflusses braucht nicht dargestellt zu werden

4. Beispiele für Ferneinstellung

4.1.			Ferneinstellgeber, allgemein	Statt des im Mittelfeld eingetragenen Zeichens können Schaltzeichen nach DIN 40 712 und DIN 40 713 eingesetzt werden
4.2.			Ferneinstellempfänger nach einem Rückvergleichsverfahren	

5. Beispiele für Fernmessung und Fernzählung

5.1.			Fernmeßgeber, allgemein	
5.2.			Fernmeßempfänger, allgemein	Kurzzeichen der den Meßgrößen zugeordneten Einheiten bzw. deren Teile oder Vielfache können in das Schaltzeichen eingetragen werden
5.3.			Fernzählgeber für Wirkverbrauch, Übertragung nach einem Digitalverfahren	
5.4.			Fernmeßempfänger für Strommessung nach einem Analogverfahren, Informationsträger wird vom Meßstrom amplitudenmoduliert	
5.5.			Fernmeßgeber mit Analog/Digitalwandlung für Spannungsmessung	Formelzeichen der Meßgrößen können dem Schaltzeichen beigefügt werden

6. Beispiele für Übersichtsschaltpläne

6.1. Fernmeßanlage eines Lastverteilers für 5 Umspannwerke mit 4 Meßwerten je Umspannwerk, Zwischenmessung im Hauptumspannwerk und Summenmessung der Leistung

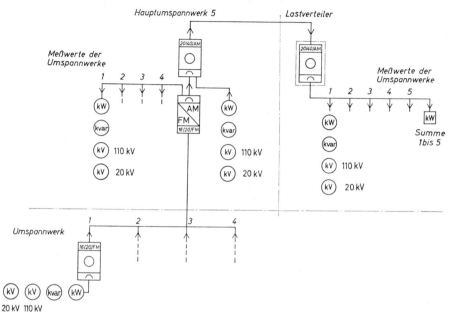

6.2. Fernüberwachungsanlage einer Grubenwarte mit 5 Kanälen (1,02 bis 1,10 MHz)

6.3. Fernbedienungs-, Fernüberwachungs- und Fernmeßanlage eines Elektrizitäts-Versorgungsunternehmens mit Meßstellenwahl.

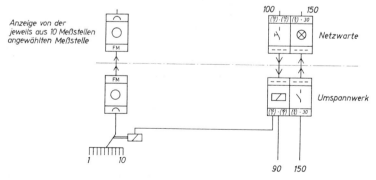

DK 621.3 : 003.62 : 621.316.717 Mai 1977

		Schaltzeichen	
		Anlasser	**DIN** 40 700 Teil 20

Graphical symbols, starter

Zusammenhang mit der von der International Electrotechnical Commission (IEC) herausgegebenen IEC-Publikation 117-3 (1968), siehe Erläuterungen.

Die in dieser Norm kursiv gesetzten Benennungen und Anmerkungen sind nicht Bestandteil der Norm. Sie stimmen mit denen der zugehörigen IEC-Publikation überein.

Zeichenerklärung in der IEC-Spalte (siehe auch Erläuterungen):
≈ Das Schaltzeichen ist ähnlich dem IEC-Schaltzeichen (die Abweichung ist so geringfügig, daß Mißverständnisse bei Benutzung der deutschen Norm im internationalen Gebrauch nicht zu befürchten sind).
— Ein entsprechendes IEC-Schaltzeichen ist nicht vorhanden.
Die Nummer bedeutet Übereinstimmung des Schaltzeichens mit dem unter dieser Nummer in IEC 117-3 enthaltenen IEC-Schaltzeichen.

Nr	IEC 117-3	Schaltzeichen	Benennung und Bemerkung
1	257		Anlasser, allgemein *Starter General symbol*
2	258		Anlasser mit 5 Anlaßstufen *Starter by steps*
3	259		Anlasser, veränderbar *Starter – regulator*
4	260		Anlasser für Motoren mit einer Drehrichtung *Starter for non-reversing motor*
5	261		Anlasser für Motoren mit zwei Drehrichtungen *Starter for reversing motor*

Fortsetzung Seite 2 und 3
Erläuterungen Seite 3

Deutsche Elektrotechnische Kommission im DIN und VDE (DKE)

Seite 2 DIN 40 700 Teil 20

Nr	IEC 117-3	Schaltzeichen	Benennung und Bemerkung
6	262		Anlasser, automatisch Bei sehr kleiner Darstellung des Schaltzeichens kann die zu schraffierende Fläche auch ausgefüllt werden. *Automatic starter*
7	263		Anlasser, teilautomatisch *Semi-automatic starter*
8	264		Anlasser mit Selbstauslöser, allgemein *Starter with automatic release*
9	–		Anlasser mit thermischen und magnetischen Auslösern

Beispiele für Anlasser und Anlaßeinrichtungen

10	≈ (265)*)		Anlasser für direkte Einschaltung mit Schützen für Motoren mit zwei Drehrichtungen *Direct on line (USA: full voltage) contactor starter for reversing motor*
11	≈ (266)*)		Anlasser für direkte Einschaltung mit Schützen und Schutzeinrichtung *Direct on line (USA: full voltage) contactor starter with protective device*
12	267		Anlasser für Stern-Dreieck-Schaltung *Star-delta starter*
13	268		Anlasser für Reihen- oder Parallel-Schaltung *Series-parallel starter*
14	269	8/4 p	Anlasser für polumschaltbaren Motor *Pole changing starter (e.g. 8/4 poles)*
15	270		Anlasser mit Spartransformator *Auto-transformer starter*

*) Von IEC abweichend wegen Kontaktdarstellung

Nr	IEC 117-3	Schaltzeichen	Benennung und Bemerkung
16	271		Anlasser für Einphasenmotor mit Hilfsphase, kapazitiv *Starter for single-phase capacitor-start motor*
17	272		Anlasser mit Widerständen *Rheostatic starter*
18	273		Anlasser, automatisch mit Wechselstrom-Einspeisung Gleichstromausgang über gesteuerten Stromrichter, z. B. für die Ankerstromversorgung eines Gleichstrommotors *Automatic starter-regulator fed by alternating current, for armature of d.c. motor with controlled rectifier (e.g. triode, thyratron, pool cathode rectifier with controlled ignition or controlled semi-conductor rectifier)*
19	≈ (274)*)		Anlaßeinrichtung mit 3phasigem Schleifringläufermotor, mit Schützen-Ständeranlasser für zwei Drehrichtungen und automatischem Widerstands-Läuferanlasser *Three-phase induction motor with direct on line (USA: full voltage) contactor starter for reversing motor and Automatic rotor-starter*

*) Von IEC abweichend wegen Kontaktdarstellung

Weitere Normen

DIN 40 900 Teil 1 (z. Z. noch Entwurf) Schaltzeichen in Schaltungsunterlagen der Elektrotechnik; Allgemeine Richtlinien

DIN 40 700 Teil 1 und folgende Schaltzeichen ...

DIN 40 719 Teil 1 und folgende Schaltungsunterlagen ...

Erläuterungen

Diese Norm wurde ausgearbeitet vom UK 113.1 „Schaltzeichen und Schaltungsunterlagen" der Deutschen Elektrotechnischen Kommission im DIN und VDE (DKE).

Diese Norm stellt die Übertragung folgender IEC-Publikation in die Deutsche Norm dar:

Publication IEC 117-3 (1963) Kapitel 5, Anlasser

Gegenüber Ausgabe Juni 1968 unterscheidet sich diese Fassung durch exaktere Aussagen über den Zusammenhang mit der IEC-Publikation. Die Abweichungen der Zeichen 9 bis 11 und 19 beruhen auf national bestehenden Festlegungen, die bisher noch nicht an IEC angeglichen wurden.

DK 621.374.3.013.037.37 : 003.62 : 681.3   Oktober 1969

Schaltzeichen
Digitale Magnetschaltkreise
für magnetische Materialien mit rechteckiger Hysteresisschleife

**DIN
40700**
Blatt 21

Graphical symbols for digital magnetic circuits

IEC-Empfehlungen für Schaltzeichen dieser Norm bestehen zur Zeit noch nicht.

Nr	IEC	Schaltzeichen	Benennung	Bemerkung
Magnetkerne				
1			Magnetkern mit Wicklung und Kennzeichnung der magnetischen Wirkungsrichtung	Die Zuordnung der Remanenzlage zur Stromrichtung ergibt sich aus der Spiegelung der Stromrichtung an der schräg gezeichneten Wicklung. Bei Bedarf kann die Remanenzlage gekennzeichnet werden, im Beispiel mit 0 und 1. Lagegleiche Wicklungen haben beim Ummagnetisieren gleiche Spannungspolarität.
Beispiele für Magnetkerne				
2			Magnetkern mit mehreren Wicklungen (z. B. 5)	Falls erforderlich, kann die Stromrichtung durch Pfeile nach DIN 40700 Blatt 10 und Anzahl der Windungen pro Wicklung (z. B. $n = 10$) angegeben werden.
3			Magnetkern mit 4 Wicklungen und 1 Transistor als Verstärker	von oben nach unten z. B.: 1 setzende Wicklung 2 abfragende Wicklung 3 Rückkopplungswicklung 4 steuernde Wicklung Anordnungen der Wicklungen beliebig.

Fortsetzung Seite 2 und 3
Erläuterungen Seite 4 und 5

Fachnormenausschuß Elektrotechnik im Deutschen Normenausschuß (DNA)

Nr	IEC	Schaltzeichen	Benennung	Bemerkung
4			Magnetkerne in Matrixanordnung	Darstellung nach Nr 1

Transfluxoren

Nr	IEC	Schaltzeichen	Benennung	Bemerkung
5		Hauptkreis / Nebenkreis	Transfluxor mit einem magnetischen Haupt- und Nebenkreis	Vereinfachte Abbildung eines Transfluxors
6		Hauptkreis / Einstellkreis / Treiberkreis	Transfluxor mit einem magnetischen Hauptkreis und zwei Nebenkreisen, z. B. Einstell- und Treiberkreis	Schematische Darstellung Zur Ableitung des Schaltzeichens Hauptkreis aufgeschnitten und gestreckt. Hauptkreis

Beispiele für Transfluxoren

Nr	IEC	Schaltzeichen	Benennung	Bemerkung
7		1, 2, 3, 4	Transfluxor mit einem magnetischen Hauptkreis, zwei Nebenkreisen und vier Wicklungen	von oben nach unten z. B.: 1 Einstellwicklung 2 Blockierwicklung 3 Treiberwicklung 4 Ausgangswicklung

DIN 40 700 Blatt 21 Seite 3

Nr	IEC	Schaltzeichen	Benennung	Bemerkung
Ringkerne				
8			Ringkern in Matrix	Vereinfachte konstruktive Abbildung
9			Ringkern in Matrixanordnung	Darstellung nach Nr 8
Dünne magnetische Schichten				
10			Dünne magnetische Schichten in Matrixanordnung	Vereinfachte konstruktive Abbildung

Erläuterungen

Die in der vorliegenden Norm enthaltenen Schaltzeichen sind aus der seit 1950 beginnenden und mittlerweile stark zunehmenden Verbreitung der Technik magnetischer Kerne für Schalt- und Speicherzwecke entstanden. Diese Entwicklung verläuft in starker Anlehnung an die Informationsverarbeitung, vornehmlich angeregt durch die digitale Rechentechnik. Jedoch haben magnetische Schaltkerne auch in anderen Gebieten Anwendung gefunden, wie beispielsweise bei der Vermittlungstechnik für Fernsprecher und Fernschreiber. Nach einer Periode intensiver Bearbeitung der damit verbundenen technischen Entwicklungsprobleme finden jetzt magnetische Schaltkreise direkten Eingang in die Praxis, so daß eine verständliche und einheitliche Darstellungsweise wünschenswert ist. Das allgemeine Interesse an dieser Technik wird aus der großen Anzahl von Veröffentlichungen sichtbar, die z. B. in [1] bibliographisch gesammelt sind. Eine Betrachtung der Literatur läßt die Vielfalt der verwendeten Darstellungen erkennen, die den Anforderungen der Praxis nicht gerecht wird.

Bei allen magnetischen Schaltkreisen wird von „orientierten Wicklungen" Gebrauch gemacht, wobei jedoch eine „Wicklung" auch aus nur einer Windung bestehen kann. Ähnliche Verhältnisse bestehen bei den Erregerwicklungen von elektromechanischen Relais, wo ebenfalls die Wirkungsrichtungen maßgeblich sind. Bei den Schaltzeichen findet das den in Bild 1 gezeigten Niederschlag. Die Orientierung wird durch die Neigung der Wicklungskennzeichen zueinander dargestellt. Wegen der sehr viel größeren Häufigkeit von magnetischen Schaltkernen mußte für sie eine einfachere Darstellung gefunden werden (Bild 2).

Dieses Schaltzeichen wird seit längerer Zeit auch in der Fachliteratur angewendet (z. B. in [3] und [4] und geht zurück auf M. Karnaugh [5]. Durch das angewendete Schaltzeichen für die Wicklung ist es sehr leicht möglich, die Richtung des magnetischen Flusses in Abhängigkeit von der Stromrichtung zu erkennen, da das Kennzeichen als „Spiegel" aufgefaßt werden kann (Bild 3).

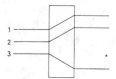

Bild 1. Erregerwicklungen eines Relais
(Wicklung 1 und 2 gleichsinnig; Wicklung 3 gegensinnig zu Wicklung 1 und 2)

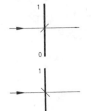

Der Kern wird durch den von links nach rechts fließenden Strom in die positive Remanenzlage (1) versetzt

Der Kern wird durch den von links nach rechts fließenden Strom in die negative Remanenzlage (0) versetzt

Bild 3. Wicklung mit Zu- und Ableitung und Angabe der Stromrichtung (Pfeil)

Bei der praktischen Beschäftigung mit dieser Technik stellt sich heraus, daß die bereits in bestehenden Normen festgelegten Schaltzeichen nicht dazu ausreichen, die besonderen Verhältnisse der magnetischen Schaltkreistechnik ausreichend wiederzugeben. Es wurde jedoch bei der Aufstellung dieser Norm angestrebt, daß die neuen Schaltzeichen sich vernünftig in die bereits geltenden Normen einfügen lassen. Insbesondere wurden deshalb die brauchbaren Schaltzeichen, Kennzeichen und Richtlinien so weitgehend wie möglich aus anderen Normen übernommen (z. B. Kennzeichnung der Stromrichtung).

Die in dieser Norm vorgelegten Schaltzeichen werden vorwiegend in Stromlaufplänen angewendet und müssen deshalb auch mit den bereits genormten Schaltzeichen für Transistoren, Widerstände, Kondensatoren usw. kombinierbar

Wie bereits erwähnt wurde, führen besondere Kernformen zu vielen der heute stark verbreiteten magnetischen Schaltkreise. Darunter sind die Mehrlochkerne (Transfluxoren) am meisten bekannt (Bild 4), bei denen mehrere magnetische Kreise miteinander verkoppelt sind. Bild 4 zeigt zugleich das Schaltzeichen, das aus dem Transfluxor durch Auftrennen und Geradestrecken des Ringkernes entsteht. Auch bei relativ komplizierten Schaltungen mit Mehrlochkernen gestattet das vorgeschlagene Schaltzeichen eine leichtverständliche, eindeutige und einfache Darstellung.

Kennzeichen für die Orientierung

Schaltzeichen für den Magnetkern

Bild 2. Wicklung mit Zu- und Ableitung

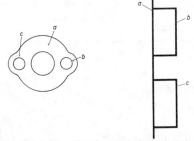

Bild 4. Mehrlochkern (Transfluxor) mit einem magnetischen Hauptkreis (a) und zwei Nebenkreisen (b) und (c); rechts Schaltzeichen hierzu; jedoch ohne Wicklung

sein, denn die Vielzahl der Schaltungsvarianten mit magnetischen Kernen beruht zum einen auf dem Zusammenwirken mit Dioden, Transistoren, Widerständen und Kondensatoren und zum anderen auf den Möglichkeiten mehrerer Kernwicklungen und unterschiedlicher Kernformen (z. B. Mehrlochkerne).

Wie in der gesamten digitalen Informationsverarbeitung ist die Beschränkung auf die binäre Digitaltechnik durch deren bevorzugte Verbreitung berechtigt. Die hier verwendeten Kernmaterialien haben deshalb vorwiegend ähnliche magnetische Eigenschaften wie Speicherkerne, die eine rechteckförmige Hysteresiskurve aufweisen [2]. Diese Eigenschaften besitzen vor allem Ferrite und Schnittbandkerne aus Texturmaterialien.

Vor der Einführung einer neuen Norm wurde sorgsam überprüft, ob Mehrdeutigkeiten oder Widersprüche mit dem bereits bestehenden Normenwerk auftreten, z. B. DIN 40714 Blatt 3 (Transduktoren) und DIN 40712 (Induktive Widerstände). Die in diesen Normen festgelegten Schaltzeichen sind sehr viel umständlicher zu zeichnen und gestatten nicht, die Kernform wiederzugeben. Außerdem bieten sie keine sinnvolle Möglichkeit zur Angabe der Wicklungsorientierung. Ein Widerspruch zu diesen beiden Normen entsteht nicht, weil die dargestellten Schaltzeichen figürlich gut unterscheidbar sind. Eine Verwechslung mit den Schaltzeichen für Koppelfelder (der Vermittlungstechnik), die bei oberflächlicher Betrachtung auftreten könnte, kann unberücksichtigt bleiben, weil aus dem Zusammenhang heraus immer eine eindeutige Zuordnung erkennbar ist. Diese wird in praxi erleichtert, weil die Schaltzeichen für Koppelfelder vorwiegend in Übersichtsplänen, und die Schaltzeichen der digitalen Magnetkerne dagegen in Stromlaufplänen verwendet werden.

Obwohl fast alle magnetischen Schaltkreise auch von der Speicherwirkung der magnetischen Materialien Gebrauch machen, werden die vorliegenden Schaltzeichen bevorzugt für Schaltungen zur Realisierung boolescher Verknüpfungen verwendet (Konjunktion, Disjunktion, Exklusiv- Oder, Schieberegister, Zähler usw.).

Es kann somit meistens davon abgesehen werden, eine Kernspeichermatrix, wie sie in fast allen Digitalrechnern verwendet wird, auf diese Art darstellen zu wollen (siehe Nr 4). Wegen der großen Speicherkapazität der modernen Rechenanlagen, die zu einer Häufung von Magnetkernen führen, werden hier i. a. keine zeichnerischen Darstellungsmittel erforderlich. Muß dennoch in Einzelfällen die Funktionsweise eines Magnetkernspeichers schaltungstechnisch erläutert werden, dann ist dafür ein besonderes Schaltzeichen vorteilhaft. Die vorgelegte Norm enthält dieses Zeichen als Nr 8 und 9.

Die technische Weiterentwicklung schreitet auf dem Gebiet der digitalen Informationstechnik sehr rasch voran, und es darf bei der Ausarbeitung der Norm für magnetische Schaltmaterialien nicht vergessen werden, die Technik der dünnen magnetischen Schichten mit einzubeziehen. Soweit die Vielfalt der technischen Möglichkeiten einen Überblick gewährt, kann jedoch gesagt werden, daß dünne magnetische Schichten zur Zeit bevorzugt als Speicher und weniger für digitale Schaltkreise eingesetzt werden. Darum enthält die vorliegende Norm in Nr 10 ein Schaltzeichen zur Darstellung eines Speichers in Dünnschichttechnik. In Verbindung mit den modernen Technologien integrierter Schaltkreise und der Mikrominiaturisierung werden voraussichtlich, aber auch die dünnen magnetischen Schichten mehr und mehr für Schaltkreise benutzt. Für diesen Fall werden jedoch keine Stromlaufpläne zur Darstellung der Schaltungsverhältnisse von mikrominiaturisierter Schaltung benötigt, und es verbleibt lediglich die Aussicht auf eine Erweiterung des Normenwerks für integrierte Schaltkreise, falls dafür die in DIN 40700 Blatt 14 gegebenen Mittel nicht ausreichen.

Schrifttum

[1] Walter L. Morgan
Bibliography of Digital Magnetic
Circuits and Materials
IRE Transact. EC-8 (1959)
J. L. Haynes
Logic Circuits using square-loop
magnetic Devices — A Survey —
IRE Transact. EC-10/2 (1961)
D. R. Bennion e. a.
A Bibliographical Sketch of all
Magnetic Logic Schemes
IRE Transact. EC-10/2

[2] Taschenbuch der Nachrichtenverarbeitung
K. Steinbuch (Herausgeber)
Berlin/Göttingen/Heidelberg 1962

[3] J. L. Andrews
A Technique for using Memory
Cores as Logical Elements
Proc. EJCC 1956

[4] A. P. Speiser
Digitale Rechenanlagen / S. 107 bis 120
Springer-Verlag
Berlin/Göttingen/Heidelberg 1961

[5] M. Karnaugh
Pulse switching circuits using magnetic cores
Proc. IRE 43(55)5,570

DK 621.3 : 003.62 : 681.325.6-83 Februar 1973

Schaltzeichen
Digitale Informationsverarbeitung
Speicher-Verknüpfungsglieder

DIN 40 700
Blatt 22

Graphical symbols for digital circuits

IEC-Empfehlungen für Schaltzeichen dieser Norm bestehen zur Zeit noch nicht.

Diese Norm ist in Zusammenarbeit mit dem Fachnormenausschuß Informationsverarbeitung im DNA aufgestellt worden.

A n m e r k u n g : Die bei den Schaltzeichen verwendeten Buchstaben gehören nicht zur Norm, sie dienen nur der Erläuterung der Wirkungsweise.

Nr	IEC	Schaltzeichen	Benennung	Bemerkung
1	–	Eingänge E_1, E_2; Ausgänge E_1', E_2'; oben A_1', A_2'; unten A_1, A_2	Digitales Speicher-Verknüpfungsglied, z. B. Magnetkern mit Transistor. Signal von E_1 nach E_1' wirkt schreibend. Signal von E_2 nach E_2' wirkt lesend	Halbkreis an einer Eingangsleitung (E) bedeutet Schreiben. Dreieck an einer Eingangsleitung (E) bedeutet Lesen. An einer Ausgangsleitung (A), die durch einen Halbkreis gekennzeichnet ist, entsteht beim Schreiben ein Ausgangssignal. An einer Ausgangsleitung (A), die durch ein Dreieck gekennzeichnet ist, entsteht beim Lesen ein Ausgangssignal
2	–	Eingänge E_1, E_2, E_3 mit 0,5; 0,5; Ausgänge E_1', E_2', E_3'; oben A', unten A	Digitales Speicher-Verknüpfungsglied mit 2 koinzidierenden Eingangsleitungen zum Schreiben, 1 Eingangsleitung zum Lesen, 1 Ausgangsleitung	Die Signale an E_1 und E_2 addieren sich bei Koinzidenz zum Schwellwert 1. Nicht bezeichnete Eingänge haben die Wertigkeit 1

Fortsetzung Seite 2
Erläuterungen Seite 3 und 4

Deutsche Elektrotechnische Kommission · Fachnormenausschuß Elektrotechnik im DNA gemeinsam mit Vorschriftenausschuß des VDE

Nr	IEC	Schaltzeichen	Benennung	Bemerkung
3	–	E_1, E_2 eingehend, E'_1, E'_2 ausgehend, A	Digitales Speicher-Verknüpfungsglied mit vormagnetisierter Eingangsschaltung	Die Vormagnetisierung von $E_2 - E'_2$ bewirkt, daß ein von $E_1 - E'_1$ gegebenes Signal nicht gespeichert wird, sondern nach dessen Ende sofort ein Ausgangssignal an A' erscheint; deshalb entfällt hier das Zeichen für Speicherung.
4	–	$E_1, E_2, E_3, E_4, E_5, y$ eingehend, $E'_1, E'_2, E'_3, E'_4, E'_5, y$ ausgehend, A; 0,5 an E_3, E_4	Digitales Speicher-Verknüpfungsglied mit ODER-Glied: E_1 nach E'_1, und E_2 nach E'_2 mit UND-Glied: E_3 nach E'_3, und E_4 nach E'_4 mit ODER-Glied: E'_2 nach E_2 und E'_5 nach E_5	An E_2 können Signale wechselseitig schreibend oder lesend wirken. Die bei Nummer 1 beschriebenen Zeichen können entsprechend dem Signalfluß in beiden Richtungen angewendet werden (siehe bei E_5) Die mit Y gekennzeichnete Leitung hat keine Wirkung auf das in 4 dargestellte Verknüpfungsglied.
5	–	E_1, E_2, E_3, E_4 eingehend, E'_1, E'_2, E'_3, E'_4 ausgehend, A	Digitales Speicher-Verknüpfungsglied mit Transfluxor (Mehrlochkern) Signal von E_1 nach E'_1 wirkt schreibend Signal von E_2 nach E'_2 wirkt lesend auf die über E_1 eingeschriebene Information. Nur nach vorangegangenem Einschreiben über E_1 wirkt ein Signal von E_3 nach E'_3 schreibend Signal von E_4 nach E'_4 wirkt lediglich auf die über E_3 eingeschriebene Information lesend	Die über E_1 eingeschriebene Information kann zerstörungsfrei nur ausgelesen werden durch die Signalfolge Signal von E_3 nach E'_3 vor Signal von E_4 nach E'_4 Die über E_1 eingeschriebene Information kann durch ein Signal auf E_2 gelöscht werden, ohne daß ein Ausgangssignal entsteht. Die logischen Zusammenhänge können in einer Funktionstabelle dargestellt werden.

DIN 40 700 Blatt 22 Seite 3

Erläuterungen

Die in dieser Norm enthaltenen Schaltzeichen werden zur Darstellung von Betriebsmitteln für logische Verknüpfung in einer „Stromtechnik" zum Unterschied zur „Spannungstechnik" benötigt. Für die Spannungstechnik werden die Schaltzeichen nach DIN 40 700 Blatt 14 angewendet. Die neuen Schaltzeichen wurden in enger Anlehnung an diese entwickelt. Das Schaltzeichen gibt Aufschluß über Anfang und Ende jeder Wicklung sowie über Eingänge und Ausgänge am Verknüpfungsglied. Außerdem wird die Wirkung jeder Wicklung durch einen Halbkreis (Schreiben) oder ein Dreieck (Lesen) unterschieden. Dabei zeigen die Rundung des Halbkreises und die Spitze des Dreiecks zum Ende der betreffenden Wicklung.

Ein unter Verwendung dieser Schaltzeichen erstellter Schaltplan gibt Aufschluß über die Funktion des dargestellten Betriebsmittels, wobei nur das für die logische Verknüpfungen Wesentliche dargestellt ist.

Für die „logische Parallelschaltung" von digitalen Speicher-Verknüpfungsgliedern müssen die entsprechenden Wicklungen in Reihe geschaltet werden, damit ein Ummagnetisierungsvorgang der Magnetkerne gleichzeitig ausgelöst werden kann. Ausgelöst wird er allerdings nur dann, wenn alle weiteren, durch die Verknüpfung gegebenen Voraussetzungen erfüllt sind.

Auch die Anwendung der Schaltzeichen nach DIN 40 700 Blatt 14 „Digitale Informationsverarbeitung" ist unter gewissen Umständen möglich. Für die gleiche Aussage wird dann jedoch gegenüber der vorliegenden Norm eine größere Anzahl von Schaltzeichen benötigt, da die Schaltzeichen nach DIN 40 700 Blatt 21 mehr Funktionen beinhalten als die nach DIN 40 700 Blatt 14.

Dieser Sachverhalt ist an einem Beispiel näher erläutert. Bild 1 zeigt einen Ausschnitt aus einer Magnetkernschaltung, dargestellt durch ein Schaltzeichen nach DIN 40 700 Blatt 21 „Digitale Magnetschaltkreise für magnetische Materialien mit rechteckiger Hysteresisschleife". Die Schaltung umfaßt einen Magnetkern mit 7 Wicklungen, einen Transistor als Verstärker sowie die Strombegrenzungswiderstände der Eingangswicklungen.

Die Wicklungen $E_1 - E'_1$ und $E_2 - E'_2$ bilden ein ODER-Glied, die Wicklungen $E_3 - E'_3$ und $E_4 - E'_4$ ein UND-Glied: Signale von E_1 nach E'_1 bzw. E_2 nach E'_2 wirken unabhängig voneinander „schreibend", während Signale von E_3 nach E'_3 und E_4 nach E'_4 gleichzeitig vorhanden sein müssen, damit die Wirkung „schreibend" erzeugt wird.

Ein Signal von E_5 nach E'_5 wirkt „lesend" auf die über $E_1 - E'_1$ oder $E_2 - E'_2$ bzw. $E_3 - E'_3$ und $E_4 - E'_4$ eingeschriebene Information. Die steuernde Wicklung führt zur Basis des Transistors. Am Ende der mit dem Kollektor verbundenen Rückkopplungswicklung kann das Ausgangssignal abgenommen werden.

Die gleichen Funktionen wie in Bild 1 sind in Spannungstechnik in Bild 2 dargestellt. Man erkennt das ODER-Glied (Eingänge E_1 und E_2) sowie das UND-Glied (Eingänge E_3 und E_4), deren Ausgänge gleichberechtigt auf die Eingangsseite einer bistabilen Kippstufe führen.

Nur wenn über die Eingänge E_1 oder E_2 bzw. E_3 und E_4 ein Signal diese bistabile Kippstufe gesetzt hat, bewirkt ein Signal auf den Eingang E_5 ein Zurücksetzen der bistabilen Kippstufe und damit ein Signal an deren Ausgang, das die monostabile Kippstufe auslöst. Die Dauer des Ausgangssignals an A'_1 entspricht der, wie sie durch die Windungszahl der − steuernden − Basis-Wicklung (Bild 1) gegeben ist.

Die Zusammenfassung der genannten logischen Funktionen einer Magnetkernschaltung, dargestellt durch ein einziges Schaltzeichen, zeigt Bild 3. Die Bedeutung der Halbkreise bzw. Dreiecke ergibt sich aus einem Vergleich mit der Magnetkernschaltung nach Bild 1. Eine ausführlichere Erläuterung ist dem nachfolgenden Beispiel zu entnehmen. (Siehe Seite 4 Bild 4 und Bild 5)

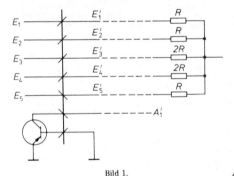

Bild 1.

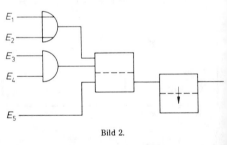

Bild 2.

Bild 3.

Seite 4   DIN 40 700 Blatt 22

Die Darstellung einer Schaltung nach Bild 4 ist in Bild 5 in aufgelöster Darstellung gezeigt. Hierbei bedeutet jedes Rechteck eine Wicklung (z. B. A, B, C, D: Magnetkern-Ausgangswicklung: $B\,1,2, A\,1,2, D\,3,4$ usw.: Magnetkern-Eingangswicklung). Auf welchem Kern die Wicklung angeordnet ist, wird durch die Kennzeichnungen (z. B. A, B, C, D) erläutert.
Um feststellen zu können, welche Bedingungen bei den Eingangswicklungen zum Auslösen eines Schaltvorganges erfüllt sein müssen, dürfte es bei umfangreichen komplexen Schaltungen erforderlich sein, die Eingangswicklungen jedes Magnetkernes in einer Funktionstabelle zusammenzufassen – gegebenenfalls unter zusätzlicher Angabe der Magnetkerne, deren Ausgangssignale auf die einzelnen Eingangswicklungen wirken.

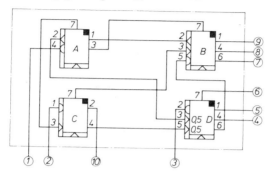

Bild 4.

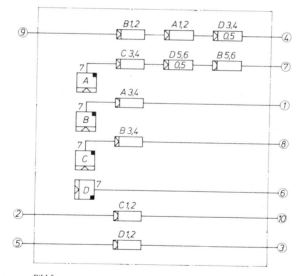

Bild 5.

DK 621.3 : 003.62 : 681.11   Juni 1976

Schaltzeichen
Uhren und elektrische Zeitdienstgeräte

DIN 40 700
Teil 23

Graphical symbols; clocks and time service devices

Mit DIN 40 700 Teil 5
Ersatz für DIN 40 700 Teil 5,
Ausgabe August 1956x.

Zusammenhang mit der von der International Electrotechnical Commission (IEC) herausgegebenen IEC-Publikation 117-4 (1963), siehe Erläuterungen.

Zeichenerklärung

Die in der IEC-Spalte benutzten Zeichen haben die nachstehende Bedeutung:
= Das Schaltzeichen stimmt mit dem IEC-Schaltzeichen überein
− Ein entsprechendes IEC-Schaltzeichen ist nicht vorhanden

Inhalt

	Nr	Seite
Elektrische Uhren	1 bis 4	1
Kennzeichen	5 bis 11	2
Impulsangaben an mechanischen und elektrischen Wirkverbindungen	12 bis 15	2
Uhren- und Zeitdienstanlagen	16 bis 51	3/4/5/6

Nr	IEC	Schaltzeichen	Benennung	Bemerkung
Elektrische Uhren				
1	=		Uhr allgemein Nebenuhr	
2	=		Hauptuhr	
3	−		Signalnebenuhr	
4	−		Signalhauptuhr	

Fortsetzung Seite 2 bis 6
Erläuterungen Seite 6

Deutsche Elektrotechnische Kommission im DIN und VDE (DKE)

Nr	IEC	Schaltzeichen	Benennung	Bemerkung
Kennzeichen (weitere Kennzeichen für Uhren in Vorbereitung)				
5	–		Pendel	
6	–		Unruh	
7	–		Stimmgabel	
8	=		Quarz	
9	=		Synchronisieren	
10	–		Suchzeiger	
11	–		Zeitzeicheneingang	
Impulsangaben an mechanischen und elektrischen Wirkverbindungen				
12	–		Mechanischer Impuls, Freigabe-Impuls	
13	–	$1min^{-1}$	Elektrischer Polwechselimpuls mit Pause	Minutenimpuls-Kennzeichnung $1\,min^{-1}$
14	–	$1s^{-1}$	Elektrischer Polwechselimpuls ohne Pause	Sekundenimpuls-Kennzeichnung $1\,s^{-1}$
15	–	$1min^{-1}$	Elektrischer Gleichimpuls mit Pause	Minutenimpuls-Kennzeichnung $1\,min^{-1}$

Nr	IEC	Schaltzeichen	Benennung	Bemerkung
Uhren- und Zeitdienstanlagen				
16	–		Hauptuhr, sendend	
17	–		Nebenuhr, empfangend, mit digitaler Anzeige	
18	–		Nebenuhr, empfangend und sendend, z. B. Überwachungseinrichtung	C Kontrolle
19	=		Synchronuhr, z. B. für 50 Hz	
20			Sekunden-Nebenuhr	
21	–		Sekunden-Minuten-Nebenuhr	Antriebe getrennt für Sekunden- und Minutenzeiger
22	–		Synchronsekunden-Nebenuhr	
23	–		Such-Nebenuhr	Antriebe getrennt für Minutenzeiger und Suchzeiger
24	=		Schaltuhr	Programmperiode z. B. h Stunde d Tag w Woche mo Monat a Jahr
25	–		Schalt-Nebenuhr	
26	–		Astronomische Schalt-Nebenuhr	Nebenuhr mit nach dem Dämmerungskalender gesteuertem Schaltprogramm

Seite 4 DIN 40 700 Teil 23

Nr	IEC	Schaltzeichen	Benennung	Bemerkung
27	–		Signal-Nebenuhr	
28	–		Weck-Nebenuhr	
29	–		Frequenz-Kontrolluhr mit Hauptuhr	
30	–		Frequenz-Kontrolluhr mit Nebenuhr	
31	–		Zeiterfassungsgerät, handbetätigt, druckend	
32	–		Zeiterfassungsgerät, auf Karte druckend, handbetätigt	
33	–		Such-Bedienungs-Einrichtung, handbetätigt	
34	–		Such-Bedienungszentrale für Nebenstellenanlagen mit Wählbetrieb	
35	–		Impulsverstärker	z. B. Uhrenrelais
36	–		Hauptuhren-Zentrale mit Betriebs- und Reserve-Hauptuhr und mit 6 Nebenuhr-Linien, mit Leuchtmelder	
37	–		Uhren-Unterzentrale mit Betriebs- und Reserve-Hauptuhr, mit Hörmelder (Schnarre)	
38	–		Uhren-Unterzentrale mit Reserve-Hauptuhr und mit 3 Nebenuhr-Linien	

171

Nr	IEC	Schaltzeichen	Benennung	Bemerkung
39	–		Gleichlaufregler, zeitzeichen-gesteuert	z. B. Zeitzeichen-Gleichlaufregler
40	–		Gleichlaufregler, fernreguliert	z. B. Fernreguliersatz
41	–		Synchron-Stoppuhr, handbetätigt	
42	–		Synchron-Stoppuhr, fernbetätigt	
43	–		Spielzeit-Bedienungseinrichtung, handbetätigt	
44	–		Impulsüberwachung	
45	–		Dauerabschalt-Zusatz	
46	–		Stromstoß-Empfänger, z. B. Stromstoß-Uhrenrelais	
47	–		Stromstoß-Geber	
48	–		Zeitcode-Nebenuhr mit Zeitangabe, z. B. im Binärcode 2^5	
49	–		Ansagegerät, allgemein, für n Ansagen	

Nr	IEC	Schaltzeichen	Benennung	Bemerkung
50	–	$h\,min\,s$	Ansagegerät mit Aufnahmeteil für Zeitansage	
51	–	$1\,min^{-1}$ ... n	Ansagegerät, gesteuert, z. B. durch minütliche Impulse einer Hauptuhr, für n Ansagen	/

Erläuterungen

Diese Norm wurde ausgearbeitet von UK 713.5 „Elektrische Zeitdienstanlagen und elektrische Uhren" und UK 113.1 „Schaltzeichen, Schaltungsunterlagen" der Deutschen Elektrotechnischen Kommission. Sie entstand in Zusammenarbeit mit dem Fachnormenausschuß Uhren im DIN.

Die Schaltzeichen für Uhren stimmen teilweise überein mit der IEC-Publication

117-4 (1963) Meßinstrumente und elektrische Uhren.

Die Schaltzeichen und Beispiele für elektrische Uhren waren bisher in DIN 40 700 Teil 5 enthalten. Zur Erweiterung des Gebietes war mit dem Entwurf März 1974 als beabsichtigte Ergänzung DIN 40 700 Teil 101 für feinwerktechnische Geräte erschienen. Damit wurde die Norm zu komplex und die Aufteilung in drei Teile bot sich an. Durch Präzisierung der Titel wurde vor allem der Unterschied in den Anwendungsbereichen verdeutlicht.

DIN 40 700 Teil 5   Schaltzeichen für Gefahrenmeldeeinrichtungen
DIN 40 700 Teil 23   Schaltzeichen, Uhren und elektrische Zeitdienstgeräte
DIN 40 700 Teil 24   Schaltzeichen, Baugruppen für feinwerktechnische Geräte, insbesondere Uhren

DK 621.3 : 003.62 : 681.11   Juni 1976

Schaltzeichen
Baugruppen für feinwerktechnische Geräte, insbesondere Uhren

DIN
40 700
Teil 24

Graphical symbols; precision engineering devices particulary clocks

Ein direkter Zusammenhang mit einer von der International Electrotechnical Commission (IEC) herausgegebenen IEC-Publikation besteht nicht.

Inhalt

	Nr	Seite
Antriebe für Uhrwerke	1 bis 3	1
Aufzüge in Uhrwerken	4 und 5	1
Speicher	6 bis 9	2
Umsetzer, Übertragung allgemein, Getriebe	10 bis 17	2
Zeithaltende Systeme, allgemein	18 bis 23	3
Zeitangabe, Beispiele für Zeitangaben	24 bis 30	3/4
Programmträger	31 und 32	4

Nr	IEC	Schaltzeichen	Benennung	Bemerkung
Antriebe für Uhrwerke				
1	–		Antrieb für Uhrwerke, allgemein	
2	–		Schrittmotor	z. B. Drehankerantrieb
3	–		Magnetantrieb	
Aufzüge in Uhrwerken				
4	–		Schwungmassen-Aufzug (Rotor)	
5	–		Magnetaufzug	

Fortsetzung Seite 2 bis 5
Erläuterungen Seite 5

Deutsche Elektrotechnische Kommission im DIN und VDE (DKE)

Nr	IEC	Schaltzeichen	Benennung	Bemerkung

Speicher

Nr	IEC	Schaltzeichen	Benennung	Bemerkung
6	-		Federspeicher, Federhaus mit Triebfeder	
7	-		Federspeicher, Federhaus mit Triebfeder und mit Schleppfeder	
8	-		Federspeicher, Federhaus mit konstantem Moment, z. B. mit Rollenfeder	
9	-		Lagespeicher, Antrieb durch Gewichtskraft, allgemein	

Umsetzer, Übertragung allgemein, Getriebe

Nr	IEC	Schaltzeichen	Benennung	Bemerkung
10	-		Drehzahlwandler, Getriebe, Getriebestufe mit Angabe der Drehzahlen	Es können auch Zähnezahlen z. B. z_1/z_2 angegeben werden
11	-		Differentialgetriebe	
12	-		Drehmomentbegrenzer, Grenzkraftkupplung	mechanisch, magnetisch, elektromagnetisch
13	-		Drehzahl-Wahlschalter, Umschalter, handbetätigt	
14	-		Drehzahl-Wahlschalter, Umschalter, fernbetätigt	
15	-		Richtgesperre, Freilauf	
16	-		Automatisches Drehzahl-Wahlgetriebe, Überholgetriebe	n_1 n_2 ($n_1 < n_2$) ($n_2 > n_1$)
17	-		Synchronisiereinrichtung mechanisch, elektrisch, magnetisch	

DIN 40 700 Teil 24 Seite 3

Nr	IEC	Schaltzeichen	Benennung	Bemerkung

Zeithaltende Systeme, allgemein

Nr	IEC	Schaltzeichen	Benennung	Bemerkung
18	–	t_H G ∿	Gangordner (Zeitteiler) mit Eintragung der Zeit für eine Halbschwingung	Es dürfen eingetragen werden: Frequenzangaben (f) Anzahl der Halbschwingungen $\left(\dfrac{n}{t}\right)$ z. B. in der Stunde in $\dfrac{1}{h}$ in der Sekunde in $\dfrac{1}{s}$ Zeit für eine Halbschwingung (t_H) in s
19	–	f G ∿	Gangordner mit Eintragung der Frequenz	
20	–	$18000\,\dfrac{1}{h}$ G ୧	Gangordner mit Unruhschwingsystem	zum Beispiel: $\dfrac{n}{t} = 18\,000\,\dfrac{1}{h}$
21	–	$\tfrac{3}{4}$ s G ↓	Gangordner mit Pendelschwingsystem	$t_H = \tfrac{3}{4}$ s
22	–	300 Hz G ⋃	Gangordner mit Stimmgabelschwingsystem	$f = 300$ Hz
23	–	10 kHz G ⊟	Gangordner mit Quarzschwingsystem	$f = 10$ kHz

Zeitangabe

Nr	IEC	Schaltzeichen	Benennung	Bemerkung
24	–	L	Zeigerwerk, Zeitscheibe, allgemein	Die angezeigten Zeiteinheiten werden bei Bedarf durch nachstehende Eintragungen gekennzeichnet:
25	–	|000|	Zählwerk, allgemein Ziffernanzeige digital	Sekunde s Woche w Minute min Monat mo Stunde h Jahr a Tag d

Beispiele für Zeitangaben

Nr	IEC	Schaltzeichen	Benennung	Bemerkung
26	–	min L	Minutenzeigerwerk	
27	–	t |000|	Kennzeichnung der Anzeige für Zeit t	
28	–	n |000|	Kennzeichnung der Anzeige für Umdrehung n	
29	–	31 d |000|	Kennzeichnung der Anzeige für Datum 31 d	

Seite 4 DIN 40 700 Teil 24

Nr	IEC	Schaltzeichen	Benennung	Bemerkung
30	–		Zählwerk mit Registriereinrichtung, Ziffernanzeige digital	Verwendung von Typenwerk, Stempeleinrichtung möglich

Programmträger

Nr	IEC	Schaltzeichen	Benennung	Bemerkung
31	–		Schaltscheibe	
32	–		Schaltscheibe mit Eintragung der Programmperiode, z. B. Tag	

Beispiel einer Uhr mit automatischem Aufzug und mit Handaufzug

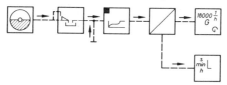

Beispiel einer Synchronschaltuhr mit mechanischer Gangreserve, mit Maximumschalter und mit Jahresschalter

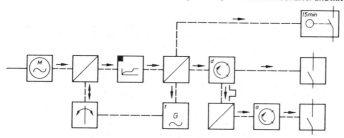

Beispiel einer Signal-Hauptuhr mit elektrischer Gangreserve

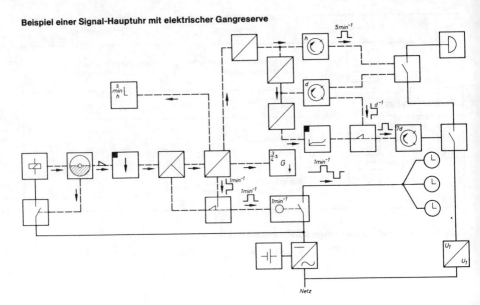

Erläuterungen

Diese Norm wurde ausgearbeitet von UK 713.5 „Elektrische Zeitdienstanlagen und elektrische Uhren" und UK 113.1 „Schaltzeichen, Schaltungsunterlagen" der Deutschen Elektrotechnischen Kommission. Sie entstand in Zusammenarbeit mit dem Fachnormenausschuß Uhren im DIN.

Der Entwurf zu dieser Norm war unter der Nummer DIN 40 700 Teil 101 veröffentlicht. Ursprünglich sollte der Inhalt in DIN 40 700 Teil 5 eingegliedert werden, das zum damaligen Zeitpunkt noch Schaltzeichen für elektrische Uhren enthielt. Im Rahmen der Einspruchsberatung wurde die Herauslösung und Aufteilung wie folgt beschlossen:

DIN 40 700 Teil 5 Schaltzeichen für Gefahrenmeldeeinrichtungen
DIN 40 700 Teil 23 Schaltzeichen, Uhren und elektrische Zeitdienstgeräte
DIN 40 700 Teil 24 Schaltzeichen, Baugruppen für feinwerktechnische Geräte, insbesondere Uhren

DK 621.3 : 003.62 : 621.3.018.4 : 621.376   April 1976

Schaltzeichen
für Frequenzen, Bänder,
Modulationsarten, Frequenzpläne

**DIN
40 700**
Teil 25

Graphical symbols; frequencies, bands, modulation, frequency spectrum diagrams

Zusammenhang mit der von der International Electrotechnical Commission (IEC) herausgegebenen IEC-Publikation, siehe Erläuterungen.

Zeichenerklärung

Die in der IEC-Spalte benutzten Zeichen haben die nachstehende Bedeutung:
= Das Schaltzeichen stimmt mit dem IEC-Schaltzeichen überein
— Ein entsprechendes IEC-Schaltzeichen ist nicht vorhanden

Inhalt

	Lfd. Nr	Seite
Charakteristische Einzelfrequenzen	1 bis 13	2 und 3
Frequenzbänder	14 bis 26	3 und 4
Modulations- und Übertragungsarten	27 bis 33	4
Darstellung der TF-Technik	34 bis 39	5

Fortsetzung Seite 2 bis 6

Erläuterungen

Diese Norm wurde ausgearbeitet vom UK 113.1 „Schaltzeichen, Schaltungsunterlagen" der Deutschen Elektrotechnischen Kommission im DIN und VDE (DKE).
Die Norm war als Entwurf DIN 40 700 Teil 102 veröffentlicht worden. Es war geplant, sie in DIN 40 700 Teil 4 einzuarbeiten. Da sie aber mit Ausnahme der Zeichen 27 und 28 — diese entsprechen der IEC-Publikation 117-13 (1969) Nr. 1327 und 1328 — der vollinhaltlichen Übernahme der
IEC-Publication 117-12 (1968) Frequency spectrum diagrams
Frequenzpläne
entspricht, entschloß man sich zu einem gesonderten Teil. Ergänzend erhält die Norm in den Symbolen 29 und 31 bis 33 Beispiele für die Amplitudenmodulation sowie auf Seite 6 Beispiele für die Anwendung in Frequenzplänen.

Deutsche Elektrotechnische Kommission im DIN und VDE (DKE)

DIN 40 700 Teil 25

Nr	IEC	Schaltzeichen	Benennung	Bemerkung
		Zeichen für Frequenzpläne Ein Frequenzspektrum kann in einem Plan dargestellt werden durch Kennzeichen auf einer horizontalen Frequenzachse. Dabei wird die Funktion der verschiedenen Frequenzen, der Frequenzbänder und die Lage innerhalb des Spektrums gezeigt. Die verwendeten Frequenzen können mit f_1, f_2, f_3 usw. oder durch ihre Zahlenwerte bezeichnet werden.		
		Charakteristische Einzelfrequenzen		
1	=		Träger, allgemein	Die Frequenzachse ist bei den Zeichen Nr 1 bis 13 zum besseren Verständnis mitgezeichnet.
2	=		Unterdrückter Träger	
3	=		Verminderter Träger	
4	=		Pilot, allgemein	
5	=		Unterdrückter Pilot	
6	=		Primärgruppenpilot	
7	=		Sekundärgruppenpilot	
8	=		Tertiärgruppenpilot	
9	=		Quartärgruppenpilot	
10	=		Zwei Pilote für wahlweise Übertragung	Es wird immer nur einer der beiden Piloten übertragen
11	=		Zusätzliche Meßfrequenz, allgemein	

DIN 40 700 Teil 25 Seite 3

Nr	IEC	Schaltzeichen	Benennung	Bemerkung
12	=		Zusätzliche Meßfrequenz, die nach Bedarf übertragen oder gemessen wird	
13	=		Signalfrequenz	

Frequenzbänder

Nr	IEC	Schaltzeichen	Benennung	Bemerkung
14	=		Frequenzband, allgemein	
15	=	f_1 f_2	Begrenztes Frequenzband	
16	=		Frequenzband, eingeteilt in Gruppen	
17	=		Sekundärgruppe	Die Schrägstriche entsprechen den Zeichen in Nr 6 bis 9
18	=		Frequenzband in Regellage, allgemein	Eine Frequenzerhöhung am Eingang der ersten Modulationsstufe bewirkt eine Frequenzerhöhung in dem entsprechenden Band.
19	=		Frequenzband in Kehrlage, allgemein	Eine Frequenzerhöhung am Eingang der ersten Modulationsstufe bewirkt eine Frequenzverringerung in dem entsprechenden Band. Die Senkrechte in der Dreiecksdarstellung entspricht der höchsten Frequenz der zu übertragenden Information oder des zu übertragenden Kanals (z. B. Video). Das allgemeine Zeichen gibt nicht an, wieweit die dargestellte Bandbreite genutzt wird.
20	=		Regellage für alle Kanäle bzw. Gruppen in dem Frequenzband	Bei einer Gruppe von Kanälen kann für jeden Kanal ein Dreieck gezeichnet werden; wenn aber alle Kanäle in Regellage bzw. in Kehrlage sind, kann die Gruppe durch ein einziges Dreieck dargestellt werden.
21	=			
22	=		Kehrlage für alle Kanäle bzw. Gruppen in dem Frequenzband	
23	=			

181

Nr	IEC	Schaltzeichen	Benennung	Bemerkung
24	=		Gemischte Lage für alle Kanäle bzw. Gruppen in dem Frequenzband	
25	=		Gemischte Lage für Kanäle bzw. Gruppen in dem Frequenzband	
26	=		Gemischtes System oder unbestimmtes System	

Modulations- und Übertragungsarten

Nr	IEC	Schaltzeichen	Benennung	Bemerkung
27	=		Frequenzmodulation	Darstellung des Trägers mit HF-Spektrum
28	=		Phasenmodulation	Auf die Pfeilspitze an der senkrechten Linie (Träger) kann verzichtet werden, wenn Verwechslungen ausgeschlossen sind.
29	–		Amplitudenmodulation, Zweiseitenbandübertragung	
30	=	$f_1\ f_2\ f_3$	Amplitudenmodulation, Restseitenbandübertragung	Die tieferen Frequenzen bis Null werden in beiden Seitenbändern, die übrigen nur im oberen Seitenband übertragen.
31	–		Amplitudenmodulation, Einseitenbandübertragung	Übertragung des oberen Seitenbandes
32	–			Übertragung des unteren Seitenbandes
33	–		Amplitudenmodulation, Träger mit zwei getrennt modulierten Seitenbändern	

DIN 40 700 Teil 25 Seite 5

Nr	IEC	Schaltzeichen	Benennung	Bemerkung
Darstellungen der TF-Technik				
34	=	$f_1\ f_2\ f_3$	Träger mit beiden Seitenbändern	
35	=	$f_1\ f_2 f_3 f_4\ f_5$	Träger mit beiden Seitenbändern, wobei die tieferen Frequenzen des ursprünglichen Modulationssignals nicht übertragen werden.	
36	=	$f_1\ f_2\ f_3$	Träger mit beiden Seitenbändern, wobei von dem ursprünglichen Modulationssignal die tieferen Frequenzen bis nahe Null übertragen werden.	
37	=	$f_1\ f_2$	Einseitenband, unterdrückter Träger	Erste Modulationsstufe; nur das untere Seitenband in Kehrlage wird übertragen.
38	=	$f_1\ f_2$	Einseitenband, verminderter Träger	Modulationsendstufe; nur das untere Seitenband in Regellage wird übertragen.
39	=		Einseitenband, unterdrückter Träger	Das Seitenband ist in drei Teile aufgeteilt; die Teile wurden für Zwecke der Geheimhaltung vertauscht.

Frequenzpläne, Beispiele

4-MHz-Übertragungssystem (60 bis 4092 kHz), ausgelegt für 960 Kanäle, mit Darstellung der Sekundärgruppen und Pilote

Jede Sekundärgruppe besteht aus fünf Gruppen zu 12 Kanälen mit 4 kHz Frequenzabstand

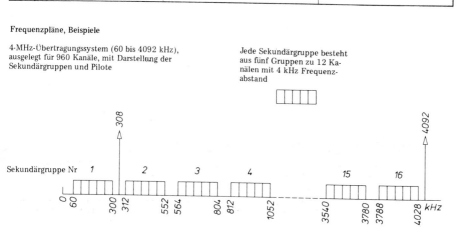

183

Aufbau des Basisbandes für FM 1800 und des Übertragungsbandes V 2700

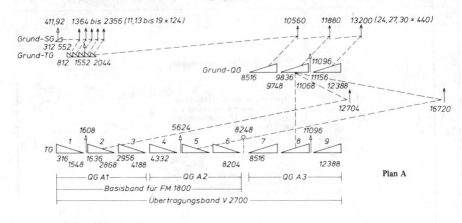

Plan A

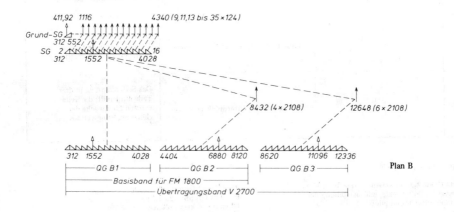

Plan B

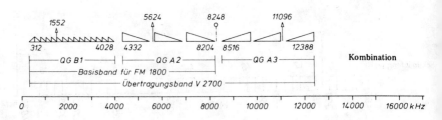

Kombination

SG = Sekundärgruppe
IG = Tertiärgruppe
QG = Quartärgruppe

DK 621.3 : 003.62 : 621.373.82 : 621.375.82 Juni 1977

Schaltzeichen
Mikrowellentechnik   Maser und Laser

**DIN
40 700**
Teil 98

Graphical symbols; Microwave technology; Masers and Lasers
Symboles graphiques; Technique des hyperfréquences; Masers et Lasers

Diese Norm enthält das bisher in Deutschland nicht veröffentlichte Kapitel III aus IEC-Publikation 117-11A (1971).

Nr	IEC 117-11	Schaltzeichen/ Kennzeichen	Benennung und Bemerkung
Abschnitt A — Grundformen			
1	1199		Maser *) : Gerät, welches von dem Prinzip der Mikrowellen-Verstärkung durch induzierte Strahlungsemission Gebrauch macht. Maser *) *) Maser : <u>M</u>icro Wave <u>A</u>mplification by <u>S</u>timulated <u>E</u>mission of <u>R</u>adiation A n m e r k u n g 1 : Das Kennzeichen ⊥ stellt den Übergang von einem Energie-Niveau auf ein niedrigeres dar. Es ist vorzugsweise in die linke, untere Ecke des Quadrats zu zeichnen.
2	1199A		Laser **) : Gerät, welches vom Prinzip der Lichtverstärkung durch induzierte Strahlungsemission Gebrauch macht. Laser **) (optical maser). **) Laser : <u>L</u>ight <u>A</u>mplification by <u>S</u>timulated <u>E</u>mission of <u>R</u>adiation
Abschnitt B — Kennzeichen			
3	1199B.1		Medium (Stoff), allgemein (Unspecified material.)
4	1199B.2		Festkörpermedium (Solid.)
5	1199B.3		Flüssigkeitsmedium (Liquid.)
6	1199B.4		Gasförmiges Medium (Gas.)
7	1199B.5	7.1 7.2	Halbleiter-Medium (Semiconductor.) A n m e r k u n g 2 : Das optische Pumpen kann auch durch das Kennzeichen Licht ↘ dargestellt werden (vergl. DIN 40 700 Teil 8). Beispiel: Optisches Pumpen, Medium (Stoff) nicht angegeben.

Fortsetzung Seite 2
Erläuterungen Seite 2

Deutsche Elektrotechnische Kommission im DIN und VDE (DKE)

Nr	IEC 117-11	Schaltzeichen	Benennung und Bemerkung
Abschnitt C — Beispiele			
8	1199C		Maser-Verstärker *(Maser used as an amplifier.)*
9	1199D		Laser-Generator *(Laser used as a generator.)*
10	1199E	10.1	Rubin-Laser-Generator *(Ruby laser generator.)*
		10.2	Rubin-Laser-Generator mit Xenonlampe als Pumplichtquelle *(Ruby laser generator shown with xenon lamp as pumping source.)*
11	1199F		Maser-Verstärker mit einem Kristall im Hohlraum-Resonator und einem äußeren Dauermagnet. Der Hohlraum-Resonator ist über ein Fenster an einen Rechteck-Hohlleiter angekoppelt und über einen Koaxialleiter an den Pumpengenerator magnetisch gekoppelt. *(Maser used as an amplifier with crystal in a cavity resonator and with an external permanent magnet. The cavity resonator is window-coupled to rectangular waveguide and loopcoupled to a pump generator via a coaxial cable.)*

Erläuterungen

Diese Norm wurde in Zusammenarbeit erstellt von UK 113.1 „Schaltzeichen, Schaltungsunterlagen" und K 771 „Laser-Geräte und -Anlagen" der Deutschen Elektrotechnischen Kommission (DKE).

DK 621.3 : 003.62   März 1970

	Schaltzeichen **Zusatzschaltzeichen**	**DIN** **40 703**

Graphical symbols; Additional symbols for graphical symbols

Zusammenhang mit IEC-Empfehlungen siehe Erläuterungen

Zeichenerklärung
Die in der IEC-Spalte benutzten Zeichen haben die nachstehende Bedeutung:
= Das Schaltzeichen stimmt mit dem IEC-Schaltzeichen überein.
— Ein entsprechendes IEC-Schaltzeichen ist nicht vorhanden.
K Das Schaltzeichen besteht aus einer Kombination von IEC-Schaltzeichen.

Diese Norm enthält Zeichen anderer Fachgebiete, die in Schaltplänen der Starkstrom- und Fernmeldetechnik als Schaltzeichen zum Darstellen der Zusammenhänge mechanischer und elektrischer Funktionen dienen.

Nr	IEC	Schaltzeichen	Benennung	Bemerkung
Kennzeichnung der Bewegungsrichtungen				
1	=	⟶	Bewegungsrichtung geradlinig, z. B. nach rechts	
2	=	⟷	Bewegungsrichtung geradlinig in beiden Richtungen	
3	=	⌒	Bewegungsrichtung drehend, z. B. nach links	
4	=	⌒	Bewegungsrichtung drehend in beiden Richtungen	
Kennzeichnung der Stellungen				
5	—	1 2 3 4 | | | |	Kennzeichnung der Stellung, allgemein, z. B. mit Numerierung	Die ausgezogene Linie kennzeichnet eine gewählte Betriebsstellung oder die Grundstellung. Die zugehörigen Schaltglieder, Kupplungen usw. müssen dieser Stellung entsprechend dargestellt werden.
6	—	1 2 3 4	Kennzeichnung der Stellung, wahlweise Darstellung	
Mechanische Wirkverbindungen				
7	=	— — — — — —	Wirkverbindung, allgemein	
8	=	═══════	Wirkverbindung, wahlweise Darstellung	Bei zu kleinem Abstand anzuwenden.
9	K	— — —↯— — — 12/min	periodische Betätigung z. B. 12/min	Angabe der Frequenz, falls erforderlich.

Schaltzeichen, Zusatzschaltzeichen; Beispiele siehe DIN 40 703 Beiblatt 1

Fortsetzung Seite 2 und 3
Erläuterungen Seite 3

Fachnormenausschuß Elektrotechnik im Deutschen Normenausschuß (DNA)

Seite 2 DIN 40703

Nr	IEC	Schaltzeichen	Benennung	Bemerkung
Verzögerungen				
10	=	—∈—	Verzögerung bei Bewegung nach rechts	Die Kennzeichnung der Verzögerung in der mechanischen Wirkverbindung kann wegfallen, wenn die Art der Verzögerung am Antriebsglied eindeutig gekennzeichnet ist.
11	=	—∋—	Verzögerung bei Bewegung nach links	
12	=	—∋∈—	Verzögerung bei Bewegung nach rechts und nach links	
Antriebe durch menschliche Kraft				
13	=	├────	Handantrieb, allgemein	
14	–	E────	Handantrieb, Betätigung durch Drücken	
15	–	]────	Handantrieb, Betätigung durch Ziehen	
16	–	┌────	Handantrieb, Betätigung durch Drehen	
17	–	T────	Handantrieb, Betätigung durch Kippen	
18	–	╱────	andere Antriebe, z. B. Fußantrieb	
19	–	()────	abnehmbarer Handantrieb, z. B. Steckschlüssel	
Antriebe durch Nocken und dergleichen				
20	–	O────	Fühler allgemein zur mechanischen Betätigung	
21	–	3──┐ 2──│ 1──○──	Fühler mit Darstellung der Abwicklung eines Nockens, drei Stellungen	
Kraftantriebe				
22	=	□────	Kraftantrieb, allgemein	Einflußgrößen können durch Eintragen der Formelzeichen nach DIN 1304 angegeben werden; siehe DIN 2481
23	K	⊤□────	Kraftantrieb, z. B. mit Handaufzug	
24	=	⊢□┤──	Kraftantrieb, z. B. Kolbenantrieb	
25	–	⊞	Schaltschloß mit mechanischer Freigabe	Schaltschloß mit elektromechanischer Freigabe siehe DIN 40713
26	=	—∨—	Raste	
Sperren				
27	=	──▷──	Bewegung in einer Richtung sperrend	
28	=	──◁▷──	Bewegung in beiden Richtungen sperrend	

188

DIN 40703 Seite 3

Nr	IEC	Schaltzeichen	Benennung	Bemerkung
Kupplungen				
29	=		Kupplung, entkuppelt	
30	=		Kupplung, gekuppelt	
31	–		Mitnehmer	
32	–		Rutschkupplung	
Absperrorgane				
33	–		Absperrorgan, allgemein, z. B. geschlossen	siehe DIN 2481
34	–		Absperrorgan, offen	
Bremsen				
35	–		Bremse, allgemein, z. B. geschlossen	
36	–		Bremse, offen	

Erläuterungen

In der vorliegenden Norm wurde die IEC-Publikation 117-3 „Recommended graphical symbols, Part 3: Contacts, switchgear, mechanical controls, starters and elements of electromechanical relays", „Symboles graphiques recommandés, 3ème partie: Contacts, appareillage, commandes mécaniques, démarreurs et éléments de relais électromécaniques" „Empfehlungen für Schaltzeichen, Teil 3: Kontakte, Schaltgeräte, mechanische Steuerungen, Anlasser und Bauteile von elektromechanischen Relais" (Ausgabe 1963) nebst Nachtrag Nr 1 vom August 1966 berücksichtigt.

	Schaltzeichen	DIN
	Zusatzschaltzeichen Beispiele	**40 703** Beiblatt 1

Graphical symbols; Additional symbols for graphical symbols, examples

Diese Norm enthält Beispiele für die Anwendung der in DIN 40 703 festgelegten Zusatzschaltzeichen.

Nr	IEC	Schaltzeichen	Benennung	Bemerkung
1			4 Stellungen, mit begrenzter Bewegung in beiden Richtungen	Die Grundstellung darf mit 0 (Null) gekennzeichnet werden.
2			4 Stellungen, mit beliebiger Bewegung in beiden Richtungen	
3			Kennzeichnung der Stellungen eines abnehmbaren Handantriebs, z. B. Steckschlüssel, der nur in der Stellung 2 eingesteckt oder abgezogen werden kann.	
4			Kennzeichnung der Stellungen eines Handantriebes, Stellungen 2 und 3 sind Raststellungen	
5			Sperre, bei Rechtsbewegung wird Rückgang gesperrt. Sperrung von Hand lösbar.	
6			Bewegung in beiden Richtungen sperrend, durch abnehmbaren Handantrieb, z. B. Steckschlüssel, sperrbar.	
7			Ventil mit Fühler und Antrieb durch Nocken.	Ventil im geschlossenen Zustand dargestellt.
8			Doppelkupplung zum Umschalten von Motorantrieb auf Handantrieb durch Handrad. Durch Verschieben des Handrades wird die motorangetriebene Welle entkuppelt (Stellung 1) und der Handantrieb gekuppelt.	
9			Fliehkraftkupplung, selbsttätig entkuppelnd, bei Überschreiten einer bestimmten Drehzahl kuppelnd.	
10			Scheibenwischer mit Motorantrieb	

Fachnormenausschuß Elektrotechnik im Deutschen Normenausschuß (DNA)

DK 621.3 : 003.62 : 621.319 : 621.35 : 621.365

November 1977

Schaltzeichen
Industrielle Anwendung der Elektrowärme,
Elektrochemie, Elektrostatik

DIN
40 704
Teil 1

Graphical symbols; electrical heating, electrochemical and electrostatic applications in industries

Ein direkter Zusammenhang mit einer von der International Electrotechnical Commission (IEC) herausgegebenen Publikation besteht nicht.

Erklärung zur IEC-Spalte

Das Zeichen — bedeutet, daß ein entsprechendes IEC-Schaltzeichen nicht vorhanden ist.
Die Nummer bedeutet Übereinstimmung des Schaltzeichens mit dem unter dieser Nummer in IEC 117-1 enthaltenen IEC-Schaltzeichen.

Inhalt

	Nr Seite		Nr Seite
Mitgeltende Normen	1	Beispiele für Lichtbogenheizung	28 bis 31 3
Elektrowärme	1	Beispiele für Induktionsheizung	32 bis 35 3
Erwärmungsgut	1 bis 7 1	Beispiel für dielektrische Erwärmung	36 4
Raum mit Erwärmungsgut	8 bis 12 2	**Elektrochemie**	37 bis 38 4
Heizglieder	13 bis 20 2	**Elektrostatik**	39 bis 41 4
Beispiele für Widerstandsheizung	21 bis 27 2	Beispiele für Filter	42 bis 45 4

Mitgeltende Normen

DIN 40 712 Schaltzeichen; Kennzeichen für Veränderbarkeit, Einstellbarkeit, Schaltzeichen für Widerstände, Wicklungen, Kondensatoren, Dauermagnete, Batterien, Erdung, Abschirmung

Nr	IEC	Schaltzeichen	Benennung und Bemerkung
Elektrowärme			
Erwärmungsgut			
1	—		Erwärmungsgut allgemein, insbesondere gasförmiges Gut *Anmerkung: Zeichnerisches Seitenverhältnis 1:2*
2	—		festes Gut bei Durchwärmung, z.B. Glühgut, Ausbackgut, Trockengut
3	—		festes Gut bei Oberflächen- oder Teilerwärmung, z.B. zur Oberflächenhärtung, -trocknung *Anmerkung: Mit der Strichlinie kann die Lage der erwärmten Stelle gekennzeichnet werden*
4	—		Schmelzgut
5	—		flüssiges Gut
6	—		Verdampfungsgut
7	—		Schüttgut

Fortsetzung Seite 2 bis 4
Erläuterungen Seite 4

Deutsche Elektrotechnische Kommission im DIN und VDE (DKE)

Fortsetzung der Tabelle

Nr	IEC 117-1	Schaltzeichen	Benennung und Bemerkung
Raum mit Erwärmungsgut			
8	–		Raum für Erwärmungsvorgänge
9	–		Raum mit Erwärmungsgut, allgemein
10	–		Erwärmungsgut unter Vakuum
11	–		Erwärmungsgut unter Gas Anmerkung: Gas- oder Flüssigkeitsart im Bedarfsfall kennzeichnen
12	–		Heizraum mit Flüssigkeitsfüllung
Heizglieder			
13	74		Heizwiderstand nach DIN 40712 E: Resistor
14	83		Heizinduktor nach DIN 40712 E: Winding
15	–		Heizinduktor für indirekte Erwärmung von leitendem und nichtleitendem Erwärmungsgut
16	84		Kondensator für dielektrische Erwärmung nach DIN 40712 E: Capacitance
17	–		Infrarot-Dunkelstrahler
18	–		Infrarot-Hellstrahler, z. B. mit 3 Einsätzen
19	–		Tauchelektrode
20	–		Lichtbogenelektrode
Beispiele für Widerstandsheizung			
21	–		Unmittelbare Erwärmung durch Stromdurchgang, z. B. Stangenerwärmung
22	–		Erwärmung durch Wärmeleitung, z. B. Elektrodensalzbad, Erwärmungsgut im Salzbad
23	–		Erwärmung durch Wärmeleitung, z. B. Heizkessel für Flüssigkeiten, Heizglied allseitig von Flüssigkeit umgeben

Fortsetzung der Tabelle

DIN 40704 Teil 1 Seite 3

Nr	IEC	Schaltzeichen	Benennung und Bemerkung
Beispiele für Widerstandsheizung (Fortsetzung)			
24	–		Erwärmung durch Wärmeleitung, z. B. Heizplatte
25	–		Erwärmung durch Wärmestrahlung, z. B. Trockenofen mit Infrarot-Dunkelstrahler zur Oberflächentrocknung
26	–		Erwärmung durch Wärmestrahlung und Konvektion, z. B. Gaserhitzer
27	–		Erwärmung durch Wärmestrahlung und Konvektion, z. B. Glühofen, Glühgut unter Schutzgas
Beispiele für Lichtbogenheizung			
28	–		Erwärmung durch Wärmestrahlung und Stromdurchgang, z. B. Schmelzofen (auch mittelbar durch Wärmestrahlung des Lichtbogens)
29	–		Erwärmung durch Wärmestrahlung, z. B. Schmelzofen
30	–	125 V 3~50 Hz 1750 kVA	Lichtbogenschmelzofen mit Angabe der elektrischen Kenngrößen für maximale Schmelzleistung, z. B. Drehstrom 125 V 50 Hz 1750 kVA
31	–		Lichtbogenreduktionsofen mit abgedecktem Lichtbogen. **Anmerkung**: Die Lichtbogenelektroden berühren die Linie, die das Erwärmungsgut darstellt. Dies symbolisiert das Eintauchen in das Erwärmungsgut.
Beispiele für Induktionsheizung			
32	–		Tiegel-Schmelzofen, Erwärmungsgut und Heizinduktor unter Vakuum
33	–		Rinnenschmelzofen mit Darstellung des Eisenkerns
34	• –		Induktiv beheizter Spritzzylinder für Thermoplaste
35	–		Induktionsheizung zur Oberflächenvergütung

Fortsetzung der Tabelle

Nr	IEC	Schaltzeichen	Benennung und Bemerkung
Beispiel für dielektrische Erwärmung			
36	–		Dielektrische Erwärmung zur Holzverleimung, Folienschweißung, Preßmassenvorwärmung usw., mit Abschirmung
Elektrochemie			
37	–		Elektrolysebad
38	–		Elektrolysebad oder Bad für galvanische Oberflächenbehandlung, mit 2 Elektroden
Elektrostatik			
39	–		Elektrode mit Korona
40	–		Elektrode ohne Korona
41	–		Niederschlagselektrode
Beispiele für Filter (Gasreiniger)			
42	–		Sprüheinrichtung einer Sprühanlage, allgemein
43	–		Sprüheinrichtung mit zwei Zonen
44	–		Sprüheinrichtung mit getrennter Aufladung und Abscheidung
45	–		Sprüheinrichtung, z. B. zum Lackieren von rotierenden Werkstücken als Niederschlagselektroden

Erläuterungen

Diese Norm wurde ausgearbeitet vom UK 113.1 „Schaltzeichen und Schaltungsunterlagen" der Deutschen Elektrotechnischen Kommission im DIN und VDE in Zusammenarbeit mit K 362 „Industrielle Elektrowärme".

Mit Ausnahme der Schaltzeichen Nr 13, 14 und 16, die aus DIN 40 712 entnommen sind, besteht kein Zusammenhang mit einer IEC-Publikation.

Gegenüber Ausgabe März 1964 wurden zugefügt: Nr 7, Nr 20, Nr 31. Geringfügige Änderungen erfuhren die Schaltzeichen Nr 15, 22, 30 und 36. Redaktionell wurde die einfache Zählnummer statt der hierarchischen Abschnittsbenummerung vorgesehen.

DK 621.314.5/.6 : 003.62　　　　　　　　　　　　　　　　　Februar 1970

Schaltzeichen
Stromrichter

DIN 40706

Graphical symbols, converters

Zusammenhang mit IEC-Empfehlungen siehe Erläuterungen

Zeichenerklärung

Die in der IEC-Spalte benutzten Zeichen haben die nachstehende Bedeutung:
= Das Schaltzeichen stimmt mit dem IEC-Schaltzeichen überein.
− Ein entsprechendes IEC-Schaltzeichen ist nicht vorhanden.
K Das Schaltzeichen besteht aus einer Kombination von IEC-Schaltzeichen.

Nr	IEC	Schaltzeichen	Benennung	Bemerkungen
Bauelemente				
1	=		Halbleitergleichrichter	
2	−		Gas- oder dampfgefülltes Entladungsgefäß mit Glühkathode und Darstellung der Gas- oder Dampffüllung	
3	K		Schaltglied für Kontaktstromrichter (mechanisch betätigtes elektrisches Ventil) allgemein	
4	K		Schaltglied für Kontaktstromrichter mit Stromzuführung zum beweglichen Schaltstück	Darstellung falls erforderlich
Entladungsgefäße				
5	=		Gasgefülltes Entladungsgefäß mit Kaltkathode und Steuergitter	
6	K		Gasgefülltes Entladungsgefäß mit Kaltkathode, Zünd- und Erregeranode	

Fortsetzung Seite 2 bis 4
Erläuterungen Seite 5

Fachnormenausschuß Elektrotechnik im Deutschen Normenausschuß (DNA)

Seite 2 DIN 40 706

Nr	IEC	Schaltzeichen	Benennung	Bemerkungen
7	K		Gasgefülltes Entladungsgefäß mit Kaltkathode, Zündanode, Erregerkathode und Darstellung der Gasfüllung	
8	=		Einanoden-Entladungsgefäß mit Quecksilberkathode und Dauererregung (Quecksilberdampfgefäß, Exitron) mit Zünd- und Erregeranode	
9	K		Einanoden-Entladungsgefäß mit Quecksilberkathode und Dauererregung (Quecksilberdampfgefäß, Exitron) mit Zünd- und Erregeranode, Steuergitter und indirekter Heizung der Hauptanode	
10	K		Einanoden-Entladungsgefäß mit Quecksilberkathode und Dauererregung (Quecksilberdampfgefäß, Exitron) mit kombinierter Zünd-Erregeranode und Steuergitter	
11	=		Einanoden-Entladungsgefäß mit Quecksilberkathode und Stiftzündung (Quecksilberdampfgefäß, Ignitron) mit Zündstift	
12	K		Einanoden-Entladungsgefäß mit Quecksilberkathode und Stiftzündung (Quecksilberdampfgefäß, Ignitron) mit Zündstift, Erregeranode und Steuergitter	

| Nr | IEC | Schaltzeichen | | Benennung | Bemerkungen |
		Form 1	Form 2		
13	K			Mehranodiges Entladungsgefäß mit Quecksilberdampfgefäß (Mehranodengefäß) mit 6 Anoden, 6 Steuergittern, 1 Zündanode, 2 Erregeranoden	
14	K			Gefäßsatz mit 6 Entladungsgefäßen (Einanodengefäßen) mit je 1 Anode mit indirekter Heizung, 1 Steuergitter, 2 Erregeranoden, 1 Zündanode	

DIN 40706 Seite 3

Nr	IEC	Schaltzeichen Form 1	Schaltzeichen Form 2	Benennung	Bemerkungen
Beispiele für Stromrichter					
15	K			Gleichrichter mit dampfgefülltem Glühkathodengefäß, Einwegschaltung	
16	K			Halbleitergleichrichter, Mittelpunktschaltung	
17	K			Halbleitergleichrichter, Brückenschaltung	
18	K			Stromrichter, dreiphasige Stern- oder Mittelpunktschaltung	
19	–			Stromrichter, Doppel-Dreiphasen-Stern- oder Mittelpunktschaltung mit Saugdrossel	
20	K	800 V 1000 A	800 V 1000 A	Quecksilberdampfgleichrichter, sechsphasige Stern- oder Mittelpunktschaltung, z. B. 800 V, 1000 A Gleichstrom	

197

Nr	IEC	Schaltzeichen Form 1	Schaltzeichen Form 2	Benennung	Bemerkungen
21	–			Quecksilberdampfstromrichter mit gittergesteuerten Einanodengefäßen, dreiphasige Zweiwegschaltung (Brückenschaltung) mit Schwenktransformator für + 7,5° Spannungsschwenkung. Die geschwenkte Spannung eilt der Netzspannung nach	
22	–			Kontaktstromrichter mit 6 Schaltdrosseln (Transduktordrosseln) und 6 Schaltgliedern in Drehstrom-Brückenschaltung, z. B. angetrieben mit Synchronmotor	Schaltzeichen für Transduktordrosseln DIN 40714 Blatt 3
23	–			Kontaktwechselrichter	
24	–			Kontakt-Gleichspannungsumsetzer	

Erläuterungen

In der vorliegenden Neufassung der Norm wurden die IEC-Empfehlungen 117-2 „Recommended graphical symbols Part 2: Machines, transformers, primary cells and accumulators" — „Symboles graphiques recommandés, 2ème partie: Machines, transformateurs, piles et accumulateurs" — „Empfehlungen für Schaltzeichen, Teil 2: Maschinen, Transformatoren, Primärelemente und Akkumulatoren" (Ausgabe 1960) und 117-6 „Recommended graphical symbols, Part 6: Variability, Examples of resistors, Elements of electronic tubes, valves and rectifiers" — „Symboles graphiques recommandés, 6ème partie: Variabilités, exemples de résistances, éléments de tubes, électroniques, soupapes et redresseurs" — „Empfehlungen für Schaltzeichen, Teil 6: Veränderbarkeit, Beispiele für Widerstände, Elemente für Elektronenröhren, Gleichrichterröhren und Gleichrichter" (Ausgabe 1964) nebst Nachtrag 1 vom August 1966 und Nachtrag 2 vom Dezember 1967 berücksichtigt.

DK 621.3:003.62 Juni 1960

Starkstrom- und Fernmeldetechnik
Schaltzeichen
Meldegeräte (Empfänger)

DIN 40708

Diese Norm enthält die in der Starkstrom- und Fernmeldetechnik gemeinsam gültigen Schaltzeichen (siehe auch DIN 40710, DIN 40711, DIN 40712 und DIN 40713). Für die übrigen Schaltzeichen der Fernmeldetechnik gilt weiterhin DIN 40700.

Lfd. Nr	IEC Nr	Schaltkurzzeichen	Schaltzeichen	Benennung
				A Sichtmelder
1	(E 221)	○		Sichtmelder, allgemein
2	E 223	2.1 ⊗	⊗	**Leuchtmelder** allgemein, insbesondere mit Glühlampe
	–	2.2	⊗	desgleichen blinkend
	–	2.3	⊗	desgleichen mit Verdunkelungsschalter
	–	2.4		desgleichen mit Glimmlampe
3	–	3.1 ⊖	⊖	**Melder mit selbsttätigem Rückgang** Zeigermelder, Schauzeichen, Winker
	–	3.2		desgleichen leuchtend
	–	3.3		desgleichen schwingend, z. B. schwingender Leuchtwinker
4	–	4.1 ⊖	⊖	**Melder ohne selbsttätigen Rückgang** Zeigermelder, Fallklappe
	–	4.2		desgleichen leuchtend
5	–	5.1		**Besondere Melder** Melder mit Fühleinrichtung, z. B. für Blinde
	–	5.2		Aufzeichnender Melder
6	–			Zählwerk
7	–	7.1		**Zählwerk** mit Leuchtmelder
	–	7.2		elektromechanisch betätigt mit Schließer, z. B. Gesprächszähler mit Hilfskontakt

Fortsetzung Seite 2 bis 4

Fachnormenausschuß Elektrotechnik im Deutschen Normenausschuß (DNA)

Seite 2 DIN 40708

Lfd. Nr	IEC Nr	Schalt-kurzzeichen	Schaltzeichen	Benennung
8	–	8.1		**Mehrfachmelder**
				Mehrfachleuchtmelder, z. B. für 7 Meldungen
	–	8.2		Mehrfachleuchtzeichenmelder, z. B. 3stelliger Nummern-Melder
	–	8.3		Mehrfachzeigermelder mit 1 Ruhe- und 2 Arbeitsstellungen, z. B. Schalterstellungsanzeiger, Schauzeichen
	–	8.4		desgleichen ohne selbsttätigen Rückgang, z. B. für 10 Stellungen
9	–	9.1		**Quittiermelder, Quittierschalter**
				allgemein
	–	9.2		desgleichen blinkend
10	–	10.1		**Steuerquittierschalter**
				allgemein
	–	10.2		desgleichen blinkend
11	–	11.1		**Melder mit Hilfsschaltern**
				Fallklappe mit 1 Schließer vom Triebsystem betätigt
	–	11.2		desgleichen von Fallklappe betätigt, z. B. Weckerfallklappe mit Rückstellung
	–	11.3		desgleichen mit 1 Schließer vom Triebsystem betätigt, und 1 Wechsler von der Fallklappe betätigt. Rückstellung nur bei stromlosem Triebsystem möglich
	–	11.4		desgleichen mit 1 Schließer vom Triebsystem betätigt, und 1 Wechsler von der Fallklappe betätigt. Rückstellung der Fallklappe auch bei erregtem Triebsystem möglich

DIN 40708 Seite 3

Lfd. Nr	IEC Nr	Schalt- kurzzeichen	Schaltzeichen	Benennung
12	–	12.1		**Leuchtmelder ohne selbsttätige Löschung** z. B. Lichtfachrelais
	–	12.2 ⊗¹⁰		desgleichen für 10 Meldungen
13	–			Dreistellen-Zeigermelder druckluftbetätigt mit Hilfsschalter

B Hörmelder

Lfd. Nr	IEC Nr	Schalt- kurzzeichen	Schaltzeichen	Benennung
14	E 211		14.1	**Wecker** allgemein
	E 212 E 214		14.2	desgleichen mit Angabe der Stromart
	E 213		14.3	Einschlagwecker, Gong
	–		14.4	Wecker für Sicherheitsschaltung
	–		14.5	Wecker mit Ablaufwerk
	–		14.6	Motorwecker
	–		14.7	Fortschellwecker
	–		14.8	Wecker mit Sichtmelder

Seite 4 DIN 40 708

Lfd. Nr	IEC Nr	Schalt-kurzzeichen	Schaltzeichen	Benennung
15	(E 215)		15.1	Schnarre
	–		15.2	Summer
16	–		16.1	**Hupe oder Horn** allgemein
	–		16.2	desgleichen mit Angabe der Stromart
17	–		17.1	**Sirene** allgemein
	–		17.2	desgleichen mit Angabe der Stromart
	–		17.3	desgleichen mit Angabe der Tonhöhe, z. B. 140 Hz
	–		17.4	desgleichen mit Heulton, z. B. zwischen 150 und 270 Hz schwankend

203

DK 621.3 : 003.62 : 621.3.045.062 Juli 1978

Schaltzeichen
Kennzeichen für Schaltungsarten von Wicklungen

DIN
40 710

Graphical symbols; methods of connecting windings

Mit DIN 40 700 Teil 4
Ersatz für DIN 40 710,
Ausgabe September 1966

Zusammenhang mit der von der International Electrotechnical Commission (IEC) herausgegebenen IEC-Empfehlung 117-1 (1960) siehe Erläuterungen.
Die in dieser Norm kursiv gesetzten Benennungen und Anmerkungen sind nicht Bestandteil der Norm. Sie stimmen mit denen der zugehörigen IEC-Publikation überein.

Nr	IEC 117-1 Nr	Kennzeichen	Benennung und Bemerkung
1	21		Eine Wicklung *One winding*
2	22		Zwei getrennte Wicklungen *Two separate windings*
3	23		Drei getrennte Wicklungen *Three separate windings*
4	24		m getrennte Wicklungen *m separate windings*
5	25		Zwei Wicklungen in L-Schaltung *2-phase winding*
6	25A		Zwei Wicklungen für Vierleiter-System *Two-phase windings, four-wire*
7	26		Zwei Wicklungen in V-Schaltung für Dreiphasen-System *3-phase winding, two windings, V(60°)*
8	27		Vierphasen-Wicklung mit herausgeführtem Mittelpunkt *4-phase winding with neutral brought out* Die Richtung des herausgeführten Mittelpunktes ist beliebig (gilt auch für Nr 13 und 18)
9	28		Zwei Wicklungen in T-Schaltung für Dreiphasen-System *3-phase winding, T-connected*
10	29		Dreiphasen-Wicklung in Dreieckschaltung *3-phase winding, delta*

Fortsetzung Seite 2 und 3
Erläuterungen Seite 3

Deutsche Elektrotechnische Kommission im DIN und VDE (DKE)

Nr	IEC 117-1 Nr	Kennzeichen	Benennung und Bemerkung
11	30	△	Dreiphasen-Wicklung in offener Dreieckschaltung *3-phase winding, open delta*
12	31	Y	Dreiphasen-Wicklung in Sternschaltung *3-phase winding, star*
13	32	Y•	Dreiphasen-Wicklung in Sternschaltung mit herausgeführtem Mittelpunkt, siehe Nr 8 *3-phase winding, star, with neutral brought out*
14	33	⌐⌐	Dreiphasen-Wicklung in Zickzackschaltung *3-phase winding, zig-zag or interconnected star*
15	34	✡	Sechsphasen-Wicklung in Doppeldreieckschaltung *6-phase winding, double delta*
16	35	⬡	Sechsphasen-Wicklung in Sechseckschaltung *6-phase winding, polygon*
17	36	✳	Sechsphasen-Wicklung in Sternschaltung *6-phase winding, star-connected*
18	37	⋎⋏•	6-Phasen-Gabelschaltung mit herausgeführtem Mittelpunkt, siehe Nr 8 *Winding 6-phase fork with neutral brought out*
19	38	△m	m-Phasen-Polygonschaltung *m-phase winding, polygon*
20	39	Y m	m-Phasen-Sternschaltung *m-phase winding, star*
21	—*)	| |	Reihenschaltung
22	—*)	||	Parallelschaltung
23	—*)	|	Einphasen-System, Einzelstrang
24	—*)	⊥	Einzelstrang mit Hilfsphase
25	—*)	|³ |||	Drehstrom-System, allgemein, offene Dreiphasen-Wicklung

*) Siehe Seite 3

Nr	IEC 117-1 Nr	Kennzeichen	Benennung und Bemerkung
Beispiele			
26	K*)	Y △	Stern-Dreieck-Schaltung
27	—*)	/△\ ⩳ ‖	Dahlanderschaltung

*) Die in der IEC-Spalte benutzten Zeichen haben die nachstehende Bedeutung:
— Ein entsprechendes IEC-Schaltzeichen ist nicht vorhanden.
K Das Schaltzeichen besteht aus einer Kombination von IEC-Schaltzeichen.

Erläuterungen

Diese Norm wurde von UK 113.1 „Schaltzeichen, Schaltungsunterlagen" der Deutschen Elektrotechnischen Kommission im DIN und VDE (DKE) ausgearbeitet.

Der Inhalt dieser Norm entspricht, soweit Übereinstimmung besteht,

IEC-Publikation 117-1 (1960), Abschnitt C, einschließlich Nachtrag 3 (1973): ... Schaltungsarten ...

Im Rahmen der Angleichung an internationale Veröffentlichungen wurden die in der Ausgabe September 1966 dieser Norm enthaltenen Schaltzeichen für Strom- und Spannungsarten und Impulse in DIN 40 700 Teil 4 überführt.

DK 621.3.06 : 003.62 : 621.315 August 1961

	Starkstrom- und Fernmeldetechnik	**DIN**
	Schaltzeichen	
	Leitungen und Leitungsverbindungen	**40711**

Graphical symbols. Conductors, connections and conductors and terminals

Diese Norm enthält die in der Starkstrom- und Fernmeldetechnik gemeinsam gültigen Schaltzeichen (siehe DIN 40 710, 40 712 und 40 713). Für die übrigen Schaltzeichen der Fernmeldetechnik gilt weiterhin DIN 40 700.

Lfd. Nr	IEC	Schaltzeichen	Benennung	Bemerkung
		Leitungen (auch Kabel, Linien und Strecken)		
1	=	1.1	Leitung allgemein	
		1.2	desgleichen, zusätzlich zu verwenden, wenn eine Unterscheidung erforderlich ist	Verhältnis der Strichlängen 3:1
2		2.1	Leitung mit Kennzeichnung des Bauzustandes ausgeführt	
		2.2	im Bau	
		2.3	geplant	
3			Bewegbare Leitung (Freihandlinie)	Darstellung falls erforderlich
4			Leitung, die wahlweise oder nachträglich (Nachrüstleitung) gelegt wird	
5		5.1	Leitung mit Kennzeichnung des Verwendungszweckes Schutzleitung für Erdung, Nullung und Schutzschaltung	
		5.2	Fremdleitung	
		5.3	Ruf- und Klingelleitung	
		5.4	Fernsprechleitung	
		5.5	Rundfunkleitung	
6		6.1	**Leitung Weitere Darstellungsarten**	
		6.2	z. B. Notbeleuchtungsleitung, Blinklichtleitung, Nachtschaltleitung in Fernmeldeanlagen usw.	Bedeutung im Plan angeben
		6.3		
		6.4		
7			Verdrillte Leitung z. B. zweiadrig	
8			Koaxiale Leitung	
9			Rechteckhohlleitung für Höchstfrequenz	

Die mit = gekennzeichneten Schaltzeichen sind gleich den entsprechenden IEC-Schaltzeichen. Fortsetzung Seite 2 und 3

Fachnormenausschuß Elektrotechnik im Deutschen Normenausschuß (DNA)

Lfd. Nr	IEC		Schaltzeichen	Benennung	Bemerkung
10		10.1		**Geschirmte Leitung** vorzugsweise für lang gezeichnete Leitungen und ein- und mehradrige Leitungen, ungeerdet	
		10.2		wie 10.1, jedoch geerdet, Erdungspunkt beliebig	
		10.3		vorzugsweise für kurz gezeichnete und einadrige Leitungen, ungeerdet	
		10.4		wie 10.3, jedoch geerdet, Erdungspunkt beliebig	
		10.5		wie 10.4, jedoch mit Festlegung des Erdungspunktes	
		10.6		gemeinsame Schirmung von getrennt dargestellten Leitungen	
		10.7		koaxiale Leitung, geschirmt	
11				Leitung mit Kennzeichnung der Leiterzahl, z. B. 3 Leiter	
12				Leitung mit Kennzeichnung der Anzahl v. Kreisen, z. B. 2 Kreise	
13				**Zusammenfassung von Leitungen zur vereinfachten Darstellung in Schaltplänen**	
		13.1		zusammengefaßte Leitungen, allgemein, Reihenfolge beidseitig beliebig (Leitungen sind zu kennzeichnen)	
		13.2		desgleichen, bei einpoliger Darstellung	
		13.3		desgleichen, mit gleicher Reihenfolge auf beiden Seiten	
		13.4		Leitungsbündel mit Kennzeichnung der Richtung der Leitungsführung	
14	=			**Kreuzung von Leitungen ohne Verbindung, z. B. mit je 3 Leitern**	
		14.1		einpolige Darstellung	
		14.2		mehrpolige Darstellung	

DIN 40711 Seite 3

Lfd. Nr	IEC	Schaltzeichen	Benennung	Bemerkung
		Leitungsverbindungen		
15	=	15.1	Leitende Verbindung von Leitungen	
		15.2		
		15.3		
16		16.1	Verbindungsstelle allgemein, insbesondere betriebsmäßig nicht lösbare Verbindung	
		16.2	lösbare Verbindung, z.B. Klemme	
17			Klemmenleiste, Reihenklemmen, z. B. die ersten 3 Klemmen einer Reihe	
18		18.1	Reihenklemmen mit fester Verbindung	zeichnerisches Seitenverhältnis 1:1 bis 1:3, vorwiegend für Bauschalt- und Leitungspläne
		18.2	desgleichen, jedoch mit lösbarer (schaltbarer) Verbindung	
		18.3	Reihentrennklemmen	
19			Beispiel Klemmenleiste aus Reihenklemmen und Reihentrennklemmen	
20			**Leitungsdurchführung in Gehäuse- oder Gebäudewand (nur im Bedarfsfalle zeichnen)**	
		20.1	ohne Verbindungsstellen	
		20.2	mit nicht lösbaren Verbindungsstellen	
		20.3	mit lösbaren Verbindungsstellen	
		20.4	als Kondensator-Durchführung	
		20.5	desgleichen, jedoch für zusätzliche Spannungsanzeige	

DK 621.3 : 003.62 Juli 1971

Schaltzeichen
Kennzeichen für Veränderbarkeit, Einstellbarkeit, Schaltzeichen für
Widerstände, Wicklungen, Kondensatoren, Dauermagnete, Batterien,
Erdung, Abschirmung

DIN 40 712

Variability, resistors, windings, capacitors, permanent magnets, batteries, earth-connections

Zusammenhang mit IEC-Empfehlungen siehe Erläuterungen

Zeichenerklärung
Die in der IEC-Spalte benutzten Zeichen haben die nachstehende Bedeutung:
- = Das Schaltzeichen stimmt mit dem IEC-Schaltzeichen überein.
- ≈ Das Schaltzeichen ist ähnlich dem IEC-Schaltzeichen (die Abweichung ist so geringfügig, daß Mißverständnisse bei Benutzung der deutschen Norm im internationalen Gebrauch nicht zu befürchten sind).
- ≠ Schaltzeichen stimmt mit dem IEC-Schaltzeichen nicht überein.
- — Ein entsprechendes IEC-Schaltzeichen ist nicht vorhanden.
- K Das Schaltzeichen besteht aus einer Kombination von IEC-Schaltzeichen.

Zwischen der ausgefüllten und der offenen Pfeilspitze besteht kein Unterschied in der Bedeutung.

Nr	IEC	Schaltzeichen	Benennung	Bemerkung
Kennzeichen für Veränderbarkeit, veränderbar durch mechanische Verstellung bei Benutzung des Gerätes (Nur in Verbindung mit Schaltzeichen zu verwenden)				
1	=		Kennzeichen für stetige Veränderbarkeit durch mechanische Verstellung, allgemein	Die Kennzeichen Nr 1 bis Nr 7 können auch zur Darstellung eines bewegbaren Abgriffes benutzt werden.
2	=		Kennzeichen für stetige Veränderbarkeit durch mechanische Verstellung, linear	
3	=		Kennzeichen für stetige Veränderbarkeit durch mechanische Verstellung, nicht linear	Zwischen der veränderbaren Größe und dem Verstellweg (Strecke oder Winkel) besteht kein linearer Zusammenhang.
4	=		Kennzeichen für stufige Veränderbarkeit durch mechanische Verstellung	Anzahl der Stufen oder Wertangaben der Stufen können angegeben werden.
Kennzeichen für Einstellbarkeit, einstellbar z. B. zum Ausgleich von Toleranzen und Alterung in Fertigung und Wartungsdienst (nur in Verbindung mit Schaltzeichen zu verwenden)				
5	=		Kennzeichen für Einstellbarkeit durch mechanische Verstellung, allgemein	Kennzeichnung der stetigen oder stufigen Einstellbarkeit, falls erforderlich
6	=		Kennzeichen für Einstellbarkeit, stetig	Anzahl der Stufen oder Wertangaben der Stufen können angegeben werden
7	=		Kennzeichen für Einstellbarkeit, stufig	

Fortsetzung Seite 2 bis 4
Erläuterungen Seite 5

Deutsche Elektrotechnische Kommission · Fachnormenausschuß Elektrotechnik im DNA gemeinsam mit Vorschriftenausschuß des VDE

Seite 2 DIN 40 712

Nr	IEC	Schaltzeichen	Benennung	Bemerkung
	Kennzeichen für Veränderbarkeit einer für das Betriebsmittel charakteristischen physikalischen Größe, bedingt durch Werkstoff und technologischen Aufbau unter dem Einfluß einer anderen physikalischen Größe (nur in Verbindung mit Schaltzeichen zu verwenden)			
8	=	/	Kennzeichen für die lineare Veränderbarkeit unter Einfluß einer physikalischen Größe	Die Kennzeichen Nr 8 und Nr 9 können um folgende Zeichen erweitert werden:
9	=	⌐/	Kennzeichen für die nicht-lineare Veränderbarkeit unter Einfluß einer physikalischen Größe	↑↑ ≙ Änderung des Wertes gleichsinnig mit der Einflußgröße ↑↓ ≙ Änderung des Wertes gegensinnig mit der Einflußgröße

Widerstände

Nr	IEC	Schaltzeichen	Benennung	Bemerkung
10	=	─▭─	Widerstand, allgemein	Zeichnerisches Seitenverhältnis 1 : ≧ 2
11	–	─⊔─	Widerstand, wahlweise Darstellung	
12	=	─▭─ mit Anzapfungen	Widerstand, mit Anzapfungen	
13	=	─▭─ mit Schleifkontakt	Widerstand, mit Schleifkontakt	
14	=	─[R]─	rein ohmscher Widerstand	
15	=	─[Z]─	Scheinwiderstand	Phasenwinkel beliebig

Wicklungen (Induktivitäten)

Nr	IEC	Schaltzeichen	Benennung	Bemerkung
16	=	─▬─	Wicklung, Induktivität allgemein	Zeichnerisches Seitenverhältnis 1 : ≧ 2
17	=	─⊔─	Wicklung, wahlweise Darstellung	
18	=	─⌒⌒⌒─	Wicklung, wahlweise Darstellung	
19	=	─▬─ mit Anzapfungen	Wicklung, mit Anzapfungen	
20	=	─▬─	Wicklung mit Kern, in der Regel aus magnetischem Werkstoff	Bei Kernen aus nichtmagnetischen Werkstoffen kann der Werkstoff durch Hinzusetzen des betreffenden Formelzeichens angegeben werden.
21	=	─▬─	Wicklung mit Kern aus magnetischem Werkstoff und mit Luftspalt	
22	K	┤▬├	Wicklung, geschirmt	

Kondensatoren (Kapazitäten)

Nr	IEC	Schaltzeichen	Benennung	Bemerkung
23	=	─┤├─	Kondensator, Kapazität allgemein	Bei den Schaltzeichen Nr 23 bis Nr 28 soll der Abstand a = 1/5 bis 1/3 der Länge l betragen
24	≈	─┤│├─	Kondensator mit Anzapfung	
25	=	─┤(─	Kondensator mit Kennzeichnung des Außenbelages	

DIN 40 712 Seite 3

Nr	IEC	Schaltzeichen	Benennung	Bemerkung
26	=		gepolter Kondensator	
27	=		gepolter Elektrolyt-Kondensator	Das Rechteck stellt die Elektrode dar, die an Plusspannung gelegt werden muß
28	=		ungepolter Elektrolyt-Kondensator	An Stelle von Nr 23 im Bedarfsfalle anwenden
29	=		Durchführungskondensator, koaxial	

Dauermagnete, Batterien, Erdung

Nr	IEC	Schaltzeichen	Benennung	Bemerkung
30	=		Dauermagnet, allgemein	Die Polarität kann durch N oder S angegeben werden. Bei Nr 31 entspricht schwarz N
31	+		wahlweise Darstellung	
32	=		Primär-Element, Akkumulator (Zelle), Batterie	Spannung, Polarität und Anzahl der Zellen können angegeben werden, der lange Strich kennzeichnet den positiven Pol.
33	=		Erde, allgemein	
34	–		Erde mit Angabe der Erdungsart, z. B. Betriebserde	
35	=		Fremdspannungsarme Erde	
36	–		Anschlußstelle für Schutzleiter	
37	–		Masse, allgemein	
38	–		Masse mit Angabe des Potentails, z. B. III	
39	=		Trennlinie	z. B. zwischen zwei Schaltfeldern
40	≈		Umrahmungslinie	z. B. zur Abgrenzung von Schaltungsteilen innerhalb eines Planes.
41	≈		Abschirmung	

Beispiele

Nr	IEC	Schaltzeichen	Benennung	Bemerkung
42	=		Nebenwiderstand mit Strom- und Spannungsanschlüssen (Shunt)	
43	=		veränderbarer Widerstand	
44	=		veränderbarer Widerstand durch Motorantrieb	
45	=		veränderbarer Widerstand mit nichtlinearer Kennlinie	

Seite 4 DIN 40 712

Nr	IEC	Schaltzeichen	Benennung	Bemerkung
46	K		veränderbarer Widerstand mit nichtlinearer Kennlinie mit Handbetätigung	
47	=		stetig veränderbarer Widerstand	
48	=		einstellbarer Widerstand	
49	K		stufig einstellbarer Widerstand, z. B. 5 Stufen	
50	=		stufig veränderbarer Widerstand mit bewegbarem Abgriff, z. B. Schleifkontakt	
51	=		stetig veränderbarer Widerstand mit Schleifkontakt (Potentiometer)	
52	K		Potentiometer mit nichtlinearer Kennlinie und Handbetätigung	
53	K		Potentiometer mit nichtlinearer Kennlinie und Handbetätigung wahlweise Darstellung	
54	K		Potentiometer	
55	K		Potentiometer mit nichtlinearer Kennlinie mit Handbetätigung wahlweise Darstellung	
56	K		Widerstand, stetig veränderbar, mit Handbetätigung	
57	K		Temperaturabhängiger Widerstand (Widerstandsänderung gleichsinnig mit der Temperaturänderung)	
58	K		Spannungsabhängiger Widerstand (Widerstandsänderung gegensinnig der Spannungsänderung)	
59	=		stufig veränderbare Induktivität	
60	=		Kondensator, Kapazität einstellbar (Trimmer)	
61	=		Kondensator, Kapazität veränderbar, mit Angabe des bewegbaren Teils	
62	=		Differential-Kondensator	
63	=		Batterie mit bewegbarem Spannungsabgriff	
64	K		Drehstrom-Anlaßwiderstand, verstellbar, handbetätigt mit Hilfsschalter	

213

Erläuterungen

In der vorliegenden Neufassung der Norm wurden die nachstehenden IEC-Empfehlungen berücksichtigt:
117-1 „Recommended graphical symbols Part 1 : Kind of current, distribution systems, methods of connection and circuit elements" „Symboles graphiques recommandés, 1 re partie: Nature de courant, systèmes de distribution, modes de connexion et éléments de circuits" „Empfehlungen für Schaltzeichen, Teil 1: Stromarten, Stromverteilungssysteme, Schaltarten von Wechselspannungssystemen, Leitungselemente und -verbindungen" (Ausgabe 1960) nebst Nachtrag Nr 1 vom August 1966, 117-2 „Recommended graphical symbols Part 2: Machines, transformers, primary cells and accumulators" „Symboles graphiques recommandés, 2ème partie: Machines, transformateurs, piles et accumulateurs" „Empfehlungen für Schaltzeichen, Teil 2: Maschinen, Transformatoren, Primärelemente und Akkumulatoren" (Ausgabe 1960), 117-4 „Recommended graphical symbols, Part 4: Measuring instruments and electric clocks" „Symboles graphiques recommandés, 4ème partie: Appareils de mesure et horloges électriques" „Empfehlungen für Schaltzeichen, Teil 4: Meßinstrumente und elektrische Uhren" (Ausgabe 1963), 117-6 „Recommended graphical symbols, Part 6: Variability, Examples of resistors, Elements of electronic, tubes, valves and rectifiers" „Symboles graphiques recommandés, 6ème partie: Variabilités, exemples de résistance, éléments de tubes, électroniques, soupapes et redresseurs" „Empfehlungen für Schaltzeichen, Teil 6: Veränderbarkeit, Beispiele für Widerstände, Elemente für Elektronenröhren, Gleichrichterröhren und Gleichrichter" (Ausgabe 1964) und 117-7 „Recommended graphical symbols, Part 7: Semiconductor devices, capacitors" „Symboles graphiques recommandés, 7ème partie: Dispositifs à semiconducteurs, condensateurs" „Empfehlungen für Schaltzeichen, Teil 7: Halbleiter, Einrichtungen, Kondensatoren" (Ausgabe 1966)

DK 621.316.5 : 621.316.9 : 621.318 : 003.62 April 1972

	Schaltzeichen			**DIN**
	Schaltgeräte	Antriebe	Auslöser	**40 713**

Graphical symbols, switchgears, operating mechanism, release

Zusammenhang mit IEC-Empfehlungen siehe Erläuterungen

Diese Norm enthält die Schaltzeichen Nr 1, 2, 7, 8 und 9 aus der zurückgezogenen Norm DIN 40 700 Blatt 6, Ausgabe Juni 1957 „Schaltzeichen, Schalter, Beispiele und Zusatzschaltzeichen".

Zeichenerklärung:

Die in der IEC-Spalte benutzten Zeichen haben die nachstehende Bedeutung:

=   Das Schaltzeichen stimmt mit dem IEC-Schaltzeichen überein.

≈   Das Schaltzeichen ist ähnlich dem IEC-Schaltzeichen. Die Abweichung ist so geringfügig, daß Mißverständnisse bei Benutzung der deutschen Norm im internationalen Gebrauch nicht zu befürchten sind.

≠   Schaltzeichen stimmt mit dem IEC-Schaltzeichen nicht überein.

−   Ein entsprechendes IEC-Schaltzeichen ist nicht vorhanden.

K   Das Schaltzeichen besteht aus einer Kombination von IEC-Schaltzeichen.

Es gibt Schaltglieder mit selbsttätigem und nicht selbsttätigem Rückgang. Wegen der großen Anzahl der in Schaltplänen anzuwendenden Schaltzeichen mit selbsttätigem Rückgang wurde auf eine besondere Kennzeichnung des selbsttätigen Rückganges verzichtet.

In vielen Schaltplänen wird aber auch nach der gleichen Methode das Schaltglied mit nicht selbsttätigem Rückgang dargestellt. In Schaltplänen, in denen beide Arten gleichzeitig vorkommen und Verwechslungen vermieden werden sollen, muß der nicht selbsttätige Rückgang, wie durch die Schaltzeichen Nr 27 und Nr 28 dargestellt, gekennzeichnet werden.

Die Richtungen der vom Schaltglied abgehenden Leitungen sind frei wählbar. Die Schaltzeichen Nr 1 bis Nr 4 ohne Darstellung der Verbindungsstellen werden am häufigsten angewendet.

Nr	IEC	Schaltzeichen		Benennung	Bemerkung
		ohne	mit		
		Darstellung der Verbindungsstellen			
Schaltglieder					
1	=			Einschaltglied, Schließer	
2	≈			Ausschaltglied, Öffner	mit selbsttätigem Rückgang nach Aufhören der Betätigungskraft. Benennung der Schaltglieder, Relais, Kontakte und Schalter siehe u. a. DIN 41 020 DIN 49 290
3	≈			Umschaltglied, Wechsler	
4	≈			Einschaltglied, Zweiwegschließer mit drei Schaltstellungen	

Fortsetzung Seite 2 bis 8
Erläuterungen Seite 8

Deutsche Elektrotechnische Kommission · Fachnormenausschuß Elektrotechnik im DNA gemeinsam mit Vorschriftenausschuß des VDE

Nr	IEC	Schaltzeichen	Benennung	Bemerkung
5	–		Trennstelle	Bei Trennsicherungen wird das Schaltzeichen für die Lasche durch das Schaltzeichen nach Nr 22 oder Nr 23 ersetzt.
6	–		Stromabnehmer Schleifkontakt	

Elektromechanische und elektromagnetische Antriebe

Nr	IEC	Schaltzeichen	Benennung	Bemerkung
7	=		Antrieb allgemein z. B. für Relais, Schütz	mit selbsttätigem Rückgang nach Aufhören der Betätigungskraft Zeichnerisches Seitenverhältnis 1 : 2
8	=		Antrieb mit besonderen Eigenschaften, allgemein	Die besonderen Eigenschaften sollen in dem zusätzlichen Feld gekennzeichnet werden. Zeichnerisches Seitenverhältnis des zusätzlichen Feldes 1 : 1 bis 1 : 2
9	–		Schaltschloß mit elektromechanischer Freigabe	Zeichnerisches Seitenverhältnis 1 : 1

Elektromagnetische Geräte

Nr	IEC	Schaltzeichen	Benennung	Bemerkung
10	–		Lasthebemagnet, Spannplatte, Magnetscheider	
11	–		magnetische Bremse z. B. Schienenbremsmagnet	
12	–		Wirbelstrombremse	

Steckverbinder

Nr	IEC	Schaltzeichen	Benennung	Bemerkung
13	=		Steckerstift	Stecker siehe DIN 40 717
14	=		Steckerbuchse	Steckdosen siehe DIN 40 717
15	=		Steckverbinder mit Steckerstift und Steckerbuchse	
16	≈		Steckverbinder mit Steckerstift und Steckerbuchse, wahlweise Darstellung	
17	–		Steckverbinder mit Kennzeichnung des Schutzleiteranschlusses	

Nr	IEC	Schaltzeichen	Benennung	Bemerkung
18	–		Steckverbinder mit Kennzeichnung des Schutzleiteranschlusses	
19	=		Steck- oder Druckverbinder mit gleichen Steckerteilen	
20	=		Klinkenhülse	
21	=		Klinkenfeder	

Sicherungen und Ableiter

Nr	IEC	Schaltzeichen	Benennung	Bemerkung
22	=		Sicherung allgemein	
23	=		Sicherung mit Kennzeichnung des netzseitigen Anschlusses	zeichnerisches Seitenverhältnis 1 : 3
24	=		Überspannungsableiter, Spannungssicherung	
25	=		Funkenstrecke	
26	=		Doppelfunkenstrecke	

Besondere Schaltglieder

Schaltglieder mit Kennzeichnung des nicht selbsttätigen Rückganges nach Aufhören der Betätigungskraft

Nr	IEC	Schaltzeichen	Benennung	Bemerkung
27	≠		Schließer	Die Kennzeichnung für den nicht selbsttätigen Rückgang kann wegfallen, wenn keine Verwechselung möglich ist.
28	≠		Öffner	

Nr	IEC	Schaltzeichen	Benennung	Bemerkung
Schaltglieder mit Kennzeichnung der verlängerten Kontaktgabe (Kontaktfolgen)				
29	–		Schließer, 1 schließt vor 2	Die Ziffern dienen nur der Erläuterung und sind nicht Bestandteil des Schaltzeichens
30	–		Öffner, 1 öffnet vor 2	
31	≈		Wechsler ohne Unterbrechung Folgeumschaltglied	
32	≈		Wechsler ohne Unterbrechung Folgeumschaltglied wahlweise Darstellung	
33	≈		Zwillingsöffner	
34	≈		Zwillingsschließer	
35			Kurzeinschaltglied, Wischer Kontaktgabe bei Bewegung in beiden Richtungen	Der kurze Strich kennzeichnet eine Stellung des Schaltgliedes.
36			Kurzeinschaltglied, Wischer Kontaktgabe nur bei Bewegung in Pfeilrichtung	
Schaltglieder mit Überbrückung mehrerer Schaltstellungen				
37	–		Mehrstellenschalter, z. B. mit 6 Stellungen. In Stellung 1: Kontakte 1 und 3 überbrückt, Kontakt 5 offen	
38	–		Mehrstellenschalter, z. B. mit 4 Stellungen. In Stellung 1: Kontakte 1 und 3 überbrückt, Kontakte 2 und 4 offen. (In Stellung 2: Kontakte 2 und 4 überbrückt, Kontakte 3 und 1 offen)	
Schaltglieder mit Kennzeichnung einer verzögerten Kontaktgabe oder verzögerten Kontaktunterbrechung				
39	K		Öffner, öffnet verzögert	
40	K		Schließer, schließt verzögert	
41	K		Öffner, schließt verzögert	

DIN 40 713 Seite 5

Nr	IEC	Schaltzeichen	Benennung	Bemerkung
42	K		Schließer, öffnet verzögert	
43	=		Trennschalter, Leerschalter	
44	–		Sicherungstrennschalter	Die Kennzeichnung des nicht selbsttätigen Rückganges bei Nr 42 bis Nr 49 entfällt, da diese Schalter nicht mit selbsttätigem Rückgang versehen werden.
45	–		Lastschalter	
46	–		Lasttrennschalter	
47	–		Leistungsschalter	
48	–		Leistungstrennschalter	Die Kennzeichnung des nicht selbsttätigen Rückganges bei Nr 42 bis Nr 49 entfällt, da diese Schalter nicht mit selbsttätigem Rückgang versehen werden.
49	–		Leistungsschalter mit Kurzunterbrechung, z. B. allpoliger Kurzunterbrechung	
50	–		Leistungsschalter mit getrennter Kurzunterbrechung der einzelnen Pole, z. B. 3 Pole	

Elektromechanische und elektromagnetische Antriebe

Nr	IEC	Schaltzeichen	Benennung	Bemerkung
51	=		Elektromechanischer Antrieb z. B. mit Angabe einer wirksamen Wicklung	
52	≈		Elektromechanischer Antrieb mit Angabe einer wirksamen Wicklung, wahlweise Darstellung	
53	=		Elektromechanischer Antrieb mit zwei gleichsinnig wirkenden Wicklungen	
54	=		Elektromechanischer Antrieb mit zwei gleichsinnig wirkenden Wicklungen, wahlweise Darstellung	Falls es zum besseren Verständnis des Relais-Betriebes notwendig ist, sollte die relative Polarität der Wicklungen durch passende Hilfsmittel angegeben werden.
55	=		Elektromechanischer Antrieb mit zwei gleichsinnig wirkenden Wicklungen, wahlweise Darstellung	Für beide Wicklungen des Relais sind die gleichen Kennzeichnungen, z. B. Buchstabe A anzuwenden.

Nr	IEC	Schaltzeichen	Benennung	Bemerkung
56	–		Elektromechanischer Antrieb mit zwei gegensinnig wirkenden Wicklungen	
57	–		Elektromechanischer Antrieb mit zwei gegensinnig wirkenden Wicklungen, wahlweise Darstellung	
58	–		Elektromechanischer Antrieb wattmetrisch wirkend	
59	=	500	Elektromechanischer Antrieb mit Angabe des Gleichstromwiderstandes, z. B. 500 Ohm	
60	–	$I >$	Elektromechanischer Antrieb mit Angabe der elektrischen Einflußgröße, z. B. Überschreiten einer bestimmten Stromstärke	
61	=	20 Hz	Elektromechanischer Antrieb mit Eigenresonanz, z. B. 20 Hz	Auch zu verwenden für Schwingmagnet, Vibrator
62	=		Thermorelais	

Elektromechanische Antriebe für Relais und Schütz

Nr	IEC	Schaltzeichen	Benennung	Bemerkung
63	=		Elektromechanischer Antrieb mit Anzugsverzögerung	
64	=		Elektromechanischer Antrieb mit Abfallverzögerung	
65	=		Elektromechanischer Antrieb mit Anzugs- und Abfallverzögerung	
66	–		gepoltes Relais mit Dauermagnet	
67	=		Stützrelais	
68	=		Remanenzrelais	
69	=		Wechselstromrelais	

DIN 40713 Seite 7

Nr	IEC	Schaltzeichen Form 1	Schaltzeichen Form 2	Benennung	Bemerkung
Elektromechanische Antriebe mit Kennzeichnung des nicht selbsttätigen Rückganges nach Aufhören der Betätigungskraft					
70	–		⊤∨⊤	Elektromechanischer Antrieb mit zwei Schaltstellungen	Rückgang in die Ausgangsstellung kann bewirkt werden durch: a) Handantrieb b) zusätzlicher Magnetantrieb c) durch denselben Antrieb (Stromstoßrelais).
71	–		⊏⊐∨	Elektromechanischer Antrieb mit zwei Schaltstellungen wahlweise Darstellung	
72	–		⌐3∨⌐	Elektromechanischer Antrieb mit drei Schaltstellungen	
73	–	→⊣	⊠ I >	Elektromagnetischer Überstromauslöser mit verzögerter Auslösung	
74	–	⊣	I <	Unterstromauslöser	
75	–	⊢⊣	I→	Rückstromauslöser	
76	–	⊣⊢⊣	⊣I>	Fehlerstromauslöser	
77	–	⌐⊔⌐⊣	⌐⊔⌐	Elektrothermischer Überstromauslöser	Zu Nr 73 bis 82: Der senkrechte Strich in den Schaltzeichen nach Form 1 kann sowohl ein Schaltglied als auch eine Leitung bedeuten
78	–	○⊣	U >	Überspannungsauslöser	
79	–	⊣○	U <	Unterspannungsauslöser	
80	–	→○	■ U <	Unterspannungsauslöser mit verzögerter Auslösung	
81	–	⊣○⊣	⊣U>	Fehlerspannungsauslöser	
Elektromagnetischer Antrieb für nicht messende Auslöser und Schutzrelais					
82	–	⊓	⊏⊐	nicht messender Auslöser, z. B. Arbeitsstromauslöser	Der Ruhestromauslöser ist ein betätigter Arbeitsstromauslöser und erhält als Zusatz den Doppelpfeil nach Nr 83

Nr	IEC	Schaltzeichen	Benennung	Bemerkung
Kennzeichnung besonderer Betriebszustände und funktioneller Zusammenhänge				
83	–		Elektromechanischer Antrieb erregt	Der Doppelpfeil kennzeichnet einen von der Regeldarstellung abweichenden Betriebszustand des Antriebes.
84	–		Schließer mit selbsttätigem Rückgang, betätigt	Der Doppelpfeil kennzeichnet einen von der Regeldarstellung abweichenden Betriebszustand des Schaltgliedes, z. B. Ruhestromrelais, Stützrelais, Endkontakte usw.
85	–		Relais (gepoltes Relais) mit zwei Schaltstellungen und Kennzeichnung der Schaltstellung in Abhängigkeit der Stromrichtung	Liegt an dem mit • (Punkt) gekennzeichneten Wicklungsanschluß ein Pluspotential, so erfolgt die Kontaktgabe an der mit • (Punkt) bezeichneten Stelle des Relaiskontaktes
86	–		Remanenzrelais	Wird an dem mit * (Stern) gekennzeichneten Wicklungsanschluß eine Spannung angelegt, so erfolgt die Kontaktgabe an der mit * (Stern) bezeichneten Stelle des Schaltgliedes.

Erläuterungen

In der vorliegenden Neufassung der Norm wurde die IEC-Publikation 117-3 „Recommended graphical symbols, Part 3: Contacts, switchgear, mechanical controls, starters and elements of electromechanical relays" – „Symboles graphiques recommandés, 3ème partie: Contacts, appareillage, commandes mécaniques, démarreurs et éléments de relais électromécaniques" – „Empfehlungen für Schaltzeichen, Teil 3: Kontakte, Schaltgeräte, mechanische Steuerungen, Anlasser und Bauteile von elektromechanischen Relais" (Ausgabe 1963) nebst Nachtrag Nr 1 vom August 1966 berücksichtigt.

Gegenüber der früheren Ausgabe der Norm sind in der vorliegenden Neufassung einige Schaltzeichen für Schaltgeräte in vereinfachter Darstellung aufgenommen und mehrere Schaltzeichen sind in die Neufassung nicht übernommen worden, weil sie in der Neuausgabe von DIN 40 703 „Schaltzeichen, Zusatzschaltzeichen" enthalten sind. Beispiele für Schaltgeräte, Antriebe, Relais und Auslöser sowie Beispiele der Schutztechnik sind in den Beiblättern 1 und 3 zu DIN 40 713 enthalten. Entwürfe von Neufassungen dieser Beiblätter werden im Januar 1972 veröffentlicht.

DK 621.316.5 : 621.318 : 003.62   April 1974

Schaltzeichen
Beispiele für Schaltgeräte, Antriebe, Relais und Auslöser

DIN 40 713 Beiblatt 1

Graphical symbols; switchgears, operating mechanism, release, examples

Teilweise Ersatz für
DIN 40 713 Beiblatt 2

Die in dieser Norm enthaltenen Schaltzeichen entsprechen dem neuesten Stand der nationalen und internationalen Darstellungstechnik, obgleich nur ein geringer Teil davon in der z. Z. verbindlichen IEC-Publication enthalten ist. Für die Mehrzahl der Zeichen steht die Verabschiedung noch an.

Für Anwender, die aus wirtschaftlichen Gründen erst nach Vorliegen der Neufassung der zugehörigen IEC-Publication 11 auf die neuen Schaltzeichen umstellen wollen, wird eine Übergangszeit eingeräumt. Sie endet mit der Neuausgabe dieser Norm aufgrund der revidierten IEC-Publication.

Dieses Beiblatt enthält die Schaltzeichen Nr 1, 2 und 3.3 aus dem zurückgezogenen Beiblatt DIN 40 713 Beiblatt 2, Ausgabe August 1956, „Schaltzeichen, Schaltgeräte, Beispiele für elektrische Bahnen, Nahverkehrs- und Kraftfahrzeuge und Hinweise für deren Anwendung".

Bei aufgelöster Darstellung muß durch die Kennzeichnung der Teile eines Betriebsmittels deren Zusammengehörigkeit erkennbar sein.

Unter den Nummern 23, 24 und 61 sind Tabellen und/oder vereinfachte konstruktive Darstellungen enthalten. Diese dienen der Erläuterung der Wirkungsweise bei Schaltplänen mit aufgelöster Darstellung.

Nr	IEC	Schaltzeichen	Benennung	Bemerkung
1			Tastschalter mit Schließer, handbetätigt, allgemein	
2			Tastschalter mit Schließer, handbetätigt durch Drücken	
3			Stellschalter mit Öffner, handbetätigt durch Ziehen	
4			Stellschalter mit Schließer, handbetätigt durch Drehen	
5			Zweipoliger Tastschalter, handbetätigt, allgemein, für 3 Schaltstellungen, Grundstellung in Stellung 0	Der kurze Strich kennzeichnet lediglich eine Stellung des Schalters an der kein Anschluß vorgesehen ist.
6			Stellschalter, handbetätigt, allgemein mit Kennzeichnung der Schaltstellungen	

Fortsetzung Seite 2 bis 9

Deutsche Elektrotechnische Kommission · Fachnormenausschuß Elektrotechnik im DNA gemeinsam mit Vorschriftenausschuß des VDE

Nr	IEC	Schaltzeichen	Benennung	Bemerkung
7			Stellschalter, handbetätigt, allgemein mit Kennzeichnung der Schaltstellungen wahlweise Darstellung	
8			Stellschalter mit 5 Schaltstellungen, schaltet ohne Unterbrechung zwischen allen Schaltstellungen	
9			Stellschalter mit Motorantrieb, 5 Schaltstellungen	
10			Stellschalter mit 6 Stellschaltungen, schaltet ohne Unterbrechung zwischen den gekennzeichneten Schaltstellungen 1-2 und 3-4	
11			Dreipoliger Stell-, Tastschalter, handbetätigt durch Drehen, z. B. Steuerquittierschalter	Rastet nur in Schaltstellungen 2 und 3, selbsttätiger Rückgang von 1 nach 2 und 4 nach 3
12			Dreipoliger Stellschalter mit 2 Schaltstellungen, mit einem Öffner, einem Schließer und einem Wechsler	
13			Dreipoliger Stellschalter mit 2 Schaltstellungen, mit einem Öffner, einem Schließer und einem Wechsler, wahlweise Darstellung	
14			Trennlasche mit 3 Schaltstellungen	
15			Dreipoliger Trennschalter mit Kolbenantrieb	
16			Dreipoliger Sicherungstrennschalter handbetätigt, allgemein	
17			Dreipoliger Lasttrennschalter mit Handbetätigung und Schaltschloß mit elektromechanischer Freigabe	
18			Dreipoliger Leistungsschalter mit zweimaliger, getrennter Kurzunterbrechungseinrichtung der 3 Pole, mit 2 Hilfskontakten, Motorantrieb und Schaltschloß mit elektromechanischer Freigabe	

DIN 40 713 Beiblatt 1 Seite 3

Nr	IEC	Schaltzeichen	Benennung	Bemerkung
19			Dreipoliger Schloßschalter mit drei elektrothermischen und drei elektromagnetischen Überstromauslösern und Unterspannungsauslöser, z. B. Motorschutzschalter	
20			Nockenschalter mit Motorantrieb	
21			Fünfpoliger Nockenschalter mit 4 Schaltstellungen, handbetätigt	
22			Fünfpoliger Nockenschalter mit 4 Schaltstellungen, wahlweise Darstellung	
23			Vereinfachte Darstellung von Nr 21 insbesondere bei aufgelöster Darstellung in Stromlaufplänen. Die Tabelle ist auf dem gleichen Stromlaufplan oder einer anderen Unterlage darzustellen. $\boxed{\times}$ Schaltglied geschlossen $\square$ Schaltglied offen	

Für Nr 23:

Schaltstellung	Schaltglied				
	A	B	C	D	E
1					
2	×		×		
3	×		×		
4	×	×			×

Der Schalter ist in Schaltstellung 1 dargestellt

225

Nr	IEC	Schaltzeichen

Drehschalter-Schaltbild mit Schaltebenen A, B, C (Anschlüsse 1–14, mit Brücken 13 und 14)

Nr. 24

Schalterebene	Schaltstellung	1	2	3	4	5	6	7	8	9	10	11	12	13	14
A	1					x—x					x—x	x—x	x
A	2	x				x—x					x—x	x—x	x
A	3	x—x				x—x					x—x	x—x	x
A	4		x—x			x—x					x—x	x—x	x
A	5			x—x		x—x					x—x	x—x	x
A	6				x—x						x—x	x—x	x
A	7					x—x					x—x	x—x	x
A	8	x					x—x				x—x	x—x	x
A	9	x—x					x—x				x—x	x—x	x
A	10		x—x				x—x				x—x	x—x	x
A	11			x—x			x—x				x—x	x—x	x
A	12				x—x		x—x				x—x	x—x	x
B	1				x—x				x—x				x	x
B	2				x—x				x—x				x	x
B	3				x—x				x—x				x	x
B	4	x			x—x						x	x	x
B	5	x—x			x—x							x	x
B	6	x—x			x—x							x	x
B	7			x—x				x—x				x	x
B	8			x—x				x—x				x	x
B	9				x—x			x—x				x	x
B	10	x				x—x					x	x
B	11	x—x				x—x					x	x
B	12		x—x			x—x					x	x
C	1	x		x—x—x—x—x—x—x—x—x—x
C	2	x—x		x—x—x—x—x—x—x—x—x
C	3	x—x—x		x—x—x—x—x—x—x—x
C	4	x—x—x—x		x—x—x—x—x—x—x
C	5	x—x—x—x—x		x—x—x—x—x—x
C	6	x—x—x—x—x—x		x—x—x—x—x
C	7	x—x—x—x—x—x—x		x—x—x—x
C	8	x—x—x—x—x—x—x—x		x—x—x
C	9	x—x—x—x—x—x—x—x—x		x—x
C	10	x—x—x—x—x—x—x—x—x—x		x
C	11	x—x—x—x—x—x—x—x—x—x—x	
C	12	x—x—x—x—x—x—x—x—x—x—x—x	

Benennung:
Drehschalter mit 12 Schaltstellungen und 3 Schaltebenen. Bei den Anschlußbezeichnungen A1 bis C13 kennzeichnen die Buchstaben die Schaltebenen und die Zahlen die Anschlüsse in den Schaltebenen.

Bemerkung:
Die Schaltzeichen Nr 24 bis Nr 32 dienen der zusammenhängenden Darstellung von vollständigen Schaltern. Sie werden auf dem Schaltplan vorwiegend außerhalb der Strompfade dargestellt

DIN 40 713 Beiblatt 1 Seite 5

Nr	IEC	Schaltzeichen	Benennung	Bemerkung
25			Stellschalter mit 2 Schaltstellungen	
26			Tastschalter	
27			Stellschalter	
28		(1) (2)	Schalter mit Handbetätigung der Schaltglieder auf zwei verschiedene Arten: entweder durch Drücken tastbar (1) oder durch Drehen stellbar (2)	Das Zeichen für Rastung muß mit einer Doppellinie mit dem zugehörigen Zeichen für die Betätigungsart verbunden werden
29			Schalter mit Handbetätigung, eine Betätigungsrichtung; durch Drehen stellbar	
30			Schalter mit Handbetätigung, zwei Betätigungsrichtungen; durch Drehen stellbar	

227

Nr	IEC	Schaltzeichen	Benennung	Bemerkung
31			Schalter mit Handbetätigung, zwei Betätigungsrichtungen; in der einen Richtung durch Drücken tastbar, in der anderen Richtung durch Ziehen stellbar	
32			Dreistellenschalter, z. B. Kippschalter mit Grundstellung und je einer Arbeitsstellung mit und ohne Rastung	Die Klammer symbolisiert das gemeinsame Betätigungsorgan
33			Schalter mit Handbetätigung, zwei Betätigungsrichtungen; in der einen Richtung durch Ziehen tastbar, in der anderen Richtung durch Drücken tastbar oder durch Drehen stellbar	
34			Potentiometer, z. B. Lautstärkesteller kombiniert mit Druck- und Drehschalter mit je 2 Schaltstellungen	
35			Stromabnehmer für Fahrleitungen in Ein-Stellung (An)	
36			Stromabnehmer für Fahrleitungen in Aus-Stellung (Ab)	
37			Trennstelle mit Steckverbinder	
38			Trennstelle mit Steckverbinder und Meßbuchse	

DIN 40 713 Beiblatt 1 Seite 7

Nr	IEC	Schaltzeichen	Benennung	Bemerkung
39			Trennstelle mit Buchsenverbinder	
40			Koaxialer Steckverbinder	
41			Vierpoliger Steckverbinder	
42			Vierpoliger Steckverbinder, wahlweise Darstellung	
43			Vierpoliger Steckverbinder mit Kennzeichnung des Schutzleiteranschlusses	
44			Zweipolige Klinke und Stecker	Der längere Steckerstift stellt den Kontakt mit der Klinkenfeder her und der kürzere Steckerstift den Kontakt mit der Klinkenhülse.
45			Dreipolige Klinke	
46			Dreipolige Klinke mit Schaltglied, z. B. Öffner	
47			Schütz bzw. Relais, mit vier Schließern und einem Öffner	
48			Gepoltes Relais mit zwei Schaltstellungen und Kennzeichnung der Schaltstellung in Abhängigkeit von der Polarität	Liegt an dem mit ● (Punkt) gekennzeichneten Wicklungsanschluß ein Pluspotential, so erfolgt die Kontaktgabe an der mit ● (Punkt) bezeichneten Stelle des Relaiskontaktes
49			Gepoltes Relais mit drei Schaltstellungen, mit selbsttätigem Rückgang nach Aufhören der Wirkungsgröße	

229

Nr	IEC	Schaltzeichen	Benennung	Bemerkung
50			Remanenzrelais, Haftrelais	Wird an dem mit *(Stern) gekennzeichneten Wicklungsanschluß eine Spannung angelegt, so erfolgt die Kontaktgabe an der mit *(Stern) bezeichneten Stelle des Schaltgliedes
51			Stützrelais	in gestützter Stellung
52			Fortschaltrelais, Stromstoßrelais	
53			Fortschaltrelais mit 10 Schaltstellungen	
54			Kipprelais	
55			Resonanzrelais	
56			Blinkrelais	
57			Relais mit Anzugsverzögerung Zeitrelais	
58			Relais mit Abfallverzögerung, Zeitrelais	
59			Zeitrelais, Öffner öffnet und schließt ohne Verzögerung, Schließer schließen mit und öffnen ohne Verzögerung	Bei Schaltgliedern mit verschiedenen Verzögerungsarten muß jedes Schaltglied gekennzeichnet werden
60			Zeitrelais, ein Öffner öffnet und schließt ohne Verzögerung, ein Öffner öffnet ohne und schließt mit Verzögerung, der Schließer schließt mit und öffnet ohne Verzögerung	

DIN 40 713 Beiblatt 1 Seite 9

Nr	IEC	Schaltzeichen	Benennung	Bemerkung
61		(Programmlaufwerk mit Laufzeit-/Schaltglied-Tabelle A, B, C1, C2, 10s)	Programmlaufwerk mit Zeitablauf-Diagramm	Zur eindeutigen Erläuterung der Funktion ist das Zeitablauf-Diagramm auf dem gleichen Stromlaufplan darzustellen. $\boxed{x}$ = Schaltglied geschlossen
62			Elektromagnetisch betätigtes Ventil, Magnetventil geöffnet	
63			Elektromagnetisch betätigte Kupplung, gekuppelt	
64			Hubmagnet	
65			Drehmagnet	
66			Elektromagnetisch betätigbare Bremse	
67			Elektromagnetisch lösbare Bremse, Bremslüfter	
68			Bremslüfter mit Angabe der Stromart	

DK 621.316.9 : 003.62   Januar 1975

	Schaltzeichen	**DIN**
	Beispiele der Schutztechnik	**40 713**
		Beiblatt 3

Graphical symbols, protective appliance examples

Die in diesem Beiblatt enthaltenen Beispiele von Schaltzeichen entsprechen dem neuesten Stand der nationalen und internationalen Darstellungstechnik, obgleich nur ein geringer Teil davon in der z. Z. verbindlichen IEC*)-Publication enthalten ist.

Dieses Beiblatt enthält Beispiele von Schaltzeichen für Auslöser, Schutzrelais und Schutzeinrichtungen. Die Schaltzeichen sind überwiegend DIN 40 713 „Schaltzeichen, Schaltgeräte, Antriebe, Auslöser" Ausgabe April 1972 entnommen.

Für Anwender, die aus wirtschaftlichen Gründen erst nach Vorliegen der Neufassung der zugehörigen IEC-Publication 117 auf die neuen Schaltzeichen umstellen wollen, wird eine Übergangszeit eingeräumt, in der nach DIN 40 713 Beiblatt 3, Ausgabe Juni 1958, gearbeitet werden kann. Sie endet mit der Neuausgabe dieser Norm aufgrund der revidierten IEC-Publication.

Kennzeichnung der Auslöser und Relaisglieder:

1. **Anregungsbereich und Meßgröße (z. B. U, I usw.)**

    $U <$ bei U n t e r schreiten eines Spannungswertes (Beispiel Nr 26)
    $I >$ bei Ü b e r schreiten eines eingestellten Wertes im N e n n strombereich (Beispiel Nr 8)
    $I \gg$ bei Auftreten eines K u r z s c h l u ß stromes (Beispiel Nr 12)

2. **Ablauf der Verzögerungszeit.**

    $t = f(I)$: t abhängig vom Strom I (Beispiel Nr 18)

Nr	IEC	Schaltzeichen		Benennung	Bemerkung
		Einpolige Darstellung	Mehrpolige Darstellung		
Elektrothermischer Überstromschutz					
1				Dreipoliger Schalter mit elektrothermischem Überstromauslöser	Wahlweise Darstellung
2					
3				Dreipoliges Schütz mit elektrothermischem Überstromrelais	

*) International Electrotechnical Commission

Fortsetzung Seite 2 bis 6
Erläuterungen Seite 7

Deutsche Elektrotechnische Kommission · Fachnormenausschuß Elektrotechnik im DNA gemeinsam mit Vorschriftenausschuß des VDE

Nr	IEC	Schaltzeichen Einpolige Darstellung	Schaltzeichen Mehrpolige Darstellung	Benennung	Bemerkung
4					Mit Primär-Auslösung
5				Einpoliger Schalter mit elektrothermischem Überstrom-Auslöser bzw. -Relais	Mit Primär-Relais mit von Hand lösbarer Sperre
6					Mit Sekundär-Auslösung
7					Mit Sekundär-Relais. Sekundär-Stromkreis geerdet, z. B. bei Hochspannungsanlagen

Elektromagnetischer Überstromschutz

Nr	IEC	Einpolige Darstellung	Mehrpolige Darstellung	Benennung	Bemerkung
8				Dreipoliger Schalter mit elektromagnetischen Überstromauslösern	Mit 2poliger Primär-Auslösung
9					Mit 3 Primär-Relais mit Arbeitsstromauslösung und Kraftantrieb
10				Dreipoliger Leistungsschalter mit elektromagnetischen Überstromauslösern	Mit 3poliger Sekundärauslösung und Handantrieb
11					Mit 3poligem Sekundär-Relais (Relais mit drei Wicklungen) mit Ruhestrom-Auslösung

233

DIN 40 713 Beiblatt 3 Seite 3

Nr	IEC	Schaltzeichen Einpolige Darstellung	Schaltzeichen Mehrpolige Darstellung	Benennung	Bemerkung
	**Elektrothermischer Überstromschutz und Kurzschlußschutz**
12				Dreipoliger Schalter mit elektrothermischem Überstrom- und elektromagnetischen Kurzschluß-Auslösern	Mit Handantrieb und Primär-Auslösung, z. B. Motorschutzschalter
13		Wahlweise Darstellung		Dreipoliger Schalter mit elektrothermischem Überstrom- und elektromagnetischem Kurzschluß-Relais und elektrischer Auslösung	Mit Primär-Relais
14				Einpoliger Schalter mit elektrothermischem Überstromauslöser und elektromagnetischem Kurzschlußschutz	Mit Sekundär-Auslösung
15					Mit Sekundär-Relais
	**Überstromschutz mit stromunabhängiger Verzögerung**
16				Einpoliger Schalter mit verzögertem elektromagnetischen Überstrom-Auslöser	
	**Überstromschutz mit stromunabhängiger Verzögerung und Kurzschlußschutz**
17				Einpoliger Schalter mit verzögertem elektromagnetischen Überstromrelais und unverzögertem elektromagnetischen Kurzschlußschutz	

Seite 4 DIN 40 713 Beiblatt 3

Nr	IEC	Schaltzeichen Einpolige Darstellung	Schaltzeichen Mehrpolige Darstellung	Benennung	Bemerkung
		Überstromschutz mit stromabhängiger Verzögerung			
18		$t=f(I)$	$t=f(I)$	Einpoliger Schalter mit verzögertem elektromagnetischen Überstromauslöser	Die Verzögerungszeit ist von der Höhe des Stromes abhängig
		Überstromschutz mit stromabhängiger Verzögerung und Kurzschlußschutz			
19		$t=f(I)$	$t=f(I)$	Einpoliger Schalter mit verzögertem elektromagnetischen Überstrom- und unverzögertem elektromagnetischen Kurzschluß-Relais	
		Verschiedene Schutzeinrichtungen			
20				Vierpoliger Schloßschalter mit Fehlerstromauslöser	Beispiel eines 4poligen Fehlerstrom-Schutzschalters
21				Einpoliger Schloßschalter mit elektrothermischem und elektromagnetischem Überstromauslöser	Beispiel eines 1poligen Installations-Selbstschalters
22				Schutzschalter mit elektrothermischem Überstrom und elektromagnetischem Kurzschlußauslöser	Beispiel eines Fernmeldeschutzschalters mit 3 Stellungen
23				Buchholz-Schutz	Der Schwimmer betätigt den Warn-Kontakt. Die Fahne betätigt den Auslösekontakt

Nr	IEC	Schaltzeichen Einpolige Darstellung	Schaltzeichen Mehrpolige Darstellung	Benennung	Bemerkung
24				Fliehkraftschalter	
25				Temperaturwächter	
26				Unterspannungsrelais	Für Arbeitsstromschaltung
27				Leistungsrichtungsrelais mit zwei Triebsystemen	In der mehrpoligen Darstellung ändert das Schaltglied seine Lage bei der durch den Pfeil angegebenen Leistungsflußrichtung
28				Dreipoliger Überstromschutz mit drei Schließern und mit stromunabhängiger Verzögerung	1. Schließer unverzögert 2. Schließer 1 Sekunde verzögert 3. Schließer 2 Sekunden verzögert
29				Drehstrom-Differentialschutz	

Seite 6 DIN 40 713 Beiblatt 3

Nr	IEC	Schaltzeichen		Benennung	Bemerkung
		Einpolige Darstellung	Mehrpolige Darstellung		
30				Zweipoliger gerichteter Überstromschutz	Leistungsglied gibt Auslösung frei, wenn die Leistung im überwachten Stromkreis in Richtung des neben der Schutzeinrichtung eingezeichneten Pfeiles fließt
31				Impedanzschutz mit Auslöse- und Hilfsschaltgliedern und Anrege- und Auslöseleitungen	
32				Generatordifferentialschutz mit Leistungsrichtungsrelais	

Erläuterungen

Dieses Beiblatt wurde ausgearbeitet vom UK 113.1 „Schaltzeichen und Schaltungsunterlagen" der Deutschen Elektrotechnischen Kommission im DNA und VDE.

DK 621.3:003.62 April 1959

Starkstrom- und Fernmeldetechnik
Schaltzeichen
Transformatoren und Drosselspulen

DIN
40 714
Blatt 1

Diese Norm enthält die in der Starkstrom- und Fernmeldetechnik gemeinsam gültigen Schaltzeichen (siehe auch DIN 40710, 40711 und 40712). Für die übrigen Schaltzeichen der Fernmeldetechnik gilt weiterhin DIN 40700.

Lfd. Nr	IEC- Nr	Schaltkurzzeichen	Schaltzeichen	Benennung
1			wahlweise¹)	Drosselspule
2	500			Transformator mit 2 getrennten Wicklungen
3				Transformator mit 3 getrennten Wicklungen
4	(520)			Spartransformator
5				Drosselspule stetig verstellbar
6	(550)			Transformator stufig verstellbar (betriebsmäßig)
7				Transformator, einstellbar (nicht betriebsmäßig), mit Kennzeichnung der einstellbaren Wicklung

¹) Die wahlweise Darstellung ist bei allen Schaltzeichen zulässig. Fortsetzung Seite 2 bis 5

Fachnormenausschuß Elektrotechnik im Deutschen Normenausschuß (DNA)

Lfd. Nr	IEC-Nr	Schaltkurzzeichen (ein- oder mehrpolig nach Bedarf)	Schaltzeichen	Benennung
8	(560)			Spartransformator stetig verstellbar

Beispiele für Drosselspulen

9				Drehstrom-Drosselspule in Stern-Schaltung
10				Drehstrom-Drosselspule in offener Schaltung stufig verstellbar

Beispiele für Einphasen-Transformatoren

Lfd. Nr	IEC-Nr	Schaltkurzzeichen	Schaltzeichen	Benennung
11	(501.1)	6000 V / 1000 kVA 16⅔ Hz / 400 V	6000 V / 1000 kVA 16⅔ Hz / 400 V	Einphasen-Transformator 6000/400 V 1000 kVA, 16⅔ Hz
12		6000 V / 1000 kVA 50 Hz 7,5% / 2×200 V	6000 V / 1000 kVA 50 Hz 7,5% / 2×200 V	Einphasen-Transformator mit Mittelleiter 6000/2×200 V 1000 kVA, 50 Hz 7,5% Kurzschlußspannung
13		6 kV / 10 MVA 50 Hz / 110 kV	6 kV / 10 MVA 50 Hz / 110 kV	Einphasen-Transformator 6 kV-Wicklung, einpolig geerdet 6/110 kV 10 MVA, 50 Hz
14		110 kV 13 MVA / 7,5% / 50 Hz / 15 kV 13 MVA / 6 kV 5 MVA	110 kV 13 MVA / 50 Hz 7,5% / 15 kV 13 MVA / 6 kV 5 MVA	Einphasen-Transformator mit 3 Wicklungen 110/15/6 kV 13/13/5 MVA, 50 Hz 7,5% Kurzschlußspannung zwischen 110/15 kV

DIN 40714 Blatt 1 Seite 3

Lfd. Nr	IEC-Nr	Schaltkurzzeichen (ein- oder mehrpolig nach Bedarf)	Schaltzeichen	Benennung
		\multicolumn{2}{c}{**Beispiele für Mehrphasen-Transformatoren**}	
15	(502.1)	15 000 V / 100 kVA / 50 Hz / 231 V	15 000 V / 100 kVA / 50 Hz / 231 V	Zweiphasen-Transformator verkettet/unverkettet 15 000/231 V 100 kVA, 50 Hz
16	(503)	60 kV / 6300 kVA / 50 Hz / Yd5 / 15 kV	60 kV / 6300 kVA / 50 Hz / Yd5 / 15 kV	Drehstrom-Transformator Schaltung Yd5 60/15 kV, mit Sternpunktklemme 6300 kVA, 50 Hz
17		15 000 V / 1000 kVA / 50 Hz / 400 V	15 000 V / 1000 kVA / 50 Hz / 400 V	Drehstrom-Transformator Schaltung △/✶ 15 000/400 V Strangspannung 1000 kVA, 50 Hz
18	(503.3)	15 000 V ± 4% / 100 kVA / 50 Hz / Yz5 / 400/231 V	15 000 V ± 4% / 100 kVA / 50 Hz / Yz5 / 400/231 V	Drehstrom-Transformator Schaltung Yz5, Oberspannungswicklung einstellbar 15 000 ± 4%/400/231 V 100 kVA, 50 Hz
19		Yy0 / 30 kV / 20 MVA / Yd5 / 110±13×1,8 kV / 20 MVA / 50 Hz / Yd5 / 15 kV / 10 MVA	Yd5 / 110±13×1,8 kV / 20 MVA / 50 Hz / Yy0 / 30 kV / 20 MVA / Yd5 / 15 kV / 10 MVA	Drehstrom-Transformator mit 3 Wicklungen in Schaltung Yy0/Yd5/Yd5 eine davon durch Stufenschalter verstellbar 110±13 × 1,8/30/15 kV 20/20/10 MVA, 50 Hz
20		60 kV / 6300 kVA / 50 Hz, Yy0 / 1800 kVA / 15 kV	60 kV / 6300 kVA / 50 Hz, Yy0 / 1800 kVA / 15 kV	Drehstrom-Transformator mit Ausgleichswicklung für 1800 kVA ohne Leistungsabgabe Schaltung Yy0 60/15 kV 6300 kVA, 50 Hz

Lfd. Nr	IEC-Nr	Schaltkurzzeichen (ein- oder mehrpolig nach Bedarf)	Schaltzeichen	Benennung
21		20 kV / 64 MVA 50 Hz / 110+13×1,8 kV	20 kV / 64 MVA 50 Hz / 110+13×1,8 kV	Drehstrom-Quertransformator 20/110 + 13 × 1,8 kV 64 MVA, 50 Hz, stufig verstellbar, Winkeldifferenz zwischen Haupt- und Zusatzspannung 60°
22		R, S, T / U W / u w / v		2 Drehstrom-Transformatoren mit um 30° gegeneinander phasenverschobenen Sekundärspannungen, Schaltung Yy6 bzw. Dy5

Beispiele für Spar-Transformatoren und Transformatorensätze

Lfd. Nr	IEC-Nr	Schaltkurzzeichen	Schaltzeichen	Benennung
23	(521.1)	6000 V / 2000 kVA (Ndn) / 50 Hz / 5000 V	6000 V / 2000 kVA (Ndn) / 50 Hz / 5000 V	Einphasen-Spartransformator 6000/5000 V 2000 kVA Durchgangsleistung, 50 Hz
24	(523.1)	6000±10×100 V / 1000 kVA (Ndn) / 50 Hz / 6000 V	6000±10×100 V / 1000 kVA (Ndn) / 50 Hz / 6000 V	Drehstrom-Spartransformator in Y-Schaltung, stufig verstellbar, 6000 ± 10 × 100/6000 V 1000 kVA Durchgangsleistung, 50 Hz
25		Yd5 / 3×26,7 MVA / Yd5 — 110 kV / 3×80 MVA 50 Hz Yy0 / 220 kV	Yy0 — 110 kV / 3×80 MVA 50 Hz Yd5 / 3×26,7 MVA Yd5 / 220 kV	Drehstrom-Transformatorensatz 110/220 kV, 240 MVA, 50 Hz, bestehend aus: 3 Einphasen-Transformatoren und 1 Reserve-Transformator je 80 MVA, mit Ausgleichswicklungen von je 26,7 MVA
26		3×53,3 MVA — 400 kV / 3×160 MVA (Ndn) 50 Hz Y0 / 231±19×2,7 kV	400 kV / 3×160 MVA (Ndn) Y0 / 231±19×2,7 kV / 3×53,3 MVA	Drehstrom-Transformatorensatz, stufig verstellbar, 400/231 ± 19 × 2,7 kV, 480 MVA, 50 Hz, bestehend aus: 3 Einphasen-Spartransformatoren je 160 MVA Durchgangsleistung, mit Ausgleichswicklungen von je 53,3 MVA

DIN 40714 Blatt 1 Seite 5

Lfd. Nr	IEC-Nr	Schaltkurzzeichen (ein- oder mehrpolig nach Bedarf)	Schaltzeichen	Benennung
		Beispiele für Drehtransformatoren		
27				Drehtransformator für Drehstrom mit getrennten, in Stern geschalteten Wicklungen
28				Drehtransformator für Drehstrom mit in Stern geschalteten Wicklungen, jedoch in Sparschaltung
29				Doppeldrehtransformator für Drehstrom, in Stern geschaltet, in Sparschaltung

243

DK 621.3:003.62:621.314.22.08   Mai 1958

Starkstrom- und Fernmeldetechnik
Schaltzeichen
Meßwandler

DIN
40714
Blatt 2

Ersatz für DIN 40716 Blatt 2

Die Normen DIN 40710, DIN 40711 und DIN 40712 enthalten die hier verwendeten Grundschaltzeichen. Schaltzeichen für Transformatoren enthält DIN 40714 Blatt 1 und Schaltzeichen für Transduktoren DIN 40714 Blatt 3.

Lfd. Nr	IEC	Schaltkurzzeichen	Schaltzeichen	Benennung
		Stromwandler		
1	≈		1.1 1.2	**Stromwandler** 1.1 allgemein 1.2 mit Darstellung der Primärwicklung, falls erforderlich
2	≈	oder	2.1 2.2 oder	**Stromwandler mit Anzapfung** 2.1 primärseitig 2.2 sekundärseitig
3	≈		3.1 3.2 oder	**Stromwandler mit Umschaltbarkeit** 3.1 primärseitig 3.2 sekundärseitig
4	≈		4.1 4.2	**Stromwandler in Sparschaltung** 4.1 aufwärts übersetzend 4.2 abwärts übersetzend
5	≈			Summenstromwandler mit 3 Primärwicklungen, z. B. als Zwischenstromwandler
6	≈	oder	oder	Stromwandler mit zwei Kernen

Die mit ≈ gekennzeichneten Schaltzeichen sind ähnlich den entsprechenden IEC-Schaltzeichen.

Fortsetzung Seite 2 und 3

Fachnormenausschuß Elektrotechnik im Deutschen Normenausschuß (DNA)

Lfd. Nr	IEC	Schaltkurzzeichen	Schaltzeichen	Benennung
7	≈			Gleichstromwandler

Spannungswandler

Lfd. Nr	IEC	Schaltkurzzeichen	Schaltzeichen	Benennung
8	≈		8.1 8.2	**Spannungswandler** 8.1 allgemein 8.2 wahlweise
9	≈	oder	9.1 9.2	**Spannungswandler mit Anzapfung** 9.1 primärseitig 9.2 sekundärseitig
10	≈		10.1 10.2	**Spannungswandler mit Umschaltbarkeit** 10.1 primärseitig 10.2 sekundärseitig
11	≈			Spannungswandler in Sparschaltung
12	≈	oder oder	12.1 12.2	**Spannungswandler mit zwei Sekundärwicklungen** 12.1 allgemein 12.2 wahlweise
13	≈			Kapazitiver Spannungswandler

Beispiele

Lfd. Nr	IEC	Schaltkurzzeichen	Schaltzeichen	Benennung
14	≈	4 × 150 A / 5/2 × 1 A [600 A / 5/2 A]	4 × 150 A / 5/2 × 1 A [600 A / 5/2 A]	Primär 1:2:4 umschaltbarer Stromwandler mit 2 Kernen, davon einer mit 1:2 umschaltbarer Sekundärwicklung, geschaltet auf $\frac{600 A}{5/2 A}$
15	≈		R S T	3 Stromwandler in eine Drehstromleitung eingebaut, davon 2 Wandler mit 2 Kernen und 1 Wandler mit 1 Kern

Lfd. Nr	IEC	Schaltkurzzeichen	Schaltzeichen	Benennung
16	≈		16.1 16.2	**Fehler-Stromwandler** 16.1 für 3 Leiter 16.2 für Drehstromkabel
17	≈			2 Spannungswandler in V-Schaltung
18	≈	$\frac{220}{\sqrt{3}}$ kV $2\times\frac{100}{\sqrt{3}}$ V $\frac{100}{3}$ V $\left[\frac{200}{\sqrt{3}}\right]$ V	$\frac{220}{\sqrt{3}}$ kV $2\times\frac{100}{\sqrt{3}}$ V $\left[\frac{200}{\sqrt{3}}\right]$ V $\frac{100}{3}$ V	3 Einphasen-Spannungswandler zum Anschluß an Drehstrom Primärwicklungen in Sternschaltung, Sekundärwicklungen 1:2 umschaltbar in Sternschaltung, geschaltet auf $\frac{200}{\sqrt{3}}$ V, Hilfswicklungen für Erdschlußerfassung in offener Dreieckschaltung
19	≈		R S T	3 einphasige kombinierte Stromspannungswandler zum Anschluß an Drehstrom
20	≈			3 einphasige kapazitive Spannungswandler zum Anschluß an Drehstrom, davon 2 mit HF-Übertragung

DK 621.318.435.3 : 621.375.3 : 003.62   März 1968

Schaltzeichen
Transduktoren   Magnetische Verstärker

DIN 40714
Blatt 3

Graphical symbols, Transductors and Magnetic Amplifiers

Zusammenhang mit der IEC-Empfehlung IEC/117-2 — 1966 siehe Erläuterungen

Zeichenerklärung

Die in der IEC-Spalte benutzten Zeichen haben die nachstehende Bedeutung:

= Das Schaltzeichen stimmt mit dem IEC-Schaltzeichen überein.

≈ Das Schaltzeichen ist ähnlich dem IEC-Schaltzeichen (die Abweichung ist so geringfügig, daß Mißverständnisse bei Benutzung der deutschen Norm im internationalen Gebrauch nicht zu befürchten sind).

— Ein entsprechendes IEC-Schaltzeichen ist nicht vorhanden.

Nr	IEC	Schaltzeichen	Benennung	Bemerkung
Vereinfachte Schaltzeichen				
1	≈		Transduktor allgemein	Zuführung von links: Speisespannung Abführung nach rechts: Ausgangsspannung Zuführung von unten: Steuerspannung
2	≈		Magnetischer Verstärker allgemein	

Fortsetzung Seite 2 bis 6
Erläuterungen Seite 6

Fachnormenausschuß Elektrotechnik im Deutschen Normenausschuß (DNA)

Nr	IEC	Schaltzeichen	Benennung	Bemerkung
Transduktor-Drosseln				
		Allgemeine Bemerkungen: Die Strichbreite des Schaltzeichens einer Steuerwicklung soll die Hälfte bis zu einem Drittel der Strichbreite der Arbeitswicklung betragen. Stromart, Frequenz oder sonstige technische Daten können an das Schaltzeichen angeschrieben werden.		
3	≈		Transduktor-Drossel mit einer Arbeits- und einer Steuerwicklung allgemein	Bei paralleler Darstellung von Steuer- und Arbeitswicklung wird Gleichsinnigkeit aller Wicklungen vorausgesetzt. Ausnahmen bedürfen der Kennzeichnung (siehe Nr 8)
4	=		Transduktor-Drossel mit einer Arbeits- und einer Steuerwicklung IEC-Darstellungen wahlweise	siehe Erläuterungen
5	–		Transduktor-Drossel mit einer Arbeits- und einer Steuerwicklung allgemein, wahlweise gekreuzte Darstellung	Bei gekreuzter Darstellung kann im Bedarfsfall der Wicklungssinn durch Punkte (•) gekennzeichnet werden
6	≈		Transduktor-Drossel mit einer Arbeitswicklung und mehreren Steuerwicklungen, bevorzugte parallele Darstellung	
7	–		Transduktor-Drossel mit einer Arbeitswicklung und mehreren Steuerwicklungen, wahlweise gekreuzte Darstellung	
8	≈		Transduktor-Drossel mit zwei Steuerwicklungen und Kennzeichnung des Wicklungssinns	siehe Bemerkung zu Nr 5
9	–		Transduktor-Drossel mit einer Arbeitswicklung. Arbeitspunkt durch Dauermagneten bestimmt	

DIN 40714 Blatt 3 Seite 3

Nr	IEC	Schaltzeichen	Benennung	Bemerkung
\multicolumn{5}{l}{**Beispiele für einphasige Transduktoren**}				

Allgemeine Bemerkung:
Ein Transduktor besteht aus einer oder mehreren Transduktor-Drosseln bzw. sättigbaren Drosseln.
Die Bistabilität wird durch einen Doppelpfeil zwischen oder neben den Arbeitswicklungen oder den Sättigungsgleichrichtern dargestellt.

Nr	IEC	Schaltzeichen	Benennung	Bemerkung
10	≈		Transduktor spannungssteuernd, z. B. aus einer Transduktor-Drossel	
11	–		Transduktor spannungssteuernd, z. B. aus einer Transduktor-Drossel, wahlweise gekreuzte Darstellung	
12	≈		Transduktor spannungssteuernd durch Mitkopplung, bistabil durch Übermittkopplung	
13	≈		Transduktor stromsteuernd, z. B. aus zwei Transduktor-Drosseln	
14	–		Transduktor stromsteuernd, z. B. aus zwei Transduktor-Drosseln, wahlweise gekreuzte Darstellung	
15	≈		Transduktor durchflutungsgesteuert, stromsteuernd, für Wechselstromausgang, z. B. mit drei Steuerstromkreisen mit paralleler Darstellung der Wicklung	

249

Nr	IEC	Schaltzeichen	Benennung	Bemerkung
16	=		Transduktor durchflutungsgesteuert, stromsteuernd, für Wechselstromausgang, z. B. mit drei Steuerstromkreisen mit gekreuzter Darstellung der Wicklung	
17	–		Transduktor durchflutungsgesteuert, stromsteuernd, für Wechselstromausgang, z. B. mit drei Steuerstromkreisen mit Darstellung gemeinsamer Steuerwicklungen der beiden Eisenkerne	
18	≈		Transduktor durchflutungsgesteuert, stromsteuernd, für Wechselstromausgang, z. B. mit einem Steuerstromkreis und Abgriffen an den Arbeitswicklungen	
19	≈		Transduktor durchflutungsgesteuert, spannungssteuernd, für Wechselstromausgang	
20	≈		Transduktor durchflutungsgesteuert, spannungssteuernd, für Wechselstromausgang mit nachgeschaltetem Gleichrichter getrennte Gleichrichtung	
21	≈		Brückenschaltung	Gemeinsame Steuerwicklung über beide Eisenkerne

DIN 40714 Blatt 3 Seite 5

Nr	IEC	Schaltzeichen	Benennung	Bemerkung
22	≈		Transduktor durchflutungsgesteuert, spannungssteuernd mit zusätzlicher Mitkopplung für Wechselstromausgang. Zwei Steuerstromkreise, z. B. bistabil	
23	≈		Transduktor spannungszeitflächengesteuert, spannungssteuernd, für Gleichstromausgang mit Steuerwicklung	
24	≈		Transduktor spannungszeitflächengesteuert, spannungssteuernd, für Gleichstromausgang ohne Steuerwicklung	Steuerstrom fließt durch Arbeitswicklung

Beispiele für mehrphasige Transduktoren

Nr	IEC	Schaltzeichen	Benennung	Bemerkung
25	≈		Transduktor durchflutungsgesteuert, stromsteuernd, für Drehstromausgang, mit einem Steuerstromkreis, bevorzugte Darstellung	
26	≈		Transduktor durchflutungsgesteuert, spannungssteuernd, für Gleichstromausgang, Drehstrombrückenschaltung, mit drei Steuerstromkreisen	

Seite 6 DIN 40714 Blatt 3

Nr	IEC	Schaltzeichen	Benennung	Bemerkung
27	≈	(Mp)	Transduktor spannungszeitflächengesteuert, spannungssteuernd, für Gleichstromausgang, Sternschaltung, ohne Steuerwicklung	Steuerstrom fließt durch Arbeitswicklung. Nach IEC kann der Sternpunktleiter auch mit „N" statt mit „Mp" gekennzeichnet werden
28	–		Transduktor durchflutungsgesteuert, stromsteuernd, Sparschaltung	

Erläuterungen

Die IEC-Schaltzeichen für Transduktoren und magnetische Schaltkreise sind im Nachtrag 1 vom August 1966 zur IEC-Publikation 117-2 „Recommended graphical symbols, Part 2: Machines, transformers, primary cells and accumulators"; „Symboles graphiques recommandés, 2ème partie: Machines, transformateurs, piles et accumulateurs"; „Empfehlungen für Schaltzeichen, Teil 2: Maschinen, Transformatoren, Primärelemente und Akkumulatoren" (Ausgabe 1960) enthalten. Eine Transduktor-Drossel mit einer Arbeitswicklung und einer Steuerwicklung ist im erwähnten Nachtrag zur IEC-Publikation 117-2 unter Nr 182 wie folgt dargestellt:

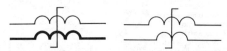

Die Arbeitswicklung kann entweder durch einen breiteren Strich oder mit weniger Windungen als die Steuerwicklung dargestellt werden.

Die vorliegende Norm DIN 40714 Blatt 3 weicht in folgenden Punkten von der IEC-Darstellung ab:

a) Für die Darstellung der Wicklungen wird das in der deutschen Norm übliche Schaltzeichen ▬▬▬▬ benutzt, welches nach IEC-Publikation 117-2 „Recommended graphical symbols, Part 2: Machines transformers, primary cells and accumulators"; „Symboles graphiques recommandés, 2ème partie: Machines, transformateurs, piles et accumulateurs"; Empfehlungen für Schaltzeichen, Teil 2: Maschinen, Transformatoren, Primärelemente und Akkumulatoren", 1. Ausgabe 1960, als alternatives Schaltzeichen zugelassen ist.

b) Der dünne Querstrich, der den Eisenkern bei Transduktoren und magnetischen Verstärkern andeutet, wurde in der bisher üblichen Darstellungsweise der deutschen Norm beibehalten. Er ist einfach zu zeichnen, die Andeutung der Nichtlinearität in dem oben dargestellten IEC-Schaltzeichen erscheint überflüssig.

c) Eine gekreuzte Darstellung, wie z. B. im Schaltzeichen Nr 5 oder Nr 7 der vorliegenden Norm, ist in der IEC-Publikation nicht vorgesehen, weil sich diese Form der Darstellung für die Benutzung des bevorzugten IEC-Schaltzeichens wenig eignet.

d) Die Kennzeichnung des Wicklungssinns durch einen ● entspricht der IEC-Publikation.

Die bisherige Norm hat sich hinsichtlich der vielen Kurzschaltzeichen mit allen Einzelheiten nicht bewährt, da diese nicht angewendet wurden. In Zukunft soll der Begriff „Schaltkurzzeichen" vermieden werden, da dieser mißdeutig und international nicht üblich ist.
Jedoch werden vereinfachte Schaltzeichen benötigt. Für die Transduktoren und magnetischen Verstärker können die IEC-Schaltzeichen alle Bedürfnisse ausreichend befriedigen.
Außerdem wurden in DIN 40714 Blatt 3 der Ausgabe März 1958 bisher Richtungskennzeichen angewendet, die an das Wicklungssymbol (schwarze Balken) anschlossen. Diese Darstellung ließ sich für das bevorzugte IEC-Symbol (Halbkreise) nicht gut anwenden. Weiterhin hatte die deutsche Lösung den Nachteil, daß der Pfeil an einer Arbeitswicklung eine andere Bedeutung hatte als an einer Steuerwicklung.
In der vorliegenden Norm ist deshalb die Kennzeichnung des Wicklungssinnes entsprechend der IEC durch Punkte angewendet worden.

DK 621.3.06 : 003.62 : 621.313　　　　　　　　　　　　　　　　　　　　　　　　April 1962

Schaltzeichen
Maschinen

DIN
40715

Graphical symbols; rotary machines

Diese Norm enthält die Aufbauglieder und Grundarten der Schaltzeichen für elektrische Maschinen sowie Beispiele ihrer Anwendung.

Das allgemeine Zeichen für eine Wicklung ist das ausgefüllte Rechteck, im folgenden kurz „Vollrechteck" genannt, entsprechend DIN 40712 Nr 6.1. Wahlweise ist entsprechend DIN 40712 Nr 6.9 statt des Vollrechtecks auch die Bogenlinie zulässig.

Beim Entwerfen von Schaltzeichen für Maschinen sind

a) Wicklungen vorzugsweise so darzustellen, daß die Richtung des Stromes und die Richtung des von ihm erzeugten magnetischen Feldes übereinstimmen,

b) die Achsen der Wicklungen so anzuordnen, daß deren Lage der in einer zweipoligen Maschine entspricht. In Ausnahmefällen ist Paralleldarstellung der Wicklungen bei Mehrphasen-Wechselstrommaschinen zulässig, wenn Verwechslungen mit anderen Schaltzeichen, z. B. Transformatoren, ausgeschlossen sind,

c) Hauptstromkreise dicker als Hilfs- und Erregerstromkreise zu zeichnen.

d) Die mit = gekennzeichneten Schaltzeichen sind gleich, die mit ≈ gekennzeichneten sind nahezu gleich und die mit ≠ gekennzeichneten sind ungleich mit den entsprechenden Schaltzeichen der IEC-Publikation [1]) 117-2, 1. Ausgabe 1960 „Recommended graphical symbols Part 2: Machines, transformers, primary cells and accumulators".

Für Klemmenbezeichnungen ist VDE 0570 zu beachten.

---

[1]) Zu beziehen vom Bureau Central de la Commission Electrotechnique Internationale 1, rue de Varembé, Genève, Suisse

Fortsetzung Seite 2 bis 15
Erläuterungen Seite 15 und 16

Fachnormenausschuß Elektrotechnik im Deutschen Normenausschuß (DNA)

Seite 2 DIN 40715

Lfd. Nr	IEC	Schaltkurzzeichen	Schaltzeichen	wahlweise	Benennung und Bemerkungen
1. Aufbauglieder und Grundarten					
1.1	=	○	⌐	⌒⌒⌒	Ständer, Ständerwicklung (Beim Vollrechteck: Seitenverhältnis 1:6 bis 1:3 entsprechend DIN 40712)
1.2		⊚	⊔ ⊔	⌒⌒ ⌒⌒	Ständer mit zwei selbständigen Wicklungen. Schaltkurzzeichen wird nicht angewendet auf Gleichstrommaschinen
1.3	≈		─ ⌐	⌒⌒	Kompensationswicklung (Beim Vollrechteck: Seitenverhältnis 1:2)
1.4	≈		─ ⌐	⌒	Wendepolwicklung (Beim Vollrechteck: Seitenverhältnis 1:1)
1.5	⟊		▬		Dauermagnet, (Darstellung bei drehender Bewegung)
1.6		○̸			Ringerregerwicklung im Ständer bzw. Läufer
1.7		○	○		Läufer, insbesondere mit verteilter Wicklung (Größenverhältnis zu lfd. Nr 1.1 etwa 1:2)
1.8			⊖	⊖	Läufer mit konzentrierter Wicklung, z. B. ausgeprägten Polen
1.9			○		Läufer mit zwei getrennten, verteilten Wicklungen
1.10		wie lfd. Nr 1.7	⊖	⊖	Läufer mit zwei getrennten Wicklungen, von denen eine konzentriert angeordnet ist
1.11			○		Käfigläufer (auch Stromverdrängungs- und Doppelkäfigläufer)

DIN 40715 Seite 3

Lfd. Nr	IEC	Schaltkurzzeichen	Schaltzeichen	Benennung und Bemerkungen

1. Aufbauglieder und Grundarten (Fortsetzung)

Lfd. Nr	IEC			Benennung und Bemerkungen
1.12				Schleifringläufer mit Kurzschließer und Bürstenabheber
1.13	=			Läufer mit Wicklung, Stromwender und feststehenden Bürsten
1.14				Läufer mit Wicklung, Stromwender und verstellbaren Bürsten
1.15				Zackenrad für Mittelfrequenzmaschinen und Reaktions- (Reluktanz-) Maschinen
1.16				Läufer eines Synchronmotors mit Zackenrad und Anlaufkäfig (Reaktions- oder Reluktanzmotor)
1.17	=		G M	Generator (G), Motor (M), allgemein
1.18	=		M═G	Motorgenerator, allgemein
1.19	≈		$\widetilde{M/G}$	Einankerumformer, allgemein
1.20	=		$\underline{G}$ $\underline{M}$	Gleichstrom-Generator, Gleichstrom-Motor, allgemein
1.21			$G\atop 3\sim$ $M\atop 3\sim$	Drehstrom-Generator, Drehstrom-Motor, allgemein
1.22	=		$G\atop 1\sim$ $M\atop 1\sim$	Einphasen-Wechselstrom-Generator, Einphasen-Wechselstrom-Motor, allgemein
1.23	≈		MS MI MK	Synchronmotor (MS), Induktionsmotor (MI), Kommutatormotor (MK), allgemein
1.24	=		$\underline{M}$═$\underline{M}$	Gleichstrom-Doppelmotor, allgemein

255

Lfd. Nr	IEC	Schaltkurzzeichen (ein- oder mehrpolige Darstellung, je nach Bedarf)	Schaltzeichen	Benennung und Bemerkungen
		2. Beispiele für Induktionsmaschinen **2.1 Drehstrom-Induktionsmaschinen** (Die Strangzahl im Läufer ist nur bei Maschinen mit Schleifringläufer anzugeben, wenn sie von der Strangzahl des Ständers abweicht.)		
2.1.1		M 3~Y / 2~	M 2~	Motor mit zweisträngigem Schleifringläufer, Ständerwicklung in Sternschaltung
2.1.2	≈	M 3~△	M	Motor mit dreisträngigem Schleifringläufer, Kurzschließer und Bürstenabheber mit Handantrieb und Hilfsschalter, Ständerwicklung in Dreieckschaltung
2.1.3	≈	M 3~Y	M	Motor mit Käfigläufer, Ständerwicklung in Sternschaltung
2.1.4	≈	M 3~III	M	Motor mit Käfigläufer, alle 6 Wicklungsenden herausgeführt, z. B. zur Stern-Dreieckschaltung
2.1.5		M 3~ 8/4 P	8/4 P / M	Motor mit Käfigläufer und Polumschaltung nach Dahlander (z. B. 8 auf 4 Pole)
2.1.6		3 4 3 / M 3~ (8/4+6) P	8/4 P 6 P / M	Motor mit Käfigläufer und 2 getrennten Wicklungen zur Polumschaltung von 8 auf 4 bzw. 6 Pole. Umrahmung entsprechend DIN 40 712, lfd. Nr 27

DIN 40715 Seite 5

Lfd. Nr	IEC	Schaltkurzzeichen (ein- oder mehrpolige Darstellung, je nach Bedarf)	Schaltzeichen	Benennung und Bemerkungen
2.2 **Einphasen-Induktionsmaschinen** (Die Strangzahl im Läufer ist nur bei Maschinen mit Schleifringläufer anzugeben, wenn sie von der Strangzahl des Ständers abweicht.)					
2.2.1	=			Motor mit Käfigläufer ohne Anlaufwicklung, nicht selbstanlaufend
2.2.2				Motor mit Käfigläufer und induktiv gekoppelter Kurzschluß-Anlaufwicklung im Ständer, selbstanlaufend
2.2.3				Motor mit Käfigläufer und Anlaufwicklung im Ständer, mit Kondensator
2.2.4				Drehstrom-Motor mit Käfigläufer und Dreieckschaltung im Ständer, einphasig angeschlossen mit Kondensator
2.2.5				Motor mit Käfigläufer und Anlaufwicklung im Ständer mit Betriebs- und Anlaßkondensator. Der Anlaßkondensator wird durch einen Fliehkraftschalter abgeschaltet
2.2.6				Motor mit dreisträngigem Schleifringläufer und Anlaufwicklung im Ständer mit ohmschem Widerstand. Die Anlaufwicklung wird durch einen Zeitschalter abgeschaltet

257

7/9

Lfd. Nr	IEC	Schaltkurzzeichen (ein- oder mehrpolige Darstellung, je nach Bedarf)	Schaltzeichen	Benennung und Bemerkungen
3. Beispiele für Synchronmaschinen				
3.1 Drehstrom-Synchronmaschinen				
3.1.1	≈			Generator mit Walzenläufer (Turbogenerator) ohne Dämpferkäfig. Ständerwicklung in Sternschaltung mit Sternpunktleiter
3.1.2	≈			Generator mit Walzenläufer und Dämpferkäfig. Alle Enden der Ständerwicklung herausgeführt. Umrahmung nach DIN 40712, lfd. Nr 27
3.1.3				Generator mit ausgeprägten Polen (Innenpolmaschine). Ständerwicklung in Dreieckschaltung
3.1.4				Motor mit ausgeprägten Polen (Innenpolmaschine) und Anlaufkäfig. Ständerwicklung in Sternschaltung
3.1.5				Doppelwicklungsgenerator mit ausgeprägten Polen und Dämpferwicklung. Zwei getrennte Ständerwicklungen, alle Wicklungsenden herausgeführt. Umrahmung nach DIN 40712, lfd. Nr 27
3.1.6				Generator mit feststehenden Außenpolen, Läuferwicklung in Sternschaltung. Im Ständer: Erregerwicklung sowie Längsfeld- und Querfelddämpferwicklung
3.1.7	≈			Generator mit Dauermagneterregung (z. B. Drehzahlgeber)

DIN 40715 Seite 7

Lfd. Nr	IEC	Schaltkurzzeichen (ein- oder mehrpolige Darstellung, je nach Bedarf)	Schaltzeichen	Benennung und Bemerkungen
3.2	**Einphasen-Synchronmaschinen**			
3.2.1	=			Generator mit ausgeprägten Polen und Dämpferkäfig
3.2.2				Generator mit ausgeprägten Polen im Ständer (Außenpolmaschine) mit Querfelddämpfung
3.2.3				Generator mit Dauermagneterregung (z. B. Drehzahlgeber)
3.2.4				Motor mit Zackenrad und Dämpferkäfig (Reaktions- oder Reluktanzmotor)
3.3	**Mittelfrequenzmaschinen mit Zackenrad als Läufer**			
3.3.1				Einphasen-Generator mit Ringerregerspule im Läufer
3.3.2				Drehstrom-Generator mit Ringerregerspule im Ständer
3.3.3				Einphasen-Generator, Bauart nach Schmidt oder Guy mit mehrpoliger Erregerwicklung im Ständer

259

Seite 8 DIN 40715

Lfd. Nr	IEC	Schaltkurzzeichen (ein- oder mehrpolige Darstellung je nach Bedarf)	Schaltzeichen	wahlweise	Benennung und Bemerkungen

4. Beispiele für Gleichstrommaschinen
4.1 Gleichstrom-Nebenschlußmaschinen
(Arbeiten die Maschinen als Motoren, so ist „G" durch „M" zu ersetzen.)

Lfd. Nr	IEC	Schaltkurzzeichen	Schaltzeichen	wahlweise	Benennung und Bemerkungen
4.1.1	≈				Generator
4.1.2	≈				Generator, Wendepolwicklung einseitig zum Anker geschaltet
4.1.3		(G)			Generator, Wendepolwicklung symmetrisch zum Anker aufgeteilt
4.1.4					Generator, Kompensations- und Wendepolwicklung einseitig zum Anker geschaltet
4.1.5					Generator, Kompensations- und Wendepolwicklung symmetrisch zum Anker aufgeteilt

DIN 40715 Seite 9

Lfd. Nr	IEC	Schaltkurzzeichen (ein- oder mehrpolige Darstellung je nach Bedarf)	Schaltzeichen	wahlweise	Benennung und Bemerkungen
4.2 Gleichstrom-Reihenschlußmaschinen (Arbeiten die Maschinen als Generatoren, so ist „M" durch „G" zu ersetzen. Die Anschlüsse der Erregerwicklung sind in diesem Falle entsprechend VDE 0570 zu vertauschen.)					
4.2.1	≈				Motor
4.2.2					Motor, Wendepolwicklung einseitig zum Anker geschaltet
4.2.3		(M)			Motor, Wendepolwicklung symmetrisch zum Anker aufgeteilt
4.2.4					Motor, Kompensations- und Wendepolwicklung einseitig zum Anker geschaltet. Erregerwicklung mit Anzapfung zur Feldschwächung
4.2.5					Motor, Kompensations- und Wendepolwicklung symmetrisch zum Anker aufgeteilt

261

Lfd. Nr	IEC	Schaltkurzzeichen (ein- oder mehrpolige Darstellung je nach Bedarf)	Schaltzeichen	wahlweise	Benennung und Bemerkungen
4.3 Gleichstrommaschinen mit besonderer Art der Erregung					
4.3.1	≈				Generator, fremderregt
4.3.2					Generator, fremderregt, mit Reihenschlußerregung
4.3.3	≈				Doppelschluß-Generator mit Reihenschlußerregung
4.3.4	≈				Doppelschluß-Motor mit Reihenschlußerregung
4.3.5					Generator mit Fremderregung, Selbsterregung und Gegen-Reihenschlußerregung (Kraemer-Dynamo)
4.3.6	≈				Generator mit Dauermagneterregung (z. B. Drehzahlgeber)

DIN 40 715 Seite 11

Lfd. Nr	IEC	Schaltkurzzeichen (ein- oder mehrpolige Darstellung je nach Bedarf)	Schaltzeichen	wahlweise	Benennung und Bemerkungen
4.4 Gleichstrom-Dreileitermaschinen und Gleichstrommaschinen mit Zwischenbürsten					
4.4.1					Dreileiter-Generator mit Nebenschlußerregung und Spannungsteilerdrossel. Wendepolwicklung symmetrisch zum Anker aufgeteilt. Umrahmung nach DIN 40 712, lfd. Nr 27
4.4.2					Dreileiter-Generator mit Nebenschlußerregung und Spannungsteiler-Hilfswicklung im Anker, Wendepolwicklung symmetrisch zum Anker aufgeteilt
4.4.3					Doppelschluß-Generator mit Sengelring, Wendepolwicklung symmetrisch zum Anker aufgeteilt
4.4.4					Nebenschluß-Generator mit Spaltpolen und Zwischenbürsten (Ossanna-Erregermaschine)
4.4.5					Einfache Querfeldmaschine, fremderregt (Rosenberg-Maschine)
4.4.6					Querfeld-Verstärkermaschine, Polwicklungen je nach Bedarf

263

Lfd. Nr	IEC	Schaltkurzzeichen	Schaltzeichen	Benennung und Bemerkungen
		5. Beispiele für Kommutatormaschinen		
		5.1 Drehstrom-Nebenschluß-Kommutatormotoren		
5.1.1	≈			Nebenschlußmotor mit Läuferspeisung und Drehzahleinstellung mittels Bürstenverschiebung
5.1.2				Nebenschlußmotor mit Ständerspeisung, Drehzahleinstellung mittels Doppel-Drehtransformator ohne Bürstenverschiebung
5.1.3				Nebenschlußmotor mit Ständerspeisung, Drehzahleinstellung mittels Einfach-Drehtransformator, Hilfswicklung im Motorständer und Bürstenverschiebung

DIN 40715 Seite 13

Lfd. Nr	IEC	Schaltkurzzeichen	Schaltzeichen	Benennung und Bemerkungen
5.2 Drehstrom-Reihenschluß-Kommutatormotoren				
5.2.1	≈			Reihenschlußmotor, Drehzahleinstellung mittels Bürstenverschiebung
5.2.2				Reihenschlußmotor mit Zwischentransformator, Drehzahleinstellung mittels Bürstenverschiebung
5.2.3				Reihenschlußmotor in 6-Bürstenschaltung mit Zwischentransformator, Drehzahleinstellung mittels Bürstenverschiebung
5.3 Einphasen-Kommutatormotoren				
5.3.1	≈			Reihenschlußmotor (Universalmotor)
5.3.2				Reihenschlußmotor mit Wendepol- und Kompensationswicklung, Widerstand parallel zum Wendepol

lfd. Nr	IEC	Schaltkurzzeichen	Schaltzeichen	Benennung und Bemerkungen
5.3.3	≈			Repulsionsmotor mit einfachem Bürstensatz zur Drehzahleinstellung mittels Bürstenverschiebung
5.3.4	≈			Repulsionsmotor mit doppeltem Bürstensatz zur Drehzahleinstellung mittels Bürstenverschiebung

6. Beispiele für Umformer und Drehstromerregermaschinen
6.1 Einanker-Umformer

lfd. Nr	IEC	Schaltkurzzeichen	Schaltzeichen	Benennung und Bemerkungen
6.1.1	≈			synchroner Einanker-Umformer, dreiphasig mit Selbstantrieb
6.1.2				synchroner Einanker-Umformer, sechsphasig mit Selbstantrieb

6.2 Einanker-Frequenzumformer

lfd. Nr	IEC	Schaltkurzzeichen	Schaltzeichen	Benennung und Bemerkungen
6.2.1				asynchroner Einanker-Frequenzumformer, dreiphasig ohne Selbstantrieb
6.2.2				asynchroner Einanker-Frequenzumformer, dreiphasig mit Selbstantrieb

Lfd. Nr	IEC Schaltkurzzeichen	Schaltzeichen	Benennung und Bemerkungen
6.3 Drehstrom-Erregermaschine			
6.3.1			Hauptstromerregte Maschine, z. B. als eigenerregte Drehstrom-Erregermaschine
6.3.2			Hauptstromerregte Maschine mit Käfigständer
6.3.3			Im Läufer fremderregte Maschine mit Kompensationswicklung
6.3.4			Im Ständer fremderregte Maschine mit Wendepol- und Kompensationswicklung nach Lydall und Scherbius

Erläuterungen

Durch DIN 40712 ist als neues Zeichen für eine Wicklung das ausgefüllte Rechteck — kurz Vollrechteck genannt — festgelegt. Die Bogenlinie ist als wahlweise Möglichkeit zugelassen. Dadurch wurde eine Neubearbeitung von DIN 40715 erforderlich. Daneben bestand noch der Wunsch, den Aufbau und die Anordnung der Schaltzeichen für Gleichstrommaschinen der in den Regeln für Klemmenbezeichnungen (VDE 0570) verwendeten Darstellungsweise anzunähern. Weiterhin sollten die Grundsätze dieser Darstellungsweise auch auf Drehstrommaschinen ausgeweitet werden.

Nach den Richtungsregeln auf der ersten Seite dieser Norm soll für das Schaltzeichen einer Wicklung die Richtung des Stromes — in Richtung der Wicklungsachse — mit der Richtung des von ihm erzeugten magnetischen Feldes übereinstimmen.

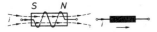

Bild 1. Darstellung einer stromdurchflossenen, rechtsgängigen Wicklung (links bildmäßige Darstellung, rechts Darstellung als Schaltzeichen [Stromrichtung und Richtung des magnetischen Feldes stimmen überein]).

Dies ist, wie Bild 1 zeigt, nur der Fall, wenn rechtsgängige Wicklungen vorausgesetzt werden *).

Diese Regel läßt sich zwanglos auch auf den stromdurchflossenen Kommutator-Anker übertragen, wie Bild 2 zeigt. Bei die-

Bild 2. Darstellung eines Kommutator-Ankers mit rechtsgängiger Wicklung (links bildmäßige Darstellung, rechts Darstellung als Schaltzeichen).

sem Schaltzeichen fällt die Bürstenachse mit der magnetischen Achse des Kommutator-Ankers zusammen. Daß dies bei den heute verwendeten Gleichstrom-Ankerwicklungen nicht mehr der Fall ist, ist bekannt, aber für die vorliegende Aufgabe bedeutungslos.

---

*) Siehe W. Nürnberg, Das Schaltungsschema der Gleichstrommaschine ETZ 62 (1941) Seite 998 bis 1003.

Wendet man diese Darstellungsweise von Wicklungen auf die Gleichstrommaschinen an, dann besteht ein einfacher Zusammenhang zwischen dem Richtungssinn des Stromes und der induzierten Spannung sowie auch dem Richtungssinn des Drehmoments und der Aufnahme oder Abgabe elektrischer oder mechanischer Arbeit.
Beim Generator verläßt der Strom den Anker über die Plusbürsten, beim Motor tritt er dort ein (Bild 3). Die induzierte Spannung wirkt im Innern des Ankers stets von der Minusklemme zur Plusklemme.

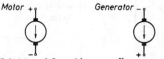

Bild 3. Polarität und Stromrichtung am Kommutator-Anker beim Motor- und Generator-Betrieb.

Im Magnetfeld versucht sich der stromdurchflossene Anker so zu drehen, daß der Ankerpfeil — würde er sich mitdrehen — auf kürzestem Wege in die Richtung des Feldpfeiles käme (Bild 4).

Bild 4. Stromrichtung, Feldrichtung und Drehrichtung am Kommutator-Anker beim Motor und beim Generatorbetrieb.

Überlagert man nun dem Bild 4 das Bild 3, dann findet man die einfache Regel: Der Anker läuft stets unter der Spitze des Richtungspfeiles des ihn erregenden Feldes von der Plus- zur Minusbürste. Dies gilt sowohl für den Motor- als auch für den Generatorbetrieb und damit auch für den Leerlauf (Bild 5).

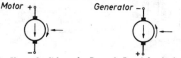

Bild 5. Veranschaulichung der Regel „Der Anker läuft stets unter der Spitze des ihn erregenden Feldes von der Plus- zur Minusbürste" beim Motor- und Generatorbetrieb.

Soll ein Schaltzeichen den eben erläuterten Regeln genügen, dann muß auf die richtige Darstellung der magnetischen Achsen der einzelnen Wicklungen besonderer Wert gelegt werden. Am Schaltzeichen eines Gleichstrom-Nebenschlußgenerators mit Wendepol- und Kompensationswicklungen mag dies erläutert werden (Bild 6).

Bild 6. Schaltzeichen eines Gleichstrom-Nebenschlußgenerators mit Wendepol- und Kompensationswicklung.

Die Achse der Hauptpolwicklung steht rechtwinklig zur Bürstenachse. Die Wendepol- und Kompensationswicklungen haben die Aufgabe, das Ankerfeld an jeder Stelle des Ankerumfangs aufzuheben. Die Wendepolwicklung soll darüber hinaus noch in der Wendezone ein Gegenfeld erzeugen, um die Stromwendung zu erleichtern. Die Wendepol- und Kompensationswicklungen müssen daher so angeordnet und angeschlossen werden, daß ihre Felder mit dem Ankerfeld gleichachsig liegen, diesem aber entgegenwirken.

Wird für den in Bild 6 dargestellten Gleichstrom-Nebenschlußgenerator die Polarität der Anschlußklemmen vorgeschrieben,

dann sind damit alle Strom- und Feldpfeile gegeben (Bild 7). und die Drehrichtung folgt aus der oben angeführten Regel.

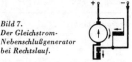

Bild 7. Der Gleichstrom-Nebenschlußgenerator bei Rechtslauf.

Die Vorteile dieser Darstellungsweise treten um so deutlicher hervor, je komplizierter die Schaltung der Maschinen ist. Besonders deutlich werden sie bei der Untersuchung des Verhaltens von Querfeld- und Verstärkermaschinen an Hand ihrer Schaltzeichen. Die gleichen Regeln lassen sich aber auch auf ein- und mehrphasige Kommutatormaschinen anwenden sowie auch auf Synchron- und Asynchronmaschinen, kurz auf alle Arten elektrischer Maschinen.

Um einfache und übersichtliche Schaltzeichen zu erhalten, wird man Parallelverschiebung der Wicklungsachsen zulassen. Als Beispiel hierzu sei das Schaltzeichen eines Drehstrom-Induktionsmotors mit Käfigläufern und Ständerwicklung in Sternschaltung angeführt (Bild 8 a und 8 b).

Bild 8 a. Schaltzeichen genau nach den auf Seite 1 genannten Richtungsregeln a und b.

Bild 8 b. Vereinfachtes Schaltzeichen nach DIN 40715.

Die Umlaufrichtung des Drehfeldes von Drehstrommaschinen wird dadurch bestimmt, daß sich die Drehfeldamplitude stets bei jenem Strang befindet, der gerade sein Strommaximum führt. Daraus folgt die Regel:
Stimmt die Bezeichnung der Stränge (U, V, W) mit der zeitlichen Aufeinanderfolge der Phasen überein, dann dreht das Drehfeld im Sinne der Bezeichnung der Stränge; sind die beiden Umlaufsinne entgegengesetzt gerichtet, dann dreht das Drehfeld dem Umlaufsinn der Bezeichnung der Stränge entgegen.
Beachtet man die auf Seite 1 dieser Norm empfohlenen Richtungsregeln, dann gibt die einzelnen Schaltzeichen nicht nur eine knappe Darstellung der Schaltung der verschiedenen Wicklungen, die Schaltzeichen lassen vielmehr auch Schlüsse auf die Wirkungsweise der einzelnen Maschinen zu. Die Schaltkurzzeichen sind dagegen nur Symbole, die möglichst wenig Zeichenarbeit verursachen und sich durch leicht deutbare Kennzeichen voneinander nur soweit unterscheiden, als zum Vermeiden von Verwechslungen erforderlich ist.

Die Anzahl der Aufbauglieder und Grundarten wurde gegenüber der alten Fassung dieser Norm vom Februar 1940 erheblich vermehrt. Vermehrt wurde auch die Anzahl der Beispiele. Insbesondere wurden verschiedene seltene Ausführungen gebracht, um die Vielfalt der Darstellungsmöglichkeiten zu zeigen. Auf die Beispiele für Induktionsmaschinen folgen die für Synchronmaschinen, Gleichstrommaschinen, Wechselstrom-Kommutatormaschinen und schließlich die Beispiele für Umformer- und Drehstrom-Erregermaschinen. Bei allen Wechselstrommaschinen werden zunächst die Drehstrommaschinen und anschließend die Einphasenmaschinen behandelt. Bei den Gleichstrommaschinen und den Drehstrom-Kommutatormaschinen folgen die Nebenschlußmaschinen der Reihenschlußmaschinen. Für die Kleinstmaschinen der Steuer- und Nachrichtentechnik ist ein besonderes Blatt vorgesehen.

DK 621.317.7 : 003.62 Februar 1970

Schaltzeichen
Meßinstrumente, Meßgeräte, Zähler

DIN 40716
Blatt 1

Graphical symbols; measuring instruments and integrating meters

Zusammenhang mit IEC-Empfehlungen siehe Erläuterungen

Zeichenerklärung

Die in der IEC-Spalte benutzten Zeichen haben die nachstehende Bedeutung:
= Das Schaltzeichen stimmt mit dem IEC-Schaltzeichen überein.
≠ Schaltzeichen stimmt mit dem IEC-Schaltzeichen nicht überein.
— Ein entsprechendes IEC-Schaltzeichen ist nicht vorhanden.
K Das Schaltzeichen besteht aus einer Kombination von IEC-Schaltzeichen.

Allgemeine Erklärungen

In die Schaltzeichen Nr 1 bis 3 können eingezeichnet werden:
a) die Schaltzeichen der Meßwerke Nr 4 bis 10,
b) die unter den Schaltzeichen Nr. 11 bis 24 aufgeführten Kennzeichen, die für sich allein nicht vorkommen können,
c) die Kurzzeichen der den Meßgrößen zugeordneten Einheiten oder deren Teile oder Vielfache, z. B. µA, MW. Bei Bedarf auch Formelzeichen der Meßgröße. Siehe DIN 1301 Einheiten, Kurzzeichen; DIN 1304 Allgemeine Formelzeichen; DIN 1314 Druck, Begriffe, Einheiten; DIN 4323 Wasserturbinen, Begriffe, Zeichen, Einheiten; DIN 1339 Einheiten magnetischer Größen; DIN 1344 Formelzeichen der elektrischen Nachrichtentechnik; DIN 1350 Zeichen für die Festigkeitsberechnungen; DIN 40 004 Spannung und Strom, gekürzte Schreibweisen u. a.,
d) mathematische Formelzeichen, z. B. $\Sigma u(t)$. Siehe DIN 1302 Mathematische Zeichen; DIN 1303 Schreibweise von Tensoren (Vektoren) u. a.,
e) Kennzeichen aus anderen Schaltzeichennormen, z. B. DIN 40 710 Schaltzeichen, Spannung, Strom, Schaltarten, Wechselspannungssysteme; DIN 40 700 Blatt 10 Schaltkurzzeichen für Übersichtsschaltpläne.

Es können mehrere der unter a) bis e) aufgeführten Zeichen je nach Bedarf gleichzeitig verwendet werden (siehe Beispiele Nr 25 bis 39).

Nr	IEC	Schaltzeichen	Benennung	Bemerkungen	
Aufbauglieder und Grundarten					
1	=	○	Meßinstrument, allgemein, anzeigend		
2	=	□	Meßgerät, allgemein, registrierend	Seitenverhältnis 1 : 1	Die benutzten geometrischen Figuren haben nichts mit der Gehäuseform zu tun.
3	=	▯	integrierendes Meßgerät, Elektrizitätszähler	Seitenverhältnis 1 : (1+0,25)	
Meßwerke					
4	—	○	Meßwerk, allgemein		
5	—	⊖	Meßwerk mit einem Spannungspfad	Nur anwenden, wenn Unterscheidung erforderlich	

Fortsetzung Seite 2 bis 4
Erläuterungen Seite 4

Fachnormenausschuß Elektrotechnik im Deutschen Normenausschuß (DNA)

Nr	IEC	Schaltzeichen	Benennung	Bemerkungen
6	—		Meßwerk mit einem Strompfad	Nur anwenden, wenn Unterscheidung erforderlich
7	—		Meßwerk mit Anzapfung	
8	—		Meßwerk zur Summe- oder Differenzbildung	Für beide Pfade ist der gleiche Wicklungssinn angenommen
9	—		Meßwerk zur Produktbildung	
10	—		Meßwerk zur Quotientenbildung	
Kennzeichen für Anzeige				
11	—		Anzeige allgemein	
12	=		Anzeige mit beidseitigem Ausschlag	
13	—		Anzeige durch Vibration	
14	—	|000|	Anzeige digital (numerisch)	
Kennzeichen für Registrierung				
15	—		Registrierung schreibend	
16	—		Registrierung punktschreibend	
Kennzeichen für Trägheit				
17	—		trägheitsarm	Nur anwenden, wenn man vom üblichen abweichende Trägheitseigenschaften darstellen will
18	—		große Trägheit	

DIN 40716 Blatt 1 Seite 3

Nr	IEC	Schaltzeichen	Benennung	Bemerkungen
Kennzeichen für Grenzwertanzeige				
19	–		Größtwertanzeige	
20	–		Kleinstwertanzeige	
21	–		Drehfeldrichtung	
22	–		Richtung der Meßwertübertragung	
23	–		Kontaktgabe	
24	=	L	Uhrzeit	
Beispiele				
25	–		Meßinstrument, allgemein ohne Kennzeichnung der Meßgröße	
26	=		Meßinstrument, allgemein ohne Kennzeichnung der Meßgröße mit beidseitigem Ausschlag	
27	=	(A)	Strommesser, mit Angabe der Einheit Ampere	
28	=	(mV)	Spannungsmesser, mit Angabe der Einheit Millivolt	Sonstige technische Daten, insbesondere Anzeige- oder Meßbereiche, können bei allen Meßinstrumenten oder -geräten außerhalb des Schaltzeichens angegeben werden
29	K	($\frac{U}{\sim}$)	Spannungsmesser für Gleich- und Wechselspannung	
30	K	(V-A-Ω)	mehrfach ausgenutztes Meßinstrument mit Angabe der Einheiten für Spannung, Strom und Widerstand	
31	–	($\frac{0}{\sim}$)	Nullindikator für Wechselstrom	

Nr	IEC	Schaltzeichen	Benennung	Bemerkungen
32	=		Synchronoskop	
33	—		Strommesser mit großer Trägheit und Schleppzeiger für Größtwertanzeige	
34	—		Meßwerk, trägheitsarm, z. B. Oszillographenschleife	
35	—	W-var	Zweifach-Linienschreiber zur Aufzeichnung von Wirk- und Blindleistung	
36	K	kWh	Dreileiter-Drehstromzähler	
37	—		Widerstandsmeßbrücke	
38	—		Kreuzzeigerinstrument	
39	≑	u(t)	Meßgerät zur Kurvenbildanzeige der Spannung, Oszilloskop	

Erläuterungen

In der vorliegenden Norm wurde die IEC-Empfehlung 117-1 „Recommended graphical symbols Part 1: Kind of current, distribution systems, methods of connection and circuit elements" — „Empfehlungen für Schaltzeichen, Teil 1: Stromarten, Stromverteilungssysteme, Schaltarten von Wechselspannungssystemen, Leitungselemente und -verbindungen" (Ausgabe 1960) und die IEC-Empfehlung 117-4 „Recommended graphical symbols, Part 4: Measuring instruments and electric clocks" — „Symboles graphiques recommandés 4ème partie: Appareils de mesure et horloges électriques" — „Empfehlungen für Schaltzeichen, Teil 4: Meßinstrumente und elektrische Uhren" (Ausgabe 1963) berücksichtigt.

DK 621.317.785 : 681.118.5 : 003.62

Dezember 1967

Schaltzeichen
Beispiele für Zähler und Schaltuhren

**DIN
40716**
Blatt 4

Graphical symbols. Integrating meter and clock-switch

Zusammenhang mit IEC-Empfehlungen siehe Erläuterungen

Zeichenerklärung

Die in der IEC-Spalte benutzten Zeichen haben die nachstehende Bedeutung:
= Das Schaltzeichen stimmt mit dem IEC-Schaltzeichen überein.
≈ Das Schaltzeichen ist ähnlich dem IEC-Schaltzeichen (die Abweichung ist so geringfügig, daß Mißverständnisse bei Benutzung der deutschen Norm im internationalen Gebrauch nicht zu befürchten sind).
— Ein entsprechendes IEC-Schaltzeichen ist nicht vorhanden.
K Das Schaltzeichen besteht aus einer Kombination von IEC-Schaltzeichen.

Nr	IEC	Schaltzeichen		Benennung und Bemerkungen
		Form 1	Form 2	
1. Zähler				
1.1.	K	kWh	kWh	Einphasen-Wechselstromzähler
1.2.	K	Ah	Ah	Gleichstrom-Amperestundenzähler
1.3.	K	kWh	kWh	Gleichstromzähler
1.4.	Form 1: = Form 2: K	h	h (MS)	Zeitzähler mit Synchronmotor
1.5.	≈	kWh 220 V 10(40) A	kWh Z 220 V 10(40) A zur Schaltuhr	Einphasen-Wechselstrom-Zweitarifzähler mit Darstellung des Außenanschlusses und Angabe der Nennspannung und des Nenn-(Grenz-)Stromes. Z Zweitarifauslöser (Schaltung 110 nach DIN 43 856)

Fortsetzung Seite 2 bis 5
Erläuterungen Seite 6

Fachnormenausschuß Elektrotechnik im Deutschen Normenausschuß (DNA)

Nr	IEC	Schaltzeichen Form 1	Schaltzeichen Form 2	Benennung und Bemerkungen
1.6.	≈	kWh ⊿3∼	kWh	Dreileiter-Drehstromzähler mit Darstellung einer Rücklaufsperre (Zähler zählt nur in einer Energierichtung)
1.7.	≈	kvarh 3/Mp∼	kvarh	Vierleiter-Drehstrom-Blindverbrauchzähler mit elektromagnetischer Verriegelung, Schaltung der Strom- und Spannungspfade nicht dargestellt
1.8.	≈	kWh max. 3/Mp∼ 30 min	30 min Z kWh	Vierleiter-Drehstrom-Zweitarif-Maximumzähler mit kumulativem Maximumzählwerk, Zweitarifauslöser (Z) und Maximumauslöser (M) durch gesonderte Schaltuhr betätigt, Maximumrückstellung durch Motor mit Endschalter (von gesondertem Schalter zu schalten), Meßperiode 30 Minuten
1.9.	≈	kWh	kWh	Wirkverbrauch-Münzzähler mit einem Meßwerk, mit Zählwerke für Wirkverbrauch und für Münzvorrat, Münzverbrauch proportional Stromverbrauch
1.10.	K	kWh	kWh 0,1 kWh/Imp. M_d-Verstärker	Wirkverbrauch-Impulsgeberzähler mit 2 Meßwerken, mit Drehmomentverstärkermotor 1 Impuls je 0,1 kWh (Statt des Zeichens ⌐ kann im Schaltzeichen Form 1 das Zeichen ⊓ verwendet werden, insbesondere bei elektronischer Impulsgabe)

DIN 40716 Blatt 4 Seite 3

Nr	IEC	Schaltzeichen Form 1	Form 2	Benennung und Bemerkungen
2. Getrennt angeordnete Zusatzeinrichtungen				
2.1.	–			Empfangszähler für Wirkverbrauch, impulsbetätigt
2.2.	–			Empfangs-Summen-Differenzzähler für Wirkverbrauch, impulsbetätigt, für 3 positive und 1 negative Eingabe, mit Kontaktgeber für das Ergebnis
2.3.	–			Maximumüberwachungsgerät für Wirkleistung, impulsbetätigt, mit Schleppzeiger für Istwertanzeiger, Antrieb des Sollwertanzeigers durch Synchronmotor, Meßperiode 15 Minuten, mit Kontaktgabe bei Erreichen des Sollwertes
2.4.	–		Schaltplan	Empfangsgerät als Schreib-Drucker für Wirkleistung mit Maximum-Anzeige mit Impulsspeicher und Verstärkermotor, mit Markierwerk z. B. für Bezug oder Lieferung, mit Rückstellung des Druck- und Schreibwerkes und der Maximum-Anzeige durch Uhrwerk mit Verriegelung zum Synchronisieren durch Zeitgeber und mit Aufzugmotor

275

Nr	IEC	Schaltzeichen Form 1	Schaltzeichen Form 2	Benennung und Bemerkungen
3. Schaltuhren				
3.1.	≈			Schaltuhr mit Synchronlauf mit einem Wechsler für 2 A und einem dreipoligen Schließer für 15 A für getrennte Zeiteinstellung
3.2.	≈			Schaltuhr mit Synchronlauf und Gangreserve, ein Schaltglied mit selbsttätiger jahreszeitlicher Verstellung $h = f(a)$ (sogenannter „astronomischer Scheibe") und ein Schaltglied für feste Uhrzeiten (h)
3.3.	≈			Tarifschaltuhr mit Uhrwerk mit Selbstaufzug Z Zweitarifschalter M Maximumschalter

4. Schaltplan einer Meßeinrichtung eines Sonderabnehmers mit Eigenerzeugung zur Verrechnung von elektrischer Arbeit als Abnehmer (oder Bezieher) und als Lieferer z.B.

Stromentnahme aus dem Netz mit unterschiedlichen Preisen (oder Tarifen) für Kraft und Heizzwecke bei Tag und Nacht, Lieferung von Kraftstrom an das Netz nach gestaffelten Preisen (oder Tarifen), Strombezug für Heizzwecke und Lieferung an das Netz bei 30 Minuten langer Maximummessung, Verrechnung des Blindstromes für Abnehmer (oder Bezieher) und Lieferer. (Schaltplan)

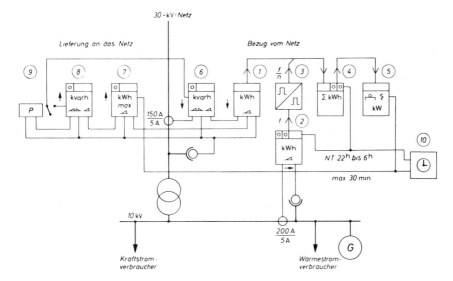

Bei Abnahme (oder Bezug) aus dem Netz mißt Zähler ① den Gesamt-Wirkverbrauch, Zähler ② den Verbrauch für Heizzwecke (Wärmestrom) abzüglich Eigenerzeugung. Die mit Hilfe des Impulsfrequenzumsetzers ③ im Differenzzähler ④ gebildete Differenz der Zählerangaben ① und ② wird im Schreibdrucker ⑤ registriert; sie ist gleich dem Wirkstrombezug für Kraftzwecke.
Den aus dem Netz bezogenen Blindstrom mißt Zähler ⑥.
Wenn die Eigenerzeugung den Bedarf für Kraft und Wärmezwecke übersteigt, wird an das Netz geliefert. Die Wirkstromlieferung mißt Zähler ⑦, die Blindstromlieferung mißt Zähler ⑧. Das Energierichtungsrelais ⑨ sperrt bei Wirkstrombezug den Zähler ⑧, bei Wirkstromlieferung den Zähler ⑥.
Infolge der eingebauten Rücklaufsperre mißt Zähler ① nur bei Wirkstrombezug, Zähler ② nur, wenn der Verbrauch für Wärmezwecke die Eigenerzeugung übersteigt, Zähler ⑥ nur bei Blindstrombezug, Zähler ⑦ nur bei Rücklieferung an das Netz, Zähler ⑧ nur bei Blindstromlieferung. Die Zweitarif-Umschaltung der Zähler ②, ④ und ⑤ und die Maximum-Auslösung der Zähler ②, ⑤ und ⑦ wird durch die Schaltuhr ⑩ gesteuert. Die Zählwerke sind nur soweit dargestellt, wie sie zur Verrechnung benötigt werden.

Erläuterungen

In der vorliegenden Norm wurde die IEC-Empfehlung 117-4 „Recommended graphical symbols, Part 4: Measuring instruments and electric clocks" — „Symboles graphiques recommandés, 4ème partie: Appareils de mesure et horloges électriques" — „Empfehlungen für Schaltzeichen, Teil 4: Meßinstrumente und elektrische Uhren" (Ausgabe 1963), berücksichtigt.

Zähler, Schaltuhren und zugehörige Tarifgeräte stellen ein nahezu abgeschlossenes Fachgebiet dar. Es schien deshalb zweckmäßig, Beispiele hierfür — die Zähler waren bisher nur in DIN 40 716 aufgeführt — in einem besonderen „Folgeblatt" zusammenzustellen, das die Anwendung erleichtert und einige charakteristische Kombinationen zeigt.

Die Norm DIN 40 716 Blatt 4 bringt zunächst Beispiele von Zählern für verschiedene Meßgrößen, nämlich: Zeit (h), Amperestunden (Ah), Wirkverbrauch (kWh) bei Gleich-, Wechsel- oder Drehstrom und Blindverbrauch (kvarh) bei ein- und mehrsystemiger Messung. Die einfachste Wiedergabeeinrichtung, das Zählwerk, kann gemäß DIN 40 708, Ausgabe Juni 1960, Nr 6, dargestellt werden. Das ist bei Mehrtarifzählern und für Zähler mit besonderen Aufgaben zweckmäßig (siehe Nr 1.5, 1.8, 1.9 u. a.).

Wenn komplizierte Zähler, z. B. Maximumzähler mit zusätzlichem kumulativen Zählwerk, noch weitere Hilfseinrichtungen, z. B. Verstärkermotoren, Rücklaufsperren oder Schreib- und Druckwerke, erhalten, kann die Funktion der Zähler durch Darstellung der mechanischen Zwischenglieder nach DIN 40 713 klargestellt werden.

Beim Registrieren der Meßwerte und bei komplizierten Meßaufgaben wird die Meßeinrichtung vielfach in Kontaktgeberzähler und Empfangszähler mit den verschiedenen Wiedergabeeinrichtungen, gegebenenfalls unter Zwischenschaltung von Summen- oder Differenzzählern, aufgetrennt (siehe Nr 1.10, 2.1 und 2.2).

Als Beispiel für Tarifgeräte ist ein Maximumüberwachungsgerät für Wirkverbrauch gezeigt, bei dem die Stellungen von 2 Zeigern für Ist- und Sollwert miteinander verglichen werden.

Obgleich Schaltpläne grundsätzlich in DIN 40 719 behandelt werden, ist in der vorliegenden Norm der Schaltplan eines Empfangszählers für Wirkleistung als Schreibdrucker mit Maximumanzeige aufgenommen, siehe Nr 2.4, zugehörige Schaltzeichen näher erläutert. (Darin ist der Impulsspeicher nach DIN 40 700 Blatt 10, Ausgabe März 1966, Nr 1.3, dargestellt.) Ein weiterer Schaltplan zeigt alle für die Stromverrechnung wichtigen Einzelheiten der Zählermeßeinrichtung eines Sonderabnehmers mit Eigenerzeugung. Dieser Schaltplan kann als Grundlage für die Ausarbeitung eines Entwurfes für den Wirkschaltplan nach DIN 40 719 verwendet werden.

DK 621.3 : 003.62 : 621.317.7　　　　　　　　　　　　　　　　　　　　　　　　Februar 1977

Schaltzeichen
für Meß-, Anzeige- und Registrierwerke

DIN 40 716
Teil 5

Graphical symbols; measuring and indicating instruments

Für diese Norm besteht kein direkter Zusammenhang mit einer von der International Electrical Commission (IEC) herausgegebenen IEC-Publication.

Die in dieser Norm enthaltenen Schaltzeichen für Meß-, Anzeige- und Registrierwerke sind für ausführliche Schaltpläne von Meßgeräten oder zum Einzeichnen in Schaltzeichen nach DIN 40 716 Teil 1 Nr 1, 2 und 3 bestimmt. Die einzelnen benötigten Schaltzeichen sind bereits in DIN 40 716 Teil 1 und anderen Schaltzeichen-Normen aufgeführt oder können daraus abgeleitet werden.

Nr	Schaltzeichen	Benennung und Bemerkung
Meßwerke		
1		Kreuzspulmeßwerk
2		trägheitsarmes Drehspulmeßwerk z. B. für Oszillographen
3		Dreheisen-(Weicheisen-)Meßwerk zur Quotientenmessung
4		elektrodynamisches, eisengeschirmtes Meßwerk für Leistungsmessung mit besonderer Darstellung der Stromspule und beweglichen Spannungsspule Bei anderen Abschirmungen ist der Werkstoff anzugeben (Cu, Al usw.)
5		Induktions-Elektrodynamometer-Meßwerk, eisengeschlossen mit Darstellung von zwei beweglichen Spulen
6		elektrostatisches Meßwerk mit Drehfeld z. B. für Drehfeldrichtungsanzeiger

Fortsetzung Seite 2

Deutsche Elektrotechnische Kommission im DIN und VDE (DKE)

Nr	Schaltzeichen	Benennung und Bemerkung
Anzeigewerke		
7		Skalare Anzeige mit Zeiger und Skale
8		Skalare Anzeige mit Lichtzeiger und Darstellung des Meßwerkes und Strahlenganges
9		Vektorielle Anzeige im Koordinatenfeld z. B. für Vektor-Lichtzeigerinstrument
10		Kurvenbildanzeige, mit Angabe der voneinander abhängigen Größen z. B. $U = f(t)$ beim Lichtstrahl-Oszilloskop
Registrierwerke		
11		Registrierwerk, allgemein z. B. Linienschreibwerk
12		Linienschreibwerk für Lichtpunktlinienschreiber mit Darstellung des Strahlenganges, des Meßwerkes und des Papierantriebes durch einen Federspeicherantrieb mit Handaufzug
13		Sechsfach-Punktschreibwerk mit Darstellung eines Fallbügelmagnetantriebes und eines Synchronmotors zur Umschaltung der Meßstellen und Farben
14		Lochwerk mit Darstellung des Locherantriebes und Meßwerkes

Erläuterungen

Diese Norm wurde ausgearbeitet vom Unterkomitee 113.1 „Schaltzeichen, Schaltungsunterlagen" der Deutschen Elektrotechnischen Kommission im DIN und VDE (DKE).

DK 621.317.39.084.2 : 003.62   März 1972

| Schaltzeichen | DIN |
| Meßgrößenumformer | 40 716 Blatt 6 |

Graphical symbols, measuring transducers

Zusammenhang mit IEC-Empfehlungen siehe Erläuterungen.

Zeichenerklärung
Die in der IEC-Spalte benutzten Zeichen haben die nachstehende Bedeutung:
= Das Schaltzeichen stimmt mit dem IEC-Schaltzeichen überein.
≈ Das Schaltzeichen ist ähnlich dem IEC-Schaltzeichen (die Abweichung ist so geringfügig, daß Mißverständnisse bei Benutzung der deutschen Norm im internationalen Gebrauch nicht zu befürchten sind).
− Ein entsprechendes IEC-Schaltzeichen ist nicht vorhanden.
K Das Schaltzeichen besteht aus einer Kombination von IEC-Schaltzeichen.

Allgemeine Erklärungen
Diese Norm enthält Schaltzeichen für Meßgrößenumformer, bei denen physikalische oder chemische Meßgrößen in elektrische Ausgangsgrößen umgeformt werden. Da ein Teil der Schaltzeichen für Meßgrößenumformer bereits in anderen Schaltzeichen-Normen enthalten ist, z. B. Halbleiterbauelemente in DIN 40 700 Blatt 8, Detektoren für ionisierende Strahlung in DIN 40 700 Blatt 13, Allgemeine Schaltungsglieder in DIN 40 712, Transformatoren und Drosselspulen in DIN 40 714 Blatt 1, Maschinen in DIN 40 715, oder daraus abgeleitet werden können und auf der anderen Seite die technische Entwicklung noch nicht zum Abschluß gekommen ist, sind in dieser Norm nur Beispiele für die häufigsten Anwendungsfälle gebracht.
Die aufgeführten Schaltzeichen sind in dieser Form besonders für Stromlaufpläne geeignet. Durch Einzeichnen in Quadrate, Rechtecke usw. nach DIN 40 700 Blatt 10 sind sie für Übersichtsschaltpläne anwendbar.

Nr	IEC	Schaltzeichen	Benennung	Bemerkungen
1	K		Widerstands-Stellungsgeber allgemein	
2	K		Widerstands-Stellungsgeber mit 3 Abgriffen für Drehbewegung	
3	K	Δl	Dehnungsmeßstreifen	
4	K	ϑ	Widerstandsthermometer, Bolometer	
5	≈		Thermoelement (Thermopaar) allgemein	
6	≈		Thermoelement mit Ausgleichsleitung	
7	≈		Thermoumformer mit galvanisch getrenntem Heizer	

Fortsetzung Seite 2 und 3
Erläuterungen Seite 3

Deutsche Elektrotechnische Kommission · Fachnormenausschuß Elektrotechnik im DNA gemeinsam mit Vorschriftenausschuß des VDE

Nr	IEC	Schaltzeichen	Benennung	Bemerkungen
8	≈		Thermoumformer mit galvanisch verbundenem Heizer	
9	K		galvanische Meßzelle, z. B. pH-Elektrode	
10	–		Leitfähigkeitselektroden	
11	K		magneto-elastischer Geber	
12	K		magnetischer Geber mit beweglicher Spule	
13	–		induktiver Geber mit Kopplungsänderung, allgemein	
14	–		induktiver Geber mit Kennzeichnung der bewegten Wicklung	
15	–		induktiver Differenzgeber	
16	–		Winkelstellungsgeber, Winkelstellungsempfänger (Drehmelder)	
17	K		kapazitiver Geber	
18	K		Schwingkondensator	
19	=		piezoelektrischer Geber	
20	K		Druckgeber, z. B. $I = f(p)$	Bei Bedarf können in das Umsetzerzeichen Schalt- oder Kennzeichen zur Erläuterung der Funktion des Meßgrößenumformers eingetragen werden, z. B. Sauerstoffspurenanalysator für O_2 in %
21	K		Differenzdruckgeber, z. B. $U = f(p_1 - p_2)$	

Erläuterungen

In der vorliegenden Norm wurden folgende IEC-Empfehlungen berücksichtigt:
117-4 „Recommended graphical symbols, Part 4: Measuring instruments and electric clocks"
„Symboles graphiques recommandés, 4ème partie: Appareils de mesure et horloges electriques"
„Empfehlungen für Schaltzeichen, Teil 4: Meßinstrumente und elektrische Uhren"
(Ausgabe 1963)
117-9 „Recommended graphical symbols, Part 9: Telephony, telegraphy and transducers"
„Symboles graphiques recommandés, 9ème partie: Téléphonie, télégraphie et transducteurs"
„Empfehlungen für Schaltzeichen, Teil 9: Schaltzeichen für Telephon, Telegraphie und Transduktoren" (Ausgabe 1968)

Deutsche technische Regeln auf einen Blick

31 818 Einzelnachweise aus
3323 Veränderungen seit 1982
816 Kapitel · 100000 Stichwörter
47 technischen Regelwerken
4527 Neuaufnahmen 1983
8,4 Mill. byte aus der Datenbank

DIN **BEUTH**

DIN-Katalog für technische Regeln 1983
DIN Catalogue of technical rules 1983

1456 S. In zwei Bänden. A 4. Brosch. 168,- DM zzgl. Versandkosten
ISBN 3-410-11591-9 **Beuth-Bestell-Nr. 11591**

Abonnement **Ergänzungshefte** zum DIN-Katalog für technische Regeln 1983. 12 Hefte, die akkumuliert alle Veränderungen gegenüber dem Hauptkatalog aufzeigen, d. h. daß das neueste Ergänzungsheft (zusammen mit dem Grundkatalog) jeweils den vollständigen Überblick bietet. A 4. Brosch. 280,- DM incl. Versandkosten. **Beuth-Bestell-Nr. 11592**
Beuth Verlag GmbH · Burggrafenstraße 4-10 · D-1000 Berlin 30

DK 621.3 : 003.62 : 696.6   Juli 1970

Schaltzeichen
Installationspläne

DIN 40 717

Graphical symbols; architectural diagrams

Zusammenhang mit IEC-Empfehlungen siehe Erläuterungen

Zeichenerklärung

Die in der IEC-Spalte benutzten Zeichen haben die nachstehende Bedeutung:
=   Das Schaltzeichen stimmt mit dem IEC-Schaltzeichen überein.
≈   Das Schaltzeichen ist ähnlich dem IEC-Schaltzeichen (die Abweichung ist so geringfügig, daß Mißverständnisse bei Benutzung der deutschen Norm im internationalen Gebrauch nicht zu befürchten sind).
+   Das Schaltzeichen stimmt mit dem IEC-Schaltzeichen nicht überein.
−   Ein entsprechendes IEC-Schaltzeichen ist nicht vorhanden.
K   Das Schaltzeichen besteht aus einer Kombination von IEC-Schaltzeichen.

Diese Norm enthält Schaltzeichen und Beispiele für Installationspläne.
Weitere Schaltzeichen siehe DIN 40 700 Blatt 1 bis DIN 40 716, DIN 40 719 bis DIN 40 722.

Allgemeines
Der Installationsplan zeigt das Beispiel einer Leitungsverlegung einer Licht- und Kraftanlage; der Übersichtsschaltplan die Energieverteilung vorwiegend mit Schaltzeichen nach dieser Norm. Der Installationsplan wird in der Regel lagerichtig in eine Bauzeichnung eingetragen und enthält alle Angaben, die zur Leitungsverlegung nötig sind. Zur Übersicht können vereinfachte Installationspläne ohne zusätzliche Kennzeichnung der Leitungen und Geräte und unter Fortlassen von Leitungen angefertigt werden.
Für umfangreiche oder komplizierte Installationen werden weitere Schaltpläne nach DIN 40 719 empfohlen.

Kennzeichnung
Leitungen verschiedener Wichtigkeit, Spannung, Polarität oder Betriebsart können durch die Linienbreiten nach DIN 15, Geräte verschiedener Leistung oder Wichtigkeit durch die Größen unterschieden werden.
Die Anzahl der Leiter und die Polzahl der Schaltgeräte wird durch kurze schräge Querstriche nach DIN 40 711 Ausgabe August 1961, Nr 11, die Anzahl der Stromkreise durch kurze senkrechte Querstriche nach DIN 40 711 Ausgabe August 1961, Nr 12, gekennzeichnet (siehe auch Nr 22, 54, 57 und 177).

In die Pläne können zusätzliche Angaben eingetragen werden, z. B.:
Meßgrößen nach DIN 1301 Einheiten, Kurzzeichen
Klemmenbezeichnungen nach DIN 46 199
Schutzarten nach DIN 40 050

Fortsetzung Seite 2 bis 16
Erläuterungen Seite 14

Fachnormenausschuß Elektrotechnik im Deutschen Normenausschuß (DNA)

Seite 2 DIN 40 717

Nr	IEC	Schaltzeichen	Benennung	Bemerkung
Allgemeines				
1	=	——	Gleichstrom	
2	=	∿	Wechselstrom, insbesondere technischer Wechselstrom	
3	=	3/N ∿ 50 Hz	Drehstrom mit Mittelpunktleiter und Angabe der Frequenz, z. B. 50 Hz	nach DIN 40 710
4	=	≈	Tonfrequenz-Wechselstrom	
5	=	≋	Hochfrequenz-Wechselstrom	
Leitungen und Leitungsverlegung				
6	=	———	Leitung allgemein	Leitungen mit Kennzeichnungen für den Verwendungszweck siehe Nr 18 bis Nr 21
7	=	∼∼∼	Bewegbare Leitung	nach DIN 40 711
8	=	͞ ͞	Unterirdische Leitung, z. B. Erdkabel	nach DIN 40 722
9	=	—⊖—	Oberirdische Leitung, z. B. Freileitung	
10	–	—⍿—	Leitung auf Isolatoren	
11	=	/// ///	Leitung auf Putz	
12	–	⌗⌗—⌗⌗	Leitung im Putz	
13	=	/// ///	Leitung unter Putz	
14	=	——○——	Isolierte Leitung in Installationsrohr	Die Rohrart kann zusätzlich gekennzeichnet werden.
15	–	——(t)——	Isolierte Leitung für trockene Räume, z. B. Rohrdraht	
16	–	——(f)——	Isolierte Leitung für feuchte Räume, z. B. Feuchtraumleitung	
17	–	——(k)——	Kabel für Außen- oder Erdverlegung	

DIN 40 717 Seite 3

Nr	IEC	Schaltzeichen	Benennung	Bemerkung
Kennzeichnung des Verwendungszwecks bei Leitungen					
18	–	—··—··—··—	Schutzleitung, z. B. für Erdung, Nullung oder Schutzschaltung	nach DIN 40 711
19	–	—··—··—··—	Signalleitung	
20	–	—··—··—··—	Fernsprechleitung	
21	–	—··—··—··—	Rundfunkleitung	
Beispiele					
22	=	NYIF Cu 2,5²	Stegleitung von NYIF mit zwei Kupferleitern von 2,5 mm² nach DIN 47 715	
23	=	∼380/220 V /// O /// Cu 6²	Starkstromleitung für Drehstrom 380/220 V mit vier Kupferleitern von 6 mm² in Installationsrohr unter Putz verlegt	
24	=	PMbc 20×2×0,9 StI	20paariges Fernsprech-Erdkabel PMbc mit Kupferleitern von 0,9 mm ⌀ in Sternverseilung StI nach VDE 0890	
25	=	(f) /// /// 10×2×0,6	Mehrfach-Signalleitung mit 10 Aderpaaren von 0,6 mm ⌀ als Feuchtraumleitung auf Putz verlegt	
Einspeisungen					
26	=	↗	von oben kommende oder nach oben führende Leitung	
27	≈	↗	mit Speisung nach oben	
28	≈	↗	mit Speisung von oben	
29	=	↙	von unten kommende oder nach unten führende Leitung	
30	–	↙	mit Speisung nach unten	
31	–	↙	mit Speisung von unten	
32	=	╱	nach unten und oben durchführende Leitung	

287

Nr	IEC	Schaltzeichen	Benennung	Bemerkung
33	–		mit Speisung nach oben	
34	–		mit Speisung nach unten	
35	=		Leitungsverzweigung	nach DIN 40 711
36	=		Abzweigdose oder Verteilerkasten	Darstellung falls erforderlich
37	–		Trenndose	
38	=		Endverschluß, Endverzweiger	nach DIN 40 722. Kurze Trapezseite = Kabeleinführung
39	–		Starkstrom-Hausanschlußkasten allgemein	
40	–	P 33	Starkstrom-Hausanschlußkasten mit Angaben der Schutzart nach DIN 40 050, z. B. P 33	
41	=		Verteilung	
42	=		Umrahmung für Geräte, z. B. Gehäuse, Schaltschrank, Schalttafel	
43	=		Erdung allgemein	nach DIN 40 712
44	–		Anschlußstelle für Schutzleitung nach VDE 0100	
45	≠		Masse, Körper	
46	=		Überspannungsableiter	nach DIN 40 713
47	=		Element, Akkumulator oder Batterie	nach DIN 40 712. Der lange Strich ist der Plus-Pol und der kurze Strich der Minus-Pol
48	=	6 V	Element, Akkumulator oder Batterie mit Angabe der Polarität und der Spannung, z. B. 6 V	
49	=	220/5 V	Transformator, z. B. Klingeltransformator 220/5 V	nach DIN 40 714 Blatt 1

DIN 40 717 Seite 5

Nr	IEC	Schaltzeichen	Benennung	Bemerkung
Umsetzer				
50	=		Umsetzer allgemein	nach DIN 40 700 Blatt 10
51	K		Gleichrichtergerät, z. B. Wechselstrom-Netzanschlußgerät	Im Bedarfsfalle können mehrere Stromarten und Spannungen angegeben werden.
52	K		Wechselrichtergerät, z. B. Polwechsler, Zerhacker	nach DIN 40 700 Blatt 10
Schaltgeräte				
53	=		Sicherung allgemein	nach DIN 40 713. Zeichnerisches Seitenverhältnis 1 : 3
54	K		Sicherung dreipolig	
55	=	10 A	Sicherung mit Angabe des Nennstromes, z. B. 10 A	
56	=		Schalter allgemein	nach DIN 40 713
57	K	P 30	Schalter mit Angabe der Schutzart nach DIN 40 050, z. B. P 30, und der Polzahl, z. B. 3polig	
58	–		Überstrom-Schutzschalter, z. B. Leitungsschutzschalter	
59	–		Fehlerstrom-Schutzschalter	
60	–		Schutzschalter mit thermischer Auslösung, z. B. Motorschutzschalter	
61	–		Unterspannungs-Schutzschalter	
62	–		Fehlerspannungs-Schutzschalter	

289

Nr	IEC	Schaltzeichen	Benennung	Bemerkung
63	–		Sterndreieckschalter	nach DIN 40 700 Blatt 20
64	–		Anlasser, Stellwiderstand, z. B. mit 5 Anlaßstufen	
Schalter nach DIN 49 290 (Installationsschalter)				
65	–		Schalter 1/1 (Ausschalter, einpolig)	
66	–		Schalter 1/2 (Ausschalter, zweipolig)	
67	–		Schalter 1/3 (Ausschalter, dreipolig)	
68	–		Schalter 4/1 (Gruppenschalter, einpolig)	
69	–		Schalter 5/1 (Serienschalter, einpolig)	
70	–		Schalter 6/1 (Wechselschalter, einpolig)	
71	–		Schalter 7/1 (Kreuzschalter, einpolig)	
72	–		Tastschalter	
73	–		Leuchttastschalter	
Starkstrom-Steckverbindungen				
74	=		Einfach-Steckdose	
75	–		Leerdose für spätere Bestückung mit Steckdose	
76	–		Zweifach-Steckdose	
77	=	3	Mehrfach-Steckdose, z. B. mit 3 Dosen	
78	=		Einfach-Schutzkontaktsteckdose	
79	–	3/Mp	Einfach-Schutzkontaktsteckdose für Drehstrom	nach IEC kann der Sternpunktleiter auch mit N statt mit Mp gekennzeichnet werden
80	–		Zweifach-Schutzkontaktsteckdose	
81	–		Steckdose, abschaltbar	
82	=		Steckdose, verriegelt	

DIN 40 717 Seite 7

Nr	IEC	Schaltzeichen	Benennung	Bemerkung
83	=		Fernmeldesteckdose	
84	–		Antennensteckdose	
85	=		Stecker allgemein	
86	–		Schutzkontaktstecker	
Meßgeräte, Anzeigegeräte, Relais und Tonfrequenz-Rundsteuergeräte				
87	=		Meßgerät, z. B. Strommesser	
88	=		Zähler	nach DIN 40 716
89	=	10 A	Zählertafel, z. B. mit einer Sicherung oder einem Leitungsschutzschalter 10 A	
90	=		Schaltuhr, z. B. für Stromtarifumschaltung	
91	=	ϑ	Temperaturmelder	
92	=	t	Zeitrelais, z. B. für Treppenbeleuchtung	
93	–		Blinkrelais, Blinkschalter	
94	–		Stromstoßschalter	
95	–		Tonfrequenz-Rundsteuerrelais	
96	–		Tonfrequenzsperre	
Leuchten				
97	=	×	Leuchte allgemein	
98	=	× 5 × 60 W	Mehrfachleuchte mit Angabe der Lampenzahl und Leistung, z. B. mit 5 Lampen zu je 60 W	

Seite 8 DIN 40 717

Nr	IEC	Schaltzeichen	Benennung	Bemerkung
99	–		Leuchte mit Schalter	
100	–		Leuchte mit Überbrückung für Lampenketten	
101	=		Leuchte, verdunkelbar	
102	–		Notleuchte	
103	=		Panikleuchte	
104	–		Scheinwerfer	
105	–		Leuchte mit 2 getrennten Strompfaden	
106	–		Leuchte mit zusätzlicher Notleuchte	
Entladungslampen und Zubehör				
107	–		Entladungslampe, Leuchte für Entladungslampe, allgemein	
108	–		Mehrfachleuchte für Entladungslampen mit Angabe der Lampenzahl, z. B. mit 3 Lampen	
109	=	5×40 W	Leuchtband für Entladungslampen, z. B. mit 5 Lampen je 40 W	nur im Bedarfsfalle anwenden
110	K	10×5×40 W	Leuchtfeld für Entladungslampen, z. B. mit 10 x 5 Lampen je 40 W	
111	–		Leuchtstofflampe mit Vorheizung, vereinfachte Darstellung	
112	–		Leuchtstofflampe mit Vorheizung, vollständige Darstellung	
113	=		Vorschaltgerät allgemein	

DIN 40 717 Seite 9

Nr	IEC	Schaltzeichen	Benennung	Bemerkung
114	–		Vorschaltgerät kompensiert	
115	–		Vorschaltgerät, kompensiert mit Tonfrequenzsperre	
116	–		Starter allgemein	
117	–		Glimmstarter	
118	–		Glühstarter	

Elektro-Hausgeräte

Nr	IEC	Schaltzeichen	Benennung	Bemerkung
119	–		Elektrogerät allgemein	
120	–		Elektrogerät schaltbar	
121	–		Küchenmaschine	
122	–		Elektroherd allgemein	
123	–		Elektroherd mit Kohleteil	
124	–		Mikrowellenherd	
125	–		Backofen	
126	–		Wärmeplatte	
127	–		Fritteuse	
128	–		Heißwasserbereiter	

293

Nr	IEC	Schaltzeichen	Benennung	Bemerkung
129	–		Infrarotgrill	
130	–		Futterdämpfer	
131	–		Waschmaschine	
132	–		Wäschetrockner	
133	–		Geschirrspülmaschine	
Geräte für Heizung, Lüftung und Klimatisierung				
134	=		Raumbeheizung allgemein	
135	–		Speicherheizgerät allgemein	
136	–		Speicherheizgerät, Ausführung mit Lüfter	
137	–		Infrarotstrahler	nach DIN 40 704 Blatt 1
138	–		Lüfter elektrisch angetrieben	
139	–		Klimagerät	
Kühlgeräte, Gefriergeräte				
140	–		Kühlgerät	
141	–		Tiefkühlgerät	
142	–		Gefriergerät	
Motoren				
143	=		Motor allgemein	
144	=		Motor mit Angabe der Schutzart nach DIN 40 050, z. B. P 22	

DIN 40 717 Seite 11

Nr	IEC	Schaltzeichen	Benennung	Bemerkung
Fernmeldegeräte und Zubehör, Verteiler					
145	–	[HVt]	Hauptverteiler	
146	–	[Vt] /77	Verteiler auf Putz	
147	–	/77 [Vt]	Verteiler unter Putz	
Fernsprechgeräte					
148	=		Fernsprechgerät allgemein, zugleich Hausstelle	nach DIN 40 700 Blatt 10 Darstellung falls erforderlich
149	–		Fernsprechgerät halbamtsberechtigt	
150	–		Fernsprechgerät amtsberechtigt	
151	–		Fernsprechgerät fernberechtigt	Darstellung falls erforderlich
152	–	A	Abfragestelle	
153	–	S	Sonder-Sprechstelle	
Fernmeldezentralen					
154	+	☐	Fernmeldezentrale allgemein	
155	+	◯	Fernsprech-OB-Vermittlung	nach DIN 40 700 Blatt 10 OB = Ortsbatterie
156	+	◎	Fernsprech-ZB-Vermittlung	ZB = Zentralbatterie
157	+		Fernsprech-W-Vermittlung, selbsttätig	nach DIN 40 700 Blatt 10 W = Wählbetrieb

295

Nr	IEC	Schaltzeichen	Benennung	Bemerkung
Signalgeräte				
158	=	⊸D	Wecker	
159	≈	⊸⊲	Summer	
160	≈	⊸□⊳	Hupe	nach DIN 40 708
161	=	⊸▷	Sirene	
162	=	⊗	Leuchtmelder, Signallampe	
163	–	⊸⊗	Gruppen- oder Richtungsleuchtmelder	
164	K	⊗ 6	Mehrfachleuchtmelder, Signallampentafel, z. B. für 6 Meldungen	
165	K	⊸⊗⊢	Quittiermelder, Leuchtmelder mit Abstelltaste	nach DIN 40 708
166	–	[⊗ :]	Ruf- und Abstelltafel	
167	–	⌐⎯	Türöffner	
168	=	⊕	Elektrische Uhr, insbesondere Nebenuhr	
169	=	⊕	Hauptuhr	nach DIN 40 700 Blatt 5
170	–	⊕	Signalhauptuhr	
171	–	⌐L⌐⊢	Kartenkontrollgerät, handbetätigt	
172	–	▭	Feuermelder mit Laufwerk	
173	≈	▭	Feuer-Druckknopf-Nebenmelder	nach DIN 40 700 Blatt 5

DIN 40 717 Seite 13

Nr	IEC	Schaltzeichen	Benennung	Bemerkung
174	–		Schmelzlotmelder	
175	–		selbsttätiger Temperaturmelder (Höchstwertmelder)	nach DIN 40 700 Blatt 5
176	–		selbsttätiger Temperaturmelder (Differentialmelder)	
177	–		Hauptstelle einer Feuermeldeanlage, z. B. für vier Schleifen mit Sicherheitsschaltung und für eine Sirenenanlage mit 2 Schleifen, Fernsprecher für beide Anlagen	
178	–		Polizei-Melder	
179	K		Wächtermelder, z. B. mit Sicherheitsschaltung	nach DIN 40 700 Blatt 5
180	–		Erschütterungsmelder (Tresorpendel)	
181	–		Passierschloß	für Schaltwege in Sicherheitsanlagen
182	K		Lichtstrahlmeldeanlage, selbsttätig	nach DIN 40 700 Blatt 5
183	–		Dämmerungsschalter	

Rundfunk, Fernsehen und Zubehör

Nr	IEC	Schaltzeichen	Benennung	Bemerkung
184	=		Antenne, allgemein	nach DIN 40 700 Blatt 3
185	=		Verstärker	nach DIN 40 700 Blatt 10. Die im Leitungszug liegende Spitze des Dreiecks gibt die Verstärkungsrichtung an.
186	=		Lautsprecher	nach DIN 40 700 Blatt 9
187	–		Rundfunkempfangsgerät	
188	+		Fernsehempfangsgerät	

Erläuterungen

In der vorliegenden Neufassung der Norm wurden folgende IEC-Empfehlungen berücksichtigt:
117-1 „Recommended graphical symbols, Part 1: Kind of current, distribution systems, methods of connection and circuit elements" „Symboles graphiques recommandés, 1re partie: Nature de courant, systèmes de distribution, modes de connexion et éléments de circuits" „Empfehlungen für Schaltzeichen, Teil 1: Stromarten, Stromverteilungssysteme, Schaltarten von Wechselspannungssystemen, Leitungselemente und -verbindungen" (Ausgabe 1960) nebst Nachtrag 1 vom August 1966, 117-2 „Recommended graphical symbols, Part 2: Machines, transformers, primary cells and accumulators" „Symboles graphiques recommandés, 2ème partie: Machines, transformateurs, piles et accumulateurs" „Empfehlungen für Schaltzeichen, Teil 2: Maschinen, Transformatoren, Primärelemente und Akkumulatoren" (Ausgabe 1960), 117-3 „Recommended graphical symbols, Part 3: Contacts, switchgear, mechanical controls, starters and elements of electromechanical controls" „Symboles graphiques recommandés, 3ème partie: Contacts, appareillage, commandes mécaniques, démarreurs et éléments de relais électromécaniques" „Empfehlungen für Schaltzeichen, Teil 3: Kontakte, Schaltgeräte, mechanische Steuerungen, Anlasser und Bauteile von elektromechanischen Relais" (Ausgabe 1963), 117-4 „Recommended graphical symbols, Part 4: Measuring instruments and electric clocks" „Symboles graphiques recommandés, 4ème partie: Appareils de mesure et horloges électriques" „Empfehlungen für Schaltzeichen, Teil 4: Meßinstrumente und elektrische Uhren" (Ausgabe 1963), 117-5 „Recommended graphical symbols, Part 5: Generating stations and substations, lines for transmission and distribution" „Symboles graphiques recommandés, 5ème partie: Usines génératrices, sous-stations et postes, lignes de transport et de distribution" „Empfehlungen für Schaltzeichen, Teil 5: Kraftwerke und Unterstationen, Hochspannungsleitungen und Verteilernetze" (Ausgabe 1963), 117-8 „Recommended graphical symbols, Part 8: Symbols for architectural diagrams" „Symboles graphiques recommandés, 8ème partie: Symboles pour schémas architecturaux" „Empfehlungen für Schaltzeichen, Teil 8: Schaltzeichen für Installationspläne" (Ausgabe 1967).

Die Norm enthält die gebräuchlichsten Schaltzeichen für Installationspläne mit Anwendungsbeispielen für derartige Pläne und für Übersichtsschaltpläne.

Die Pläne in der Norm dienen nur als Beispiele für die Darstellung und nicht als Muster für die Ausführung von Installationsanlagen. Bei der Ausführung sind die einschlägigen Vorschriften und Normen, insbesondere VDE 0100 und DIN 18 015, sowie die Sonderbestimmungen der zuständigen Versorgungsunternehmen, der Bundespost usw. zu beachten.

Die Schaltzeichen und Installationspläne werden meist in eine Bauzeichnung lagerichtig eingezeichnet. Für die Bauzeichnungen wird der Maßstab 1:50 bis 1:20 empfohlen. Mit den Schaltzeichen können Bauherr, Architekt oder Ingenieur (auch bei Projekten) in der Bauzeichnung angeben, wo die einzelnen Schalter, Steckdosen, Leuchten und sonstige Verbrauchsgeräte angeordnet werden. Es ist dann Aufgabe der Elektrofirma, diese Unterlagen durch Eintragung der zu verlegenden Leitungen, deren Querschnitt, VDE-Kurzzeichen und Verlegungsart sowie Stromstärken der Sicherungen oder Schutzschalter, evtl. der Schutzart für die Geräte usw., zu einem Installationsplan zu ergänzen.

Installationspläne sollen möglichst übersichtlich gezeichnet werden, um Fehler bei der Montage zu vermeiden und die Störungsbeseitigung im Betrieb zu erleichtern.

Für Installationsanlagen mit vielen Stromkreisen, mit Haupt- und Unterverteilungen oder für Anlagen mit komplizierten Schaltungen ist es zu empfehlen, außer dem Installationsplan einen weiteren Schaltplan, z. B. Übersichtsplan, Stromlaufplan oder Wirkschaltplan gemäß den in DIN 40 719 einschließlich der Beiblätter festgelegten Richtlinien anzufertigen. Ein solcher Plan läßt die Energieverteilung und die Wirkungsweise der Schaltung besser erkennen als der vorzugsweise für die Leitungsverlegung und Geräteanordnung bestimmte Installationsplan.

DK 621.3.06 : 003.62 März 1968

Schaltzeichen

Starkstrom- und Fernmeldenetze

DIN 40722

Graphical symbols of heavy — current and weak — current networks

Diese Norm enthält Schaltzeichen für Netzpläne nach DIN 40719. Weitere Schaltzeichen siehe DIN 40700 Blatt 1 bis Blatt 9, DIN 40704 Blatt 1, DIN 40706, DIN 40708, DIN 40710 bis DIN 40717.

Zeichenerklärung

Die in der IEC-Spalte benutzten Zeichen haben die nachstehende Bedeutung:

= Das Schaltzeichen stimmt mit dem IEC-Schaltzeichen überein.

≈ Das Schaltzeichen ist ähnlich dem IEC-Schaltzeichen (die Abweichung ist so geringfügig, daß Mißverständnisse bei Benutzung der deutschen Norm im internationalen Gebrauch nicht zu befürchten sind).

≠ Schaltzeichen stimmt mit dem IEC-Schaltzeichen nicht überein.

— Ein entsprechendes IEC-Schaltzeichen ist nicht vorhanden.

K Das Schaltzeichen besteht aus einer Kombination von IEC-Schaltzeichen.

E Das Schaltzeichen entspricht den IEC-Schaltzeichen eines IEC-Entwurfs, der zur Abstimmung innerhalb der Mitglieder der IEC verabschiedet ist (6-Monatsregel oder 2-Monatsregel).

In dieser Norm wurden die IEC-Publikationen 117.1 „Recommended graphical symbols Part 1: Kind of current, distribution systems, methods of connection and circuit elements" (Ausgabe 1960) und 117.5 „Recommended graphical symbols Part 5: Generating stations and substations, lines for transmission and distribution" (Ausgabe 1963) sowie die IEC-Entwürfe 3 (Central Office) 480 „Additional symbols for conductors" vom September 1965 und 3 (Secretariat) 379 „Symbols for telecommunication lines, circuits and radio links" vom Januar 1967 berücksichtigt.

1. Allgemeines

1.1. Der Netzplan ist die Darstellung der Leitungen, Verbindungen oder Streckenführungen eines Netzes oder von Teilen eines Netzes, einschließlich der zugehörigen Anlagen (siehe DIN 40719).

1.2. In dem Netzplan können die einzelnen Punkte eines Netzes geradlinig ohne Rücksicht auf den Maßstab verbunden werden. Die Netzpläne können auch in eine Landkarte, einen Stadtplan oder Auszüge aus diesen maßstäblich eingetragen werden.

1.3. Komplizierte Netzpläne, insbesondere für Fernmeldetechnik, werden zweckmäßig durch eine Kartei der Linien oder Übertragungswege ergänzt.

2. Kennzeichnung

2.1. Leitungen verschiedener Wichtigkeit, Spannung, Polarität oder Betriebsart können durch die Linienbreiten nach DIN 15 Anlagen und Werke verschiedener Leistung oder Wichtigkeit durch die Größen der Schaltzeichen unterschieden werden. Hierfür wird das lineare Größenverhältnis 1 : 1,4 : 2 usw. empfohlen.

2.2. Die Anzahl der Leiter kann durch kurze schräge Querstriche, die Anzahl der Stromkreise, soweit diese nicht einzeln dargestellt werden, durch kurze senkrechte Querstriche nach DIN 40711, Nr 12, gekennzeichnet werden (siehe auch Nr 10).

2.3. In die Netzpläne können zusätzliche Angaben eingetragen werden, z. B. Größen, Leistungen, Betriebsarten, Bauarten, Steuer-, Meß-, Schutz-, Hilfseinrichtungen, Erdungen, Betriebsablauf, Verwendungszweck, Bauzustand, Planungszustand usw. (siehe auch Nr 1.1, 1.2, 1.11, 3.3, 4.1 bis 4.16, 5.3 und 5.4).

2.4. Üblich ist die Schwarz-Weiß-Darstellung. Auf kartographischen Unterlagen werden Netze jedoch zweckmäßig in verschiedenen Farben eingetragen. Wenn Farben zur Kennzeichnung von Leitungen, Spannung, Bauzustand, Verwendungszweck oder Zugehörigkeit gewählt werden, so ist ihre Bedeutung auf dem Netzplan anzugeben. Das gleiche gilt für Zeichen, deren Bedeutung nicht genormt ist.

Schaltzeichen, Starkstrom- und Fernmeldetechnik, Netzpläne für Energieversorgungsanlagen siehe DIN 40722 Beiblatt 1

Fortsetzung Seite 2 bis 9
Erläuterungen Seite 10

Fachnormenausschuß Elektrotechnik im Deutschen Normenausschuß (DNA)

Nr	IEC	Schaltzeichen	Benennung	Bemerkung
		1 Leitungen, Übertragungswege allgemein		
1.1	= E E		Beispiele für Stricharten zur Darstellung von Leitung, Strecke usw.	Zur Unterscheidung verschiedener Arten von Leitungen, Kabelstrecken usw. können die nebenstehenden oder beliebige andere Stricharten verwendet werden. Ihre Bedeutung im Einzelfall ist im Plan zu erläutern.
1.2	— — —		Beispiele für Stricharten zur Darstellung von geplanten oder im Bau befindlichen Leitungen	Soll zwischen fertiggestellten und geplanten oder im Bau befindlichen Strecken unterschieden werden, so kann für die geplante oder im Bau befindliche Strecke die gleiche Strichart mit periodischer Unterbrechung benutzt werden. Nach Fertigstellung kann so der Plan leicht entsprechend Nr 1.1 berichtigt werden. Ihre Bedeutung im Einzelfall ist im Plan zu erläutern.
1.3	E		verdrillte Leitung	
1.4	E		verdrillte Leitung aus n Leitern	
1.5	=		oberirdisch verlegte Leitung	Darstellung falls erforderlich
1.6	=		im Wasser verlegte Leitung	
1.7	=		im Erdreich verlegte Leitung	
1.8			Funkverbindung	
1.8.1	E		allgemein	
1.8.2	E		mit Kennzeichen des Übertragungsweges	
1.9	K		Hochfrequenz führende Leitung	

DIN 40722 Seite 3

Nr	IEC	Schaltzeichen	Benennung	Bemerkung
1.10			Doppelleitung	
1.10.1	K		allgemein	
1.10.2	K		Drehstrom-Doppelleitung (2 × 3 Leiter)	
1.10.3	K	2x3	Darstellung wahlweise	
1.10.4	K		mit 2 Stromkreisen	
1.10.5	K		Darstellung wahlweise	
1.10.6	—		1 System belegt 1 System in Bau oder geplant	
1.11			Beispiele für zusätzliche Kennzeichnung	
1.11.1	—	~16⅔ Hz 110 kV 2×95 Al+1×50 St	Einphasenwechselstrom-Doppelleitung 16 $^2/_3$ Hz, 110 kV mit je 2 Leitern von 95 mm² aus Aluminium und mit einem nichtstromführenden Leiter, z. B. einem gemeinsamen Blitzseil von 50 mm² aus Stahl	
1.11.2	=	3×95+1×50 Cu	Drehstromleitung mit 3 Leitern von 95 mm² aus Kupfer und einem Leiter von 50 mm² aus Kupfer	
1.11.3	=	3~50Hz+≈120/180 kHz	50-Hz-Drehstromleitung mit überlagerter Hochfrequenz von 120/180 kHz (z. B. für TFH-Verbindung)	
1.11.4	=	⊙	Zweierbündel-Leiter	
1.11.5	K	3~300 kV⊕+3~220 kV⊙ 3×240/40Al/St+3×240/40Al/St+1×120/20 Al/St	Drehstrom-Doppelleitung, ein Stromkreis 380 kV mit Viererbündel aus Stahl-Aluminiumseil 240/40, ein Stromkreis 220 kV mit Zweier-Bündeln aus Stahl-Aluminiumseil 240/40 und ein gemeinsames Blitzseil aus Stahl-Aluminiumseil 120/20 nach DIN 48 204	
1.11.6	—	PMbc 20×2×0,9 StI	Kabel, z. B. mit Angabe der Mantelart (PMbc), der Anzahl der Leitungen (20 × 2), des Leiterdurchmessers (0,9), der Verseilungsart (StI)	
1.11.7	—	PMbc 10×0,6/35,5 (1963)	Kabel, z. B. mit Angabe der Mantelart (PMbc), Anzahl der Doppeladern (10), des Aderdurchmessers (0,6), Kabellänge in m (35.5) und des Jahres der Auslegung.	

Nr	IEC	Schaltzeichen	Benennung	Bemerkung
2 Stützpunkte in Freileitungen, Fahrleitungen oder Linien [1]				
2.1 2.1.1 2.1.2	— = —	―――◯――― ―――◯―――	Stützpunkt, Mast allgemein als Abspannmast	Die Schaltzeichen Nr 2.1 bis 2.14.2 sind mit Leitung dargestellt
2.2	—	―――⊕―――	Holzmast	
2.3 2.3.1 2.3.2	— — —	―――●――― ―――●―――	Dachständer, Ausleger, Rohrmast allgemein als Abspannmast	
2.4 2.4.1 2.4.2	— — —	―――■――― ―――■―――	Gittermast allgemein als Abspannmast	Unterscheidung zwischen verschiedenen Mastarten, falls erforderlich
2.5 2.5.1 2.5.2	— — —	―――⊖――― ―――⊖―――	Stahlbetonmast allgemein als Abspannmast	
2.6	—	―――⚲―――	Mast mit Fuß	
2.7	—	―――8―――	Doppelmast	
2.8	—	―――┋―――	quergestellter A-Mast oder Portalmast	A-Maste siehe DIN 48 351
2.9	—	―――▮―――	Portalmast aus Gittermasten	
2.10	—	―――⊏▭⊐―――	längsgestellter A-Mast	
2.11	—	―――\◯/―――	Stützpunkt mit Zuganker	Unterscheidung zwischen verschiedenen Mastarten, falls erforderlich
2.12	—	―――\↓/―――	Stützpunkt mit Strebe	
2.13	—	―――⚵―――	Mast mit Leuchte	

[1] Sonderzeichen für Aufhängung der Fahrleitungen für elektrische Bahnen der Deutschen Bundesbahn sind nicht Gegenstand dieser Norm.

DIN 40722 Seite 5

Nr	IEC	Schaltzeichen	Benennung	Bemerkung
2.14			Verdrillungspunkt (Leiterkreuzung)	
2.14.1	K		am Mast	
2.14.2	K		zwischen zwei Masten	
2.15			Beispiele für Mastkopfbilder	
2.15.1	—		Mastkopf mit einer Drehstrom- und einer Fernmeldeleitung auf Stützisolatoren	
2.15.2	—		Mastkopf mit einem Blitzseil, einer Drehstromleitung an Hängeisolatoren und einem Fernmeldeluftkabel	
2.15.3	—		Mastkopf mit einem selbsttragenden Fernmeldeluftkabel (Mantel als Blitzseil) und zwei Drehstromleitungen an Hängeisolatoren	
2.15.4	—		Mastkopf mit einer Drehstromleitung an Hängeisolatoren und Kennzeichnung der Leiterbenennung	
2.15.5	—		Mastkopf mit Fernsprechleitungen	

3 Kabelanlagen

Nr	IEC	Schaltzeichen	Benennung	Bemerkung
3.1			Kabel abgedeckt	Abmessungen der Abdeckmittel und Bezeichnungen der Kabel können eingetragen werden
3.1.1	—		mit Kabelabdeckhaube	
3.1.2	—		mehrere Kabel, z. B. 2 Kabel mit Platten, Mauerziegeln oder ähnlichem abgedeckt	
3.2			Kabel in Rohr verlegt	Materialart der Rohre, falls erforderlich, angeben
3.2.1	—		allgemein	
3.2.2	—		mit Kennzeichnung des Rohres, z. B. Halbschalen	Die Verlegung im Rohr beginnt an der Strichlinie und führt in Pfeilrichtung weiter
3.2.3	—		Kabel in Kabelkanal-Formsteinen verlegt, allgemein	
3.3	—		Kabeltrasse in Formstücken mit Anordnung der Züge. Die belegten Züge können durch die Kabelnummern gekennzeichnet werden	Die Kabeltrasse in Formstücken beginnt an der Strichlinie und führt in Pfeilrichtung weiter
3.4	—		Kabelschacht	

303

Nr	IEC	Schaltzeichen	Benennung	Bemerkung
3.5	—		Abzweigkasten	
3.6	—		Verbindungsmuffe	Für Endmuffen kann das gleiche Zeichen unter Weglassen des weiterführenden Kabels verwendet werden.
3.6.1	=		allgemein	
3.6.2	—		Darstellung wahlweise	
3.7	=		Abzweigmuffe	
3.7.1	—		allgemein	
3.7.2			Darstellung wahlweise	
3.8			Kreuzmuffe	
3.8.1	=		Doppelabzweigmuffe	
3.8.2	—		Darstellung wahlweise	
3.9	—		Blindmuffe, Schutzmuffe	
3.10	—		Spulenpunkt, Spulenmuffe	
3.11	—		Kondensatormuffe	
3.12	—		Verstärkermuffe	
3.13			Kabelendverschluß	Kurze Trapezseite oder Dreieckspitze = Kabeleinführung
3.13.1	—		zur Überführung von Kabel in Freileitung, z. B. Hochspannungs-3-Leiter-System	
3.13.2	=		Darstellung wahlweise	
3.14	—		Kabelmerkstein	

DIN 40722 Seite 7

Nr	IEC	Schaltzeichen [2] in Betrieb	geplant	Benennung	Bemerkung
4 Werke der Energieversorgung					
4.1	=			Kraftwerk allgemein (einschließlich zugehörigem Umspann- und Schaltwerk)	Bei kleiner Darstellung können die schraffierten Flächen der Zeichen Nr 4.1 bis 4.4 ausgefüllt werden
4.2	=			Wärmekraftwerk allgemein, Steinkohlenkraftwerk	In der Bedeutung „Wärmekraftwerk allgemein" nicht zusammen mit den Schaltzeichen Nr 4.3 bis 4.8 auf einem Plan verwenden
4.3	=			Braunkohlen-, Torf- oder Ölschiefer-Kraftwerk	
4.4	=			Öl- oder Gas-Kraftwerk	
4.5	=			Gasturbinenkraftwerk	nur im Bedarfsfall anwenden
4.6	=			Kolbenmaschinen-Kraftwerk, z. B. Dieselkraftwerk	
4.7	=			Geothermisches Kraftwerk	
4.8	=			Atomkraftwerk	
4.9	=			Wasserkraftwerk allgemein, Speicherwasserkraftwerk	In der Bedeutung „Wasserkraftwerk allgemein" nicht zusammen mit den Schaltzeichen Nr 4.10 und 4.11 auf einem Plan verwenden
4.10	=			Laufwasserkraftwerk	
4.11	=			Pumpspeicherwerk	nur im Bedarfsfall anwenden
4.12				Unterwerk	
4.12.1	=			allgemein	Nicht zusammen mit den Schaltzeichen Nr 4.13 bis 4.16 auf einem Plan verwenden
4.12.2	≠			Darstellung wahlweise	
4.13				Umspannwerk, Umspannstelle, Transformatorenstation	
4.13.1	=			allgemein	
4.13.2	≠			Darstellung wahlweise	
4.14				Schaltwerk, Schaltstation, Schaltschrank	
4.14.1	=			allgemein	Zur Kennzeichnung von größeren Werken oder von Werken hoher Spannung kann der äußere Kreis zugefügt werden
4.14.2	≠			Darstellung wahlweise	

[2] Unterscheidungsmerkmale im Plan angeben, siehe z. B. DIN 40722 Beiblatt 1.

Nr	IEC	Schaltzeichen [2] in Betrieb	geplant	Benennung	Bemerkung
4.15	=	⊗	⊗	Umformer- oder Umrichterwerk	Zur Kennzeichnung größerer Werke oder von Werken höherer Spannung kann der äußere Kreis zugefügt werden
4.15.1	≠	⊗	⊗	Darstellung wahlweise	
4.16	=	⏀	⏀	Blindleistungswert	
4.16.1	≠	⏀	⏀	Darstellung wahlweise	
4.17				Beispiele für zusätzliche Kennzeichnung des Einbaues	
4.17.1	—	⊘		Umspannwerk als Gebäudeanlage, nur für Kabeleinführung geeignet	
4.17.2	—	⏀		Schaltstation als Turmstation, für Freileitungseinführung geeignet	
4.17.3	—	⌀		Transformatorenstation gekapselt, z. B. Stahlblechstation	nur im Bedarfsfall anwenden
4.17.4	—	⊘		Transformatorenstation, unterirdisch	
4.17.5	—	⊘		Transformatorenstation, in ein anderes Gebäude eingebaut, unterirdisch	
4.18	—			Mast-Transformatorenstation, z. B. Gittermast	
4.19	—			fahrbare Transformatorenstation	

5 Schaltstellen in Energieversorgungsnetzen

5.1 5.1.1	—			Schaltstelle allgemein mit Trenner	In der Bedeutung „Schaltstelle allgemein" nicht zusammen mit den Schaltzeichen Nr 5.1.2 bis 5.1.4 auf einem Plan verwenden
5.1.2	—			mit Last- oder Leistungstrenner oder Leistungsschalter ohne auslösende Schutzeinrichtung	
5.1.3	—			mit Leistungsschalter und auslösender Schutzeinrichtung	
5.1.4	—			mit Leistungsschalter und auslösender Schutzeinrichtung, mit Kurztrennung oder Wiedereinschaltung	
5.1.5	=			mit Sicherung	

[2] siehe Seite 7

DIN 40722 Seite 9

Nr	IEC	Schaltzeichen	Benennung	Bemerkung
5.2			Kennzeichnung einer offenen Schaltstelle	
5.2.1	—		mit Trenner	
5.2.2	—		mit Last- oder Leistungstrenner oder Leistungsschalter ohne auslösende Schutzeinrichtung	
5.2.3	—		mit Leistungsschalter und auslösender Schutzeinrichtung	
5.2.4	—		mit Leistungsschalter und auslösender Schutzeinrichtung, mit Kurztrennung oder Wiedereinschaltung	
5.2.5	—		mit Sicherung	
5.3	—	Z	Kennzeichnung der Schutzeinrichtung, z. B. Impedanzrelais mit Richtungsglied	Schalter löst nur bei Energiefluß in Pfeilrichtung aus
5.4	—	100A 1,5s	Kennzeichnung der Schutzrelaiseinstellung, z. B. Überstromzeitrelais, eingestellt auf 100 A, 1,5 s	
5.5	—		Kennzeichnung, daß Schutzeinrichtung angesprochen und Leistungsschalter ausgelöst hat	
5.6	—		Beispiel zur Darstellung des Schaltzustandes in einer Schaltanlage mit Doppelsammelschienen	Zwei Leitungen auf Schiene 1 geschaltet, eine Leitung geöffnet, zwei Leitungen auf Schiene 2 geschaltet

307

Erläuterungen

Die Schaltzeichen für Netzpläne, bisher in DIN 40717 vom Februar 1940 mit aufgeführt, wurden mit Rücksicht auf die internationale Verflechtung im Starkstrom- und Fernmeldewesen, wobei die deutschen Vorschläge weitgehend Zustimmung gefunden haben, überarbeitet und in DIN 40722 „Schaltzeichen für Netzpläne" und DIN 40722 Beiblatt 1 „Netzpläne für Energieversorgungsanlagen" festgelegt.

DIN 40722 enthält Schaltzeichen für Starkstrom- und Fernmeldenetze. Bei den Leitungen und Übertragungswegen sind Beispiele für Stricharten zur Darstellung verschiedener Arten von Leitungen festgelegt.

Die Funkverbindung und die Hochfrequenzübertragung längs Starkstromleitungen werden nicht mehr durch eigene Zeichen dargestellt, sondern es werden die für Übertragungswege, Antennen und Stromarten festgelegten Zeichen verwendet.

Für die Angabe der Leitungsdaten sind mehrere Beispiele eingetragen, die unter Umständen umfangreiche Erläuterungen ersetzen können.

Die Stützpunkte in Freileitungen oder Linien wurden gegenüber DIN 40717 vom Februar 1940 vereinfacht und den zeichnerischen Erfordernissen der Pläne besser angepaßt. Neu ist die Unterscheidung zwischen Trag- und Abspannmasten durch die Größe der Schaltzeichen. Ebenso sind Beispiele für Mastkopfbilder neu aufgenommen. Für Kabelanlagen, deren Darstellung bisher nicht genormt war, ist eine Reihe zusätzlicher Schaltzeichen festgelegt.

Die früheren Schaltzeichen für Werke der Energieversorgung, die sich in der Praxis kaum eingeführt hatten, wurden vollständig geändert. Da Niederspannungs- und Mittelspannungsnetze in sehr großer Anzahl Schaltschränke und Transformatorenstationen enthalten, scheint es notwendig, hierfür möglichst einfache Zeichen festzulegen, das sind der Kreis und die Kreisscheibe, die im Bedarfsfall, besonders bei größeren Unterwerken, durch einen äußeren Kreis ergänzt werden können. Aber auch Kraftwerke sind in Verbundnetzplänen oft in so großer Anzahl einzutragen, daß für das einzelne Werk nur sehr wenig Platz bleibt. Dazu kommt die Forderung, sie nach Energiearten zu unterscheiden, in Deutschland besonders nach Steinkohle, Braunkohle und Wasser. Das geschieht bisweilen durch Farben (z. B. schwarz, braun und blau), jedoch soll eine Unterscheidung auch bei Schwarz-Weiß-Darstellung möglich sein. Für diese Aufgaben, die von den früheren Zeichen in DIN 40717 vom Februar 1940 nur unvollkommen und mit großem Zeichen- und Platzaufwand erfüllt wurden, eignet sich besonders das Quadrat mit verschiedenen Einzeichnungen.

Die Norm sieht 2 Darstellungen vor, die nach freier Wahl für verschiedene Unterscheidungsmerkmale verwendet werden können, z. B. für die Unterscheidung: in Betrieb — geplant. Die schraffierten Flächen der Zeichen werden bei kleiner Darstellung zweckmäßig voll angelegt. Kombinierte Werke, z. B. ein Laufwasserkraftwerk mit Pumpspeicherung, können, falls die Kennzeichnung mehrerer Betriebsarten überhaupt erforderlich ist, durch aneinandergereihte Schaltzeichen dargestellt werden. Zur Kennzeichnung des Einbaus der Stationen wurden neue Zeichen festgelegt, die einfacher, aber vielseitiger als die bisherigen sind.

Die Darstellung der Schaltstellen in Energieversorgungsnetzen wurde aus Zeichen, die in einem Zweig der Fernmeldetechnik, und zwar in der Signaltechnik üblich sind, weiter entwickelt. Diese Zeichen können mit geringstem Aufwand auch nachträglich in Netzpläne eingetragen werden und eignen sich besonders für Kennzeichnung des Betriebszustandes und der Schaltmöglichkeiten. Statt dessen kann man natürlich auch die Schaltgeräte mit den Schaltzeichen nach DIN 40713 darstellen. Das gibt besonders bei Niederspannungs-Freileitungsnetzen mit kartographischen Unterlagen eine bessere Übersicht (siehe DIN 40722 Beiblatt 1 Plan 3.3).

Die Stellen und Anlagen der Fernmeldetechnik weisen eine viel größere Mannigfaltigkeit auf als die Werke der Energieversorgung. Es wird deshalb nicht für zweckmäßig gehalten, ihnen bestimmte Schaltzeichen zuzuordnen. Statt dessen werden 2 Gruppen von Schaltzeichen vorgeschlagen, die in der Praxis vielfach üblich sind und deren Bedeutung im Plan jeweils angegeben werden muß.

In DIN 40722 Beiblatt 1 werden zunächst die für Energieversorgungsanlagen üblichen Netzpläne angegeben. Es folgt eine Empfehlung für die Kennzeichnung verschiedener Mastarten. Sodann sind sieben Netzpläne als Beispiele beigefügt. Vier davon (siehe Abschnitt 3.1 bis 3.4) geben Netze, die sich im Spannungsbereich und in der Ausdehnung unterscheiden, in verschiedener Ausführlichkeit und Genauigkeit wieder. Solche Pläne können besonders bei mehrfarbiger Darstellung neben der kartographischen Unterlage zahlreiche Einzelheiten enthalten und trotzdem mit bescheidenem Platzbedarf eine gute Übersicht bieten. Ortsnetzpläne sind in Abschnitt 3, 3.3 und 3.4 dargestellt. Sie lassen sich vorteilhaft durch Hausanschlußkarteien ergänzt denken. Ein Plan (siehe Abschnitt 3.5) behandelt eine einzelne Freileitung, ein anderer (siehe Abschnitt 3.6) eine Großstadtstraße mit vielen Stromversorgungskabeln. Der letzte Plan (siehe Abschnitt 3.7) enthält die nicht lagerichtige Darstellung eines ausgedehnten Mittelspannungsnetzes mit zahlreichen Schaltmöglichkeiten unter Verwendung der für die Schaltstellen in DIN 40722 vorgeschlagenen Schaltzeichen.

Schaltzeichen für Stellen und Anlagen der Fernmeldetechnik sollen in einer kommenden Neuausgabe dieser Norm später behandelt werden.

DK 621.3 : 003.62 : 621.3.061
: 621.3.037.3 : 681.33

Januar 1981

Graphische Symbole für Schaltungsunterlagen
Analoge Informationsverarbeitung
Schaltzeichen und Kennzeichen

DIN
40 900
Teil 13

Graphical symbols for diagrams; analogue elements
Symboles graphiques pour schémas; opérateur analoguiques

Ersatz für DIN 40 700 Teil 18

Zusammenhang mit der von der International Electrotechnical Commission (IEC) herausgegebenen Publikation 617-13 (1978), siehe Erläuterungen.

Die englischen Benennungen sind vorgenannter Publikation entnommen.

Zeichenerklärung in der IEC-Spalte (siehe auch Erläuterungen):
Die Nummer bedeutet Übereinstimmung des Graphischen Symbols mit dem unter dieser Nummer in IEC 617-13 enthaltenen IEC-Symbolen.
Das Zeichen — bedeutet, daß ein entsprechendes IEC-Symbol nicht vorhanden ist.
Diese Norm ersetzt DIN 40 700 Teil 18, Ausgabe Oktober 1969.

Inhalt

Seite
1 Allgemeines 1
2 Signalkennzeichnung 2
3 Kennzeichen für Verstärker 2
4 Verstärker 3
5 Funktionsgeber 5
6 Koordinatenwandler 6
7 Umsetzer 6
8 Analogschalter 7
9 Koeffizientenpotentiometer 8
10 Komparatoren, Vergleicher, Grenzsignalglieder . . 8

1 Allgemeines

1.1 Geltungsbereich

Diese Norm enthält Graphische Symbole für Analogschaltungen, wie sie z. B. in der Rechen- und Regelungstechnik in Schaltplänen verwendet werden.
Die Graphischen Symbole und Beschreibungen entstanden im Hinblick auf elektrische Anwendungen, sie können aber auch auf nichtelektrische Systeme angewendet werden (z. B. pneumatische oder mechanische).
Diese Norm gilt nicht notwendigerweise für Programmieranwendungen von Allzweck-Analogrechnern, die mit einem abnehmbaren Steckbrett ausgestattet sind.

1.2 Allgemeine Regeln

1.2.1 Die Kleinbuchstaben in vielen Abbildungen sind nicht Bestandteil der Schaltzeichen. Sie dienen nur der Erläuterung der Wirkungsweise.

1.2.2 Als Kennzeichen für Invertierung wird „—" und für Nichtinvertierung „+" verwendet. Diese Kennzeichen werden innerhalb des Schaltzeichens und unmittelbar neben den betreffenden Eingängen und Ausgängen angegeben.

1.2.3 Bewertungsfaktoren werden jeweils durch eine Vorzeichenangabe in Kombination mit einem numerischen Wert innerhalb des Schaltzeichens und direkt anschließend an die betreffenden Eingänge angegeben. In dieser Norm werden die Werte der Bewertungsfaktoren einschließlich ihrer Vorzeichen durch $w_1, w_2 \ldots w_n$ bezeichnet. Wenn der Bewertungsfaktor $+1$ oder -1 ist, kann die Ziffer 1 entfallen.

1.2.4 Das Zeichen „f" bezeichnet die Funktion des analogen Elementes. „f" kann durch ein Zeichen oder ein graphisches Symbol ersetzt werden, das die tatsächliche Funktion bezeichnet.

Beispiel

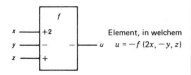

Element, in welchem $u = -f(2x, -y, z)$

Fortsetzung Seite 2 bis 8
Erläuterungen Seite 8

Deutsche Elektrotechnische Kommission im DIN und VDE (DKE)

2 Signalkennzeichnung

Die Graphischen Symbole 1 und 2 werden nur verwendet, wenn es notwendig ist, zwischen analogen und digitalen Signalen zu unterscheiden.

Nr	IEC 617-13	Graphisches Symbol	Benennung und Bemerkung	
1	13-02-01	∩	Kennzeichen für analoge Signale	Identifier of analogue signals.
2	13-02-02	#	Kennzeichen für digitale Signale. *Anmerkung:* Eine Anzahl von (m) Bits, die aufeinander folgen, kann durch m # angegeben werden.	Identifier of digital signals. *Note:* A time-sequenced number (m) of bits may be denoted by m #.

3 Kennzeichen für Verstärker

1) Wenn die Schaltung zusätzlich zur Verstärkung noch eine spezielle Funktion hat, kann das „f" durch das geeignete Funktionskennzeichen (siehe Graphische Symbole 3 und 4) ersetzt werden oder es kann entfallen, wenn keine Verwechslungen entstehen können.

2) Gegebenenfalls, z. B. bei integrierenden Verstärkern, können spezielle Eingänge durch die Graphischen Symbole 5 bis 11 gekennzeichnet werden. Wenn diese Kennzeichen nicht ausreichen, sollten Steuereingänge mit C1, C2 ... usw. bezeichnet und deren Funktion in einer zugehörigen Tabelle angegeben werden.

Nr	IEC 617-13	Graphisches Symbol	Benennung und Bemerkung	
3	10-03-01	Σ	Summierend	Summing
4	13-03-02	$\int$	Integrierend	Integrating
5	13-03-03	$\dfrac{d}{dt}$	Differenzierend	Differentiating
6	13-03-04	log	Logarithmierend	Logarithmic
7	13-03-05	F	Frequenzkompensation	Frequency compensation
8	13-03-06	I	Anfangswert, analoger Wert, bei einer Integration	Initial condition, analogue value of integration.
9	13-03-07	C	Integrieren: Der Wert 1 der binären Variablen bewirkt Integration.	Control: the defined 1-state allows integration.
10	13-03-08	H	Halten: Der Wert 1 der binären Variablen bewirkt das Halten des letzten Wertes.	Hold: the defined 1-state holds last value.
11	13-03-09	R	Rücksetzen: Der Wert 1 der binären Variablen setzt den Ausgang zurück auf Null.	Reset: the defined 1-state resets the output condition to zero.
12	13-03-10	S	Setzen: Der Wert 1 der binären Variablen setzt den Ausgang auf den Anfangswert.	Set: the defined 1-state sets to initial condition.
13	13-03-11	U	Versorgungsspannung (verwendet, wenn spezielle Anforderungen bestehen). Jede notwendige Kennzeichnung der Versorgung (numerischer Wert) oder Polarität (+ oder −) folgt dem Buchstaben U.	Supply voltage (to be used if special requirements exist). Any necessary identification of the supply (numeric) or polarity (+ or −) follows the letter U.

4 Verstärker

Nr	IEC 617-13	Graphisches Symbol	Benennung und Bemerkung	
14	13-04-01	(symbol: amplifier with inputs $a_1...a_n$, weights $w_1...w_n$, $m_1...m_k$, outputs $u_1...u_k$, function f, m)	Verstärker für analoge Informationsverarbeitung, allgemein. $w_1 ... w_n$ stehen für die mit Vorzeichen versehenen Zahlenwerte der Bewertungsfaktoren. $m_1 ... m_k$ stehen für die mit Vorzeichen versehenen Werte der Verstärkungsfaktoren. $$u_i = m \cdot m_i \cdot f(w_1 \cdot a_1, w_2 \cdot a_2, ..., w_n \cdot a_n)$$ $$\text{mit } i = 1, 2, ..., k$$ Das Zeichen für den Verstärkungsfaktor ist bei jedem Ausgang angegeben, bis auf solche Ausgänge mit digitalen Signalen. Wenn es nur einen Verstärkungsfaktor für die ganze Schaltung gibt oder einen gemeinsamen Faktor, der sich aus Bewertungs- und Verstärkungsfaktoren errechnet, kann das „m" im Funktionskennzeichen durch den absoluten Wert dieses Faktors ersetzt werden. Wenn $m = 1$, kann die Ziffer „1" entfallen. An Analogausgängen sollten die Kennzeichen für Invertierung bzw. Nichtinvertierung immer angegeben werden. Das Zeichen ∞ als Verstärkungsfaktor wird verwendet, wenn die Verstärkung (open loop gain) sehr hoch ist und die Kenntnis des exakten Verstärkungsfaktors ohne Bedeutung ist.	Amplifier for analogue computation. General symbol. $w_1 ... w_n$ represent the signed values of the weighting factors. $m_1 ... m_k$ represent the signed values of the amplification factors. The sign of the amplification factor is to be maintained at each of the outputs, except for those being digital in nature. When there is only one amplification factor for the whole element, or there is a common factor resulting from weighting factors and amplification factors, the "m" in the qualifying symbol may be replaced by the abolute value. When $m = 1$, the number "1" may be omitted. Signs should always be maintained at analogue outputs. The use of the sign ∞ as an amplification factor is recommended where the nominal open loop gain is very high and the knowledge of its exact value is not of particular concern.
15	13-04-02	(symbol: amplifier with ∞)	Beispiele: Differenzverstärker mit sehr hoher Verstärkung, Operationsverstärker.	Examples: High gain differential amplifier (operational amplifier).
16	13-04-03	(symbol: amplifier with 10^4, two complementary outputs)	Differentialverstärker mit einem Verstärkungsfaktor von 10 000 und komplementären Ausgängen.	High gain amplifier with a nominal amplification of 10 000 and two complementary outputs.

Nr	IEC 617-13	Graphisches Symbol	Benennung und Bemerkung	
17	13-04-04		Invertierender Verstärker, Inverter mit einem Verstärkungsfaktor von 1.	Inverting amplifier with an amplification of 1.
			$u = -1 \cdot a$	
18	13-04-05		Verstärker mit zwei Ausgängen. Der obere, nichtinvertierende Ausgang hat einen Verstärkungsfaktor von 2, der untere, invertierende Ausgang hat einen Verstärkungsfaktor von 3.	Amplifier with two outputs, the upper, non inverting, has an amplification of 2, the lower, inverting output, has an amplification of 3.
19	13-04-06		Summierender Verstärker, Summierer	Summing amplifier.
			$u = -10\,(0{,}1a + 0{,}1b + 0{,}2c + 0{,}5d + 1{,}0e)$ $= -(a + b + 2c + 5d + 10e)$	
20	13-04-07		Integrierender Verstärker, Integrierer Wenn $f = 1, g = 0$ und $h = 0$, dann ist:	Integrating amplifier (integrator). If $f = 1, g = 0$ and $h = 0$ then:
			$u = -80 \left[c_{(t=0)} + \int_0^t (2a + 3b)\,\mathrm{d}t \right]$	
			Anmerkung: Die Signalkennzeichen ∩ und # können entfallen, wenn dadurch keine Unklarheiten entstehen.	Note: The symbols for signal identification (∩ and #) may be omitted if no ambiguity arises.
21	13-04-08		Differenzierender Verstärker, Differenzierer	Differentiating amplifier (differentiator).
			$u = 5\,\dfrac{\mathrm{d}}{\mathrm{d}t}(a - 4b)$	
22	13-04-09		Logarithmierender Verstärker	Logarithmic amplifier.
			$u = -\log(-a + 2b)$	

5 Funktionsgeber

Nr	IEC 617-13	Graphisches Symbol	Benennung und Bemerkung	
23	13-05-01	$f(x_1 \ldots x_n)$, x_1, x_n	Funktionsgeber, allgemein $x_1 \ldots x_n$ repräsentieren die Argumente der Funktion und können jeweils durch eine geeignete Kennzeichnung ersetzt werden, vorausgesetzt daß dadurch keine Verwechslungen entstehen. Alle Bewertungsfaktoren haben den Wert +1 und sind deshalb nicht angegeben. $f(x_1 \ldots x_n)$ wird durch eine entsprechende Funktionsangabe oder einen Hinweis darauf ersetzt. A n m e r k u n g : Das Zeichen „/" wird nicht zur Kennzeichnung der Division verwendet, um Verwechslungen mit den Schaltzeichen für Signalpegelumsetzer und Codierer zu vermeiden.	Function generator, general symbol. $x_1 \ldots x_n$ represent the arguments of the function and may each be replaced by an appropriate indication, provided that no ambiguity can arise. All weighting factors are assigned the value +1 and are therefore omitted. $f(x_1 \ldots x_n)$ shall be replaced by an appropriate indication of, or reference to, the function (see e.g. IEC Publication 27-1: Letter Symbols to be Used in Electrical Technology. Part 1: General). N o t e : The graphic "/" shall not be used for the indication of the division because of ambiguity with the symbols for the level converter and the code converter.
24	13-05-02	$-2xy$, $a \to x$, $b \to y$, $\to u$	Beispiele: Multiplizierer mit einem Bewertungsfaktor von -2.	Examples: Multiplier with weighting factor of -2. $u = -2ab$
25	13-05-03	$\frac{x}{y}$, $a \to x$, $b \to y$, $\to u$	Dividierer	Divider $u = \dfrac{a}{b}$
26	13-05-04	$\dfrac{xy}{z}$, $a \to x$, $b \to y$, $c \to z$, $\to u$	Multiplizierer-Dividierer	Multiplier-divider. $u = \dfrac{ab}{c}$
27	13-05-05	$\cot x$, $a \to x$, $\to u$	Kotangens-Funktionsgeber	Cotangent function. $u = \cot a$
28	13-05-06	$3x^y$, $a \to x$, $b \to y$, $\to u$	Exponential-Funktionsgeber	Exponential function. $u = 3a^b$

6 Koordinatenwandler

Nr	IEC 617-13	Graphisches Symbol	Benennung und Bemerkung	
29	13-06-01	$r, \theta / x, y$ $a \rightarrow r \quad x \rightarrow u_1$ $b \rightarrow \theta \quad y \rightarrow u_2$	Koordinatenwandler, Polarkoordinaten in kartesische Koordinaten $u_1 = a \cdot \cos b$ $u_2 = a \cdot \sin b$	Coordinate converter, polar to rectangular.
30	13-06-02	$x, y / r, \theta$ $a \rightarrow x \quad r \rightarrow u_1$ $b \rightarrow y \quad \theta \rightarrow u_2$	Koordinatenwandler, Kartesische Koordinaten in Polarkoordinaten $u_1 = \sqrt{a^2 + b^2}$ $u_2 = \arctan \dfrac{b}{a}$	Coordinate converter, rectangular to polar.

7 Umsetzer

7.1 Die Angabe einer speziellen Beziehung zwischen Eingängen und Ausgängen kann innerhalb der Schaltzeichen erfolgen.

7.2 Wenn die digitale Information seriell ist, wird angenommen, daß das höchstwertige Bit zuerst präsentiert wird, wenn nicht anders angegeben.

Nr	IEC 617-13	Graphisches Symbol	Benennung und Bemerkung	
31	13-07-01	$\#\,/\,\cap$	Digital-Analog-Umsetzer Umsetzung eines digitalen Signals in ein Analogsignal	Digital to analogue converter. General symbol.
32	13-07-02	$\cap\,/\,\#$	Analog-Digital-Umsetzer Umsetzung eines Analogsignals in ein digitales Signal	Analogue to digital converter. General symbol.
33	13-07-03	$\cap\,/\,\#$ 4-20 mA — 1, 2, 4, 8	Analog-Digital-Umsetzer Analog-Digital-Umsetzer, der ein Signal im Bereich von 4-20 mA am Eingang in einen gewichteten 4-Bit-Code am Ausgang umsetzt.	Analogue to digital converter which converts the input range 4-20 mA into a 4-bit weighted binary code.

DIN 40900 Teil 13 Seite 7

8 Analogschalter

Nr	IEC 617-13	Graphisches Symbol	Benennung und Bemerkung	
34	13-08-01		Schließer, allgemein. Das Analogsignal wird zwischen c und d in beiden Richtungen durchgeschaltet, solange die binäre Variable am Eingang e den Wert 1 hat. Anmerkung: *Ein Pfeil kann hinzugefügt werden, um einen Schließer mit nur einer Signalrichtung zu kennzeichnen.*	Bidirectional switch (make), general symbol. The analogue signal can pass in either direction between c and d as long as the digital input e stands at its defined 1-state. *Note: An arrow may be added to indicate an unidirectional switch (make).*
35	13-08-02		Beispiel: Das Analogsignal wird in Richtung des Pfeils übertragen, solange die binäre Variable am Eingang e den Wert 1 hat.	*Example:* The analogue signal can pass only in the direction indicated by the arrow as long as the digital input e stands at its defined 1-state.
36	13-08-03		Öffner, allgemein. Das Analogsignal wird zwischen c und d in beiden Richtungen durchgeschaltet, solange die binäre Variable am Eingang e den Wert 0 hat. Anmerkung: *Ein Pfeil kann hinzugefügt werden, um einen Öffner mit nur einer Signalrichtung zu kennzeichnen.*	Bidirectional switch (break), general symbol. The analogue signal can pass in either direction between c and d as long as the digital input e stands at its defined 0-state. *Note: An arrow may be added to indicate an unidirectional switch (break).*
37	13-08-04		Beispiel: Das Analogsignal wird nur in Richtung des Pfeils übertragen, solange die binäre Variable am Eingang e den Wert 0 hat.	*Example:* The analogue signal can pass only in the direction indicated by the arrow as long as the digital input e stands at its defined 0-state.
38	13-08-05		Wechsler. Der Schalter wird durch ein UND von zwei binären Variablen gesteuert.	Bidirectional transfer switch operated by the AND function of two digital inputs.
39	13-08-06		Schließer und Öffner. Beide Schalter werden durch die gleiche binäre Variable gesteuert.	Two independent bidirectional switches (one make and one break), both operated by the same binary input.

315

9 Koeffizientenpotentiometer

Nr	IEC 617-13	Graphisches Symbol	Benennung und Bemerkung	
40	13-09-01	—(a)—	Koeffizientenpotentiometer A n m e r k u n g : Der Wert des Koeffizienten kann neben dem Schaltzeichen angegeben werden.	Coefficient scaler. N o t e : The value of the coefficient may be shown adjacent to and outside the outline of the symbol.

10 Komparatoren, Vergleicher, Grenzsignalglieder

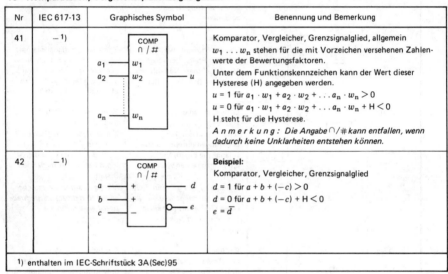

Nr	IEC 617-13	Graphisches Symbol	Benennung und Bemerkung
41	—1)	COMP ∩ / # ; $a_1, a_2, ..., a_n$ / $w_1, w_2, ..., w_n$ → u	Komparator, Vergleicher, Grenzsignalglied, allgemein $w_1 ... w_n$ stehen für die mit Vorzeichen versehenen Zahlenwerte der Bewertungsfaktoren. Unter dem Funktionskennzeichen kann der Wert dieser Hysterese (H) angegeben werden. $u = 1$ für $a_1 \cdot w_1 + a_2 \cdot w_2 + ... a_n \cdot w_n > 0$ $u = 0$ für $a_1 \cdot w_1 + a_2 \cdot w_2 + ... a_n \cdot w_n + H < 0$ H steht für die Hysterese. A n m e r k u n g : Die Angabe ∩/# kann entfallen, wenn dadurch keine Unklarheiten entstehen können.
42	—1)	COMP ∩ / # ; a +, b +, c − → d, e	**Beispiel:** Komparator, Vergleicher, Grenzsignalglied $d = 1$ für $a + b + (-c) > 0$ $d = 0$ für $a + b + (-c) + H < 0$ $e = \overline{d}$

1) enthalten im IEC-Schriftstück 3A(Sec)95

Erläuterungen

Diese Norm wurde ausgearbeitet vom UK 113.1 „Schaltzeichen und Schaltungsunterlagen" der Deutschen Elektrotechnischen Kommission im DIN und VDE (DKE).
Mit Ausnahme der beiden Schaltzeichen Nr 41 und 42, die z. Z. jedoch im IEC-Schriftstück 3A(Sec)95 enthalten sind, stimmt der Inhalt dieser Norm voll überein mit der IEC-Publikation 617 Teil 13.

DK 621.316.37.06-851.1 : 003.62 August 1978

Elektrische Schaltanlagen
Graphische Symbole
für Druckluftschaltpläne

**DIN
43 609**

Switchgear-plants; symbols for pressure-gas diagrams

1 Geltungsbereich und Zweck
Diese Norm gilt für Schaltpläne von Druckluftanlagen in elektrischen Schaltanlagen.
Zusammenhänge mit Publikationen (bzw. Entwürfen) der IEC oder der ISO sind für die einzelnen Bildzeichen, soweit vorhanden, den betreffenden Blättern von DIN 30 600 zu entnehmen.
Diese Norm wurde ausgearbeitet vom Komitee K 433 „Schaltanlagen und Zubehör" der Deutschen Elektrotechnischen Kommission im DIN und VDE (DKE).

2 Mitgeltende Normen
DIN 2429 Sinnbilder für Rohrleitungen

3 Graphische Symbole

Nr	Benennung	Graphisches Symbol	siehe
3.1	**Rohrleitungen und Rohrverbindungen**		
3.1.1	**Rohrleitung**		
3.1.1.1	allgemein, z. B. 28 × 2	28 × 2	DIN 2429
3.1.1.2	mit Angabe des Gefälles, z. B. 1 % in Pfeilrichtung	1 % →	DIN 2429
3.1.1.3	geplant	− − − − −	DIN 2429
3.1.2	**Bewegliche Rohrleitung**		
3.1.2.1	allgemein, z. B. Schlauch (Freihandlinie)	∿∿	DIN 2429
3.1.2.2	Längenausgleicher	◠	DIN 2429
3.1.3	**Rohrleitungen zur Kühlung**		
3.1.3.1	Kühlrippenrohr	┼┼┼┼┼┼	
3.1.3.2	Kühlschlange/Wärmeaustauscher	∧∨	
3.1.4	**Rohrabschluß**	──┤	
3.1.5	**Rohrverbindungsarten**		
3.1.5.1	allgemein, insbesondere nicht lösbar	●	
3.1.5.2	lösbar	○	
3.1.5.3	lösbar, elektrisch isoliert	◉	

Fortsetzung Seite 2 bis 5

Deutsche Elektrotechnische Kommission im DIN und VDE (DKE)

Nr	Benennung	Graphisches Symbol	siehe
3.1.6	**Beispiele für Rohrverbindungen**		
3.1.6.1	gerade Verbindung, nicht lösbar (gleichbleibender Rohrdurchmesser)	28×2	
3.1.6.2	gerade Reduzierverbindung, lösbar	28×2 18×1,5	
3.1.6.3	Abzweigverbindung, nicht lösbar (gleichbleibender Rohrdurchmesser)	28×2	
3.1.6.4	Abzweigreduzierverbindung, nicht lösbar	28×2 / 10×1	
3.2	**Drucklufterzeuger, -Behälter und -Verbraucher**		
3.2.1	Verdichter		DIN 30 600 Blatt 715
3.2.2	**Behälter und Flaschen**		
3.2.2.1	Behälter mit Angabe des Inhaltes in Liter und des zulässigen Betriebsüberdruckes in bar		DIN 30 600 Blatt 630
3.2.2.2	Flasche einseitiger Anschluß		DIN 30 600 Blatt 752
3.2.2.3	Flasche zweiseitiger Anschluß		
3.2.3	Druckluftmotor		DIN 30 600 Blatt 632
3.2.4	**Kolbenantrieb**		
3.2.4.1	einseitig wirkend		DIN 30 600 Blatt 565
3.2.4.2	zweiseitig wirkend		DIN 30 600 Blatt 567
3.2.4.3	zweiseitig wirkend mit pneumatischer Rückmeldung		

Nr	Benennung	Graphisches Symbol	siehe
3.3	**Druckluftgeräte** (alle Geräte werden im Schaltplan in drucklosem Zustand dargestellt)		
3.3.1 3.3.1.1	**Absperrorgane** allgemein gilt auch für Grundstellung geschlossen		DIN 30 600 Blatt 584
3.3.1.2	mit zusätzlicher Entlüftung		
3.3.1.3	mit Prüfanschluß, z. B. für Manometer		
3.3.1.4	mit Sicherheitsfunktion		DIN 30 600 Blatt 593
3.3.2	**Druckminderventil**		DIN 30 600 Blatt 594
3.3.3 3.3.3.1	**Rückschlagorgan** Rückschlagventil		DIN 30 600 Blatt 604
3.3.3.2	Rückschlagklappe		DIN 30 600 Blatt 606
3.3.4 3.3.4.1	**Beispiele für Ventile** Sicherheitsventil		DIN 30 600 Blatt 593
3.3.4.2	Druckhalteventil		
3.3.4.3	Nachschleusventil		
3.3.5 3.3.5.1	**Drosselkörper zur Durchflußbegrenzung** allgemein		DIN 30 600 Blatt 612
3.3.5.2	desgl. stetig verstellbar		

Nr	Benennung	Graphisches Symbol	siehe
3.3.6	**Abscheider, allgemein**		DIN 30 600 Blatt 659
3.3.7 3.3.7.1	**Druckanzeiger** allgemein, mit Angabe des Anzeigenbereiches		
3.3.7.2	desgl. mit Schaltkontakt		
3.3.7.3	desgl. mit Schreibeinrichtung		
3.3.8	**Druckschalter, Druckwächter**	P	

4 Beispiel eines Druckluftschaltplanes

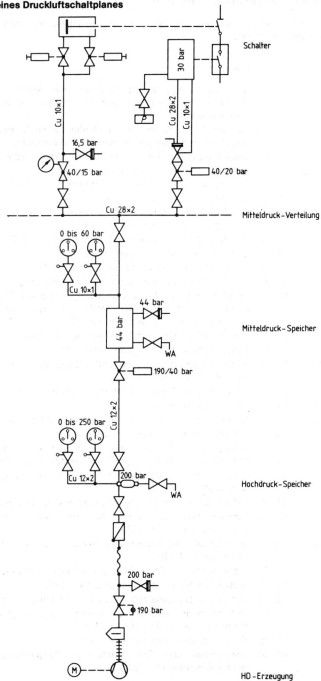

Verzeichnis der abgedruckten Normen

Auf der hinter dem Titel in Klammern angegebenen Seitenzahl ist die erste Seite der abgedruckten Norm aufzufinden.

DIN	Ausg.	Titel
19 227 T 1	09. 73	Bildzeichen und Kennbuchstaben für Messen, Steuern, Regeln in der Verfahrenstechnik; Zeichen für die funktionelle Darstellung (11)
19 227 T 2	07. 79	Messen, Steuern, Regeln; Sinnbilder für die Verfahrenstechnik; Zeichen für die gerätetechnische Darstellung (25)
40 700 T 1	04. 55	Starkstrom- und Fernmeldetechnik; Schaltzeichen; Wähler, Nummernschalter, Unterbrecher (40)
40 700 T 2	07. 69	Schaltzeichen; Elektronen- und Ionenröhren (42)
40 700 T 3	09. 69	Schaltzeichen; Antennen (54)
40 700 T 4	07. 78	Schaltzeichen; Kennzeichen für Strom- und Spannungsarten, Impulsarten, modulierte Pulse (60)
40 700 T 5	06. 76	Schaltzeichen; Gefahrenmeldeeinrichtungen (63)
40 700 T 7	04. 74	Schaltzeichen; Magnetköpfe (65)
40 700 T 8	07. 72	Schaltzeichen; Halbleiterbauelemente (67)
40 700 T 9	11. 61	Schaltzeichen; Elektroakustische Übertragungsgeräte (73)
40 700 T 10	01. 82	Graphische Symbole für Übersichtsschaltpläne; Beispiele für Nachrichten-, Navigations-, Meß- und Regelungstechnik sowie nicht rotierende Generatoren (75)
40 700 T 11	04. 75	Schaltzeichen der Höchstfrequenztechnik (92)
40 700 T 12	10. 77	Schaltzeichen; Mikrowellenröhren (100)
40 700 T 13	10. 72	Schaltzeichen; Detektoren und Meßgerätezubehör für ionisierende Strahlung (111)
40 700 T 14	07. 76	Schaltzeichen; Digitale Informationsverarbeitung (114)
40 700 T 15	11. 77	Schaltzeichen; Funkstellen (148)
40 700 T 16	05. 65	Schaltzeichen; Fernwirkgeräte und Fernwirkanlagen (152)
40 700 T 20	05. 77	Schaltzeichen; Anlasser (156)
40 700 T 21	10. 69	Schaltzeichen; Digitale Magnetschaltkreise für magnetische Materialien mit rechteckiger Hystereseisschleife (159)
40 700 T 22	02. 73	Schaltzeichen; Digitale Informationsverarbeitung, Speicher-Verknüpfungsglieder (164)
40 700 T 23	06. 76	Schaltzeichen; Uhren und elektrische Zeitdienstgeräte (168)
40 700 T 24	06. 76	Schaltzeichen; Baugruppen für feinwerktechnische Geräte, insbesondere Uhren (174)
40 700 T 25	04. 76	Schaltzeichen für Frequenzen, Bänder, Modulationsarten, Frequenzpläne (179)
40 700 T 98	06. 77	Schaltzeichen; Mikrowellentechnik, Maser und Laser (185)
40 703	03. 70	Schaltzeichen; Zusatzschaltzeichen (187)
40 703 Bbl 1	03. 70	Schaltzeichen; Zusatzschaltzeichen; Beispiele (190)
40 704 T 1	11. 77	Schaltzeichen; Industrielle Anwendung der Elektrowärme, Elektrochemie; Elektrostatik (191)
40 706	02. 70	Schaltzeichen; Stromrichter (195)
40 708	06. 60	Starkstrom- und Fernmeldetechnik; Schaltzeichen; Meldegeräte (Empfänger) (200)

DIN	Ausg.	Titel
40 710	07.78	Schaltzeichen; Kennzeichen für Schaltungsarten von Wicklungen (204)
40 711	08.61	Starkstrom- und Fernmeldetechnik; Schaltzeichen; Leitungen und Leitungsverbindungen (207)
40 712	07.71	Schaltzeichen; Kennzeichen für Veränderbarkeit, Einstellbarkeit, Schaltzeichen für Widerstände, Wicklungen, Kondensatoren, Dauermagnete, Batterien, Erdung, Abschirmung (210)
40 713	04.72	Schaltzeichen; Schaltgeräte, Antriebe, Auslöser (215)
40 713 Bbl 1	04.74	Schaltzeichen; Beispiele für Schaltgeräte, Antriebe, Relais und Auslöser (223)
40 713 Bbl 3	01.75	Schaltzeichen; Beispiele der Schutztechnik (232)
40 714 T 1	04.59	Starkstrom- und Fernmeldetechnik; Schaltzeichen; Transformatoren und Drosselspulen (239)
40 714 T 2	05.58	Starkstrom- und Fernmeldetechnik; Schaltzeichen; Meßwandler (244)
40 714 T 3	03.68	Schaltzeichen; Transduktoren, Magnetische Verstärker (247)
40 715	04.62	Schaltzeichen; Maschinen (253)
40 716 T 1	02.70	Schaltzeichen; Meßinstrumente, Meßgeräte, Zähler (269)
40 716 T 4	12.67	Schaltzeichen; Beispiele für Zähler und Schaltuhren (273)
40 716 T 5	02.77	Schaltzeichen für Meß-, Anzeige- und Registrierwerke (279)
40 716 T 6	03.72	Schaltzeichen; Meßgrößenumformer (281)
40 717	07.70	Schaltzeichen; Installationspläne (285)
40 722	03.68	Schaltzeichen; Starkstrom- und Fernmeldenetze (299)
40 900 T 13	01.81	Graphische Symbole für Schaltungsunterlagen; Analoge Informationsverarbeitung; Schaltzeichen und Kennzeichen (309)
43 609	08.78	Elektrische Schaltanlagen; Graphische Symbole für Druckluftschaltpläne (317)

Verzeichnis nicht abgedruckter Normen und Norm-Entwürfe

DIN	Ausg.	Titel
2481	06.79	Wärmekraftanlagen; Graphische Symbole
40 100 T 1	08.78	Bildzeichen der Elektrotechnik; Grundlagen
40 100 T 1 Bbl 1	08.78	Bildzeichen der Elektrotechnik; Gliederung nach Sachgruppen, Stichwortverzeichnis; Numerisches Verzeichnis nach DIN 30 600 sowie IEC 417
40 100 T 2	08.78	Bildzeichen der Elektrotechnik; Betätigungsvorgänge, Schaltzustände, Funktion
40 100 T 3	08.78	Bildzeichen der Elektrotechnik; Strom, Spannung, Frequenz, Leitung, Erdung
40 100 T 4	08.78	Bildzeichen der Elektrotechnik; Schaltungsarten
40 100 T 5	08.78	Bildzeichen der Elektrotechnik; Energie, Strahlung
40 100 T 6	08.78	Bildzeichen der Elektrotechnik; Bewegung, Richtung, Wirkung, Geschwindigkeit
40 100 T 7	08.78	Bildzeichen der Elektrotechnik; Allgemeine Einrichtungen
40 100 T 8	08.78	Bildzeichen der Elektrotechnik; Schutzzeichen, Warnzeichen, Rufzeichen, Ergänzungszeichen
40 100 T 9	08.78	Bildzeichen der Elektrotechnik; Beleuchtung, Licht
40 100 T 10	08.78	Bildzeichen der Elektrotechnik; Generatoren, Umsetzer
40 100 T 11	08.78	Bildzeichen der Elektrotechnik; Aufzeichnungstechnik, allgemein
40 100 T 12	08.78	Bildzeichen der Elektrotechnik; Bild- und Tontechnik, allgemein
40 100 T 13	08.78	Bildzeichen der Elektrotechnik; Bild- und Tontechnik, Bandgeräte
40 100 T 14	08.78	Bildzeichen der Elektrotechnik; Bild- und Tontechnik, Fernsehen
40 100 T 15	08.78	Bildzeichen der Elektrotechnik; Elektroakustische Wandler
40 100 T 16	08.78	Bildzeichen der Elektrotechnik; Fernsprechtechnik
40 100 T 17	08.78	Bildzeichen der Elektrotechnik; Übertragungstechnik
40 100 T 18	08.78	Bildzeichen der Elektrotechnik; Antennen
40 100 T 19	08.78	Bildzeichen der Elektrotechnik; Transformatoren
40 100 T 20	08.78	Bildzeichen der Elektrotechnik; Navigations-Einrichtungen
E 40 700 T 26	04.81	Graphische Symbole für Schaltungsunterlagen; Halbleiter-Schalter
E 40 717	09.81	Graphische Symbole für Schaltungsunterlagen; Schaltzeichen für Elektro-Installationspläne
E 40 900 T 12	08.81	Schaltzeichen für Schaltungsunterlagen; Teil 12: Binäre Schaltelemente
42 400	03.76	Kennzeichnung der Anschlüsse elektrischer Betriebsmittel; Richtlinien, alphanumerisches System
E 42 400 A1	11.81	Kennzeichnung der Anschlüsse elektrischer Betriebsmittel; Richtlinien, alphanumerisches System; Änderung 1
E IEC 3A-75	01.78	Schaltzeichen für Schaltungsunterlagen; Teil 2 Kennzeichen, Allgemeine Schaltzeichen und andere Zeichen für allgemeine Anwendung

DIN	Ausg.	Titel
E IEC 3A-76	01.78	Schaltzeichen für Schaltungsunterlagen; Teil 3; Leitungen und Anschlußeinrichtungen
E IEC 3A-77	01.78	Schaltzeichen für Schaltungsunterlagen; Teil 4 Bauelemente, Widerstände, Kondensatoren, Induktivitäten, Ferritkerne, magnetische Speichermatrix, Piezokristalle, Elektret und Verzögerungsleitungen
E IEC 3A-78	01.78	Schaltzeichen für Schaltungsunterlagen; Teil 5; Bauelemente, Elektronenröhren, Elektrochemische Vorrichtungen und Halbleiter
E IEC 3A-79	01.78	Schaltzeichen für Schaltungsunterlagen; Teil 6; Erzeugung und Umwandlung elektrischer Energie
E IEC 3A-80	01.78	Schaltzeichen für Schaltungsunterlagen; Teil 7; Schaltgeräte und Schutzeinrichtungen
E IEC 3A-81	01.78	Schaltzeichen für Schaltungsunterlagen; Teil 9 Nachrichtentechnik, Vermittlung, Telephon- und Telegrapheneinrichtungen, Wandler, Aufzeichnungs- und Wiedergabegeräte
E IEC 3A-82	01.78	Schaltzeichen für Schaltungsunterlagen; Teil 10; Nachrichtentechnik, Übertragung und Übertragungsmittel, Mikrowellentechnik; Diverse Schaltzeichen für Übersichtsschaltpläne, Frequenzpläne
E IEC 3A-83	03.78	Schaltzeichen; Näherungsschalter
E IEC 3A(CO)122	02.81	Schaltzeichen für Schaltungsunterlagen; Teil 11: Installationspläne; Kap. 1: Elektrizitätswerke, Kraftwerke und Unterstationen
E IEC 3A(CO)133	09.81	Schaltzeichen für Schaltungsunterlagen; Teil 1: Allgemeine Angaben, allgemeines Inhaltsverzeichnis, Querverweislisten
E IEC 3A(CO)142	04.82	Schaltzeichen für Schaltungsunterlagen; Teil 2: Allgemeine Symbolelemente, Kennzeichen und andere Zeichen für allgemeine Anwendung; Abschnitt 3: Symbol für automatische Steuerung oder Regelung
E IEC 3A(CO)146	06.82	Schaltzeichen für Schaltungsunterlagen; Teil 6: Erzeugung und Umwandlung elektrischer Energie; Symbol Linearmotor
E IEC 3A(Sec)82B	04.79	Schaltzeichen für Schaltungsunterlagen; Teil 10: Nachrichtentechnik (Fortsetzung); Nachtrag zu IEC 3A(Secretariat)82 (= Norm-Entwurf DIN IEC 3A-82)
E IEC 3A(Sec)88	03.79	Schaltzeichen für Schaltungsunterlagen; Teil 8; Meßinstrumente, Leuchtmelde- und Signaleinrichtungen
E IEC 3A(Sec)89	03.79	Schaltzeichen für Schaltungsunterlagen; Teil 11; Installationspläne
E IEC 3A(Sec)99	07.81	Schaltzeichen für Schaltungsunterlagen; Teil 7: Schaltgeräte und Schutzeinrichtungen; Kapitel 8: Symbole der Luftfahrt

Verzeichnis von IEC-Publikationen für Schaltzeichen

Nr.	Ausgabe	Titel	IEC-Schaltzeichen sind zu entnehmen aus	
			DIN	Ausgabe
117-0	1973	Recommended graphical symbols Part 0: General index Empfohlene Schaltzeichen Teil 0: Inhaltsübersicht		
117-1	1960	Recommended graphical symbols Part 1: Kind of current, distribution systems, methods of connection and circuit elements Empfohlene Schaltzeichen Teil 1: Stromarten, Verteilersystem, Verbindungen und Schaltmittel	40 710 40 712 40 714 T 3 40 717 40 716	07. 78 07. 71 03. 68 07. 70 02. 70
	1966 1967 1973	Nachtrag 1 zu Publikation 117-1 (1960) Nachtrag 2 zu Publikation 117-1 (1960) Nachtrag 3 zu Publikation 117-1 (1960)	T 1	
117-1A	1976	Ergänzung A zu Publikation 117-1 (1960)		
117-2	1960	Recommended graphical symbols Part 2: Machines, transformers, primary cells and accumulators Empfohlene Schaltzeichen Teil 2: Maschinen, Transformatoren, galvanische Elemente und Akkumulatoren	40 703 40 706 40 712 40 713 40 714 T 3	02. 70 02. 70 07. 71 06. 70 03. 68
117-2	1966 1971 1973 1974	Nachtrag 1 zu Publikation 117-2 (1960) Nachtrag 2 zu Publikation 117-2 (1960) Nachtrag 3 zu Publikation 117-2 (1960) Anhang A zu Publikation 117-2 (1960)	40 715 40 717	04. 62 07. 70
117-3	1977	Recommended graphical symbols Switching and protective devices	40 700 T 20 40 703 40 710 40 712 40 713 40 716 T 1 40 717 40 722	05. 77 03. 70 07. 78 07. 71 04. 72 02. 70 07. 70 03. 68
117-4	1963	Recommended graphical symbols Part 4: Measuring instruments and electric clocks Empfohlene Schaltzeichen Teil 4: Meßinstrumente und elektrische Uhren	40 712 40 716 T 1 40 716 T 4	07. 71 02. 70 12. 67
	1971 1973 1974 1974	Nachtrag 1 zu Publikation 117-4 (1963) Nachtrag 2 zu Publikation 117-4 (1963) Nachtrag 3 zu Publikation 117-4 (1963) Anhang A zu Publikation 117-4 (1963)	40 716 T 6 40 717	03. 72 07. 70

Nr.	Ausgabe	Titel	DIN	Ausgabe
117-5	1963	Recommended graphical symbols Part 5: Generating stations and substations, lines for transmission and distribution Empfohlene Schaltzeichen Teil 5: Kraftwerke und Unterstationen, Fernleitungen für Übertragung und Verteilung	40 717 40 722	07. 70 03. 68
	1973	Nachtrag 1 zu Publikation 117-5 (1963)		
117-6	1964	Recommended graphical symbols Part 6: Variability, examples of resistors, elements of electronic tubes, valves and rectifiers Empfohlene Schaltzeichen Teil 6: Veränderlichkeit, Beispiele von Widerständen, Teile von Elektronenröhren und Gleichrichtern	40 700 T 2 40 706 40 712	07. 69 02. 70 07. 71
	1966	Nachtrag 1 zu Publikation 117-6 (1964)		
	1967	Nachtrag 2 zu Publikation 117-6 (1964)		
	1973	Nachtrag 3 zu Publikation 117-6 (1964)		
	1976	Ergänzung A zu Publikation 117-6 (1964)		
117-7	1971	Recommended graphical symbols Part 7: Semiconductor devices, capacitors Empfohlene Schaltzeichen Teil 7: Halbleiter, Einrichtungen, Kondensatoren	40 700 T 8 40 712	07. 72 07. 71
117-8	1967	Recommended graphical symbols Part 8: Symbols for architectural diagrams Empfohlene Schaltzeichen Teil 8: Schaltzeichen für Installationspläne	40 717	07. 70
117-9	1968	Recommended graphical symbols Part 9: Telephony, telegraphy and transducers Empfohlene Schaltzeichen Teil 9: Schaltzeichen für Telephon, Telegraphie und Transduktoren	40 700 T 7 40 716 T 6	04. 74 03. 72
117-9A	1969	Ergänzung A zu Publikation 117-9 (1968)		
117-9B	1971	Ergänzung B zu Publikation 117-9 (1968)		
117-9C	1976	Ergänzung C zu Publikation 117-9 (1968)		
117-10	1968	Recommended graphical symbols Part 10: Aerials (antennas) and radio stations Empfohlene Schaltzeichen Teil 10: Antennen und Funkstationen	40 700 T 3 40 700 T 15	09. 69 11. 77
117-10A	1969	Ergänzung A zu Publikation 117-10 (1968)		
117-11	1968	Recommended graphical symbols Part 11: Microwave technology Empfohlene Schaltzeichen Teil 11: Mikrowellentechnik	40 700 T 11 40 700 T 12	04. 75 10. 77

Nr.	Ausgabe	Titel	IEC-Schaltzeichen sind zu entnehmen aus	
			DIN	Ausgabe
117-11A	1971	Ergänzung A zu Publikation 117-11 (1968)		
	1976	Nachtrag 1 zu Publikation 117-11 (1968)		
117-12	1968	Recommended graphical symbols Part 12: Frequency spectrum diagrams Empfohlene Schaltzeichen Teil 12: Schaltzeichen für Frequenzpläne	40 700 T 25	04. 76
117-13	1969	Recommended graphical symbols Part 13: Block symbols for transmission and miscellaneous applications Empfohlene Schaltzeichen Teil 13: Schaltzeichen für Übersichtsschaltpläne der Übertragungstechnik und verwandte Gebiete	40 700 T 4 40 700 T 13	07. 78 10. 72
	1971	Nachtrag 1 zu Publikation 117-13 (1969)	40 700 T 98	06. 77
117-13A	1971	Ergänzung A zu Publikation 117-13 (1969)		
117-13B	1972	Ergänzung B zu Publikation 117-13 (1969)		
117-13C	1974	Ergänzung C zu Publikation 117-13 (1969)		
117-13D	1976	Ergänzung D zu Publikation 117-13 (1969)		
117-14	1971	Recommended graphical symbols Part 14: Telecommunication lines and accessories Empfohlene Schaltzeichen Teil 14: Leitungen und Zubehör für die Nachrichtentechnik		
117-14A	1974	Ergänzung A zu Publikation 117-14 (1971)		
117-15	1972	Recommended graphical symbols Part 15: Binary logic elements Empfohlene Schaltzeichen Teil 15: Schaltzeichen für binäre logische Elemente	40 700 T 14	07. 76
117-15A	1975	Ergänzung A zu Publikation 117-15 (1972)		
117-15B	1976	Ergänzung B zu Publikation 117-15 (1972)		
117-16	1972	Recommended graphical symbols Part 16: Symbols for ferrite cores and magnetic storage matrices Empfohlene Schaltzeichen Teil 16: Schaltzeichen für Ferritkerne und magnetische Speichermatrizen	40 700 T 21	10. 69
617-13	1978	Graphical symbols for diagrams; analogue elements Graphische Symbole für Schaltungsunterlagen; Analoge Informationsverarbeitung; Schaltzeichen und Kennzeichen	40 900 T 13	01. 81

Verzeichnis der im DIN-Taschenbuch 107 abgedruckten Normen

Auf der hinter dem Titel in Klammern angegebenen Seitenzahl ist die erste Seite der abgedruckten Norm aufzufinden.

DIN	Ausg.	Titel
2425 T 7	04. 83	Planwerke für die Versorgungswirtschaft, die Wasserwirtschaft und für Fernleitungen; Leitungspläne für Stromversorgungs- und Nachrichtenanlagen (11)
40 719 T 1	06. 73	Schaltungsunterlagen; Begriffe, Einteilung (19)
40 719 T 2	06. 78	Schaltungsunterlagen; Kennzeichnung von elektrischen Betriebsmitteln (23)
40 719 T 2 Bbl 1	06. 78	Schaltungsunterlagen; Kennzeichnung von elektrischen Betriebsmitteln; Alphabetisch geordnete Beispiele (51)
40 719 T 3	04. 79	Schaltungsunterlagen; Regeln für Stromlaufpläne der Elektrotechnik (55)
40 719 T 4	03. 82	Schaltungsunterlagen; Regeln für Übersichtsschaltpläne der Elektrotechnik (85)
40 719 T 6	03. 77	Schaltungsunterlagen; Regeln und graphische Symbole für Funktionspläne (92)
40 719 T 7	04. 83	Schaltungsunterlagen; Regeln für die instandhaltungsfreundliche Gestaltung (123)
40 719 T 9	04. 79	Schaltungsunterlagen; Ausführung von Anschlußplänen (134)
40 719 T 10	03. 81	Schaltungsunterlagen; Ausführung von Anordnungsplänen (138)
40 719 T 11	08. 78	Schaltungsunterlagen; Zeitablaufdiagramme, Schaltfolgediagramme (146)
40 722 Bbl 1	03. 68	Schaltzeichen; Starkstrom- und Fernmeldenetze; Beispiele für Netzpläne für Energieversorgungsanlagen (154)
IEC 113 T 5	01. 78	Schaltungsunterlagen; Ausführung von Verbindungsplänen und -tabellen (163)
IEC 113 T 6	07. 78	Schaltungsunterlagen; Ausführung von Geräteverdrahtungsplänen und -tabellen (171)

Stichwortverzeichnis

Die hinter den Stichwörtern stehenden Nummern sind die DIN-Nummern (ohne die Buchstaben DIN) der abgedruckten Normen.

Abfragestelle, Fernsprechgeräte   40 717
Abhängigkeitsnotation   40 700 T 14
Ablenkplatten   40 700 T 2
Ablenkspulen   40 700 T 2
Abschirmung — an Kabeln und Leitungen
   40 711, 40 712
Abstimmungsanzeigeröhre   40 700 T 2
Abtasten (Lochung)   40 700 T 10
Abzweigdose   40 717
Abzweigkasten   40 722
Abzweigmuffe   40 722
Akkumulator   40 712
Allstrom   40 700 T 4
Amplituden-Regelglied   40 700 T 10
Analogschalter   40 900 T 13
Anlasser   40 700 T 20
Anode   40 700 T 2
Anschlußstelle für Schutzleitung   40 717
Antenne   40 700 T 3
Antennensteckdose   40 717
Antriebe für Schaltgeräte   40 713
Anzeigegeräte   40 700 T 10
Anzeigeröhren   40 700 T 2
Anzeigewerke   40 716 T 5
Atomkraftwerk   40 722
Aufnehmer   40 700 T 10
Auslöser   40 713
Automatische Steuerung, Gerät mit   40 700 T 10

Backofen   40 717
Bandpaß   40 700 T 10
Bandsperre   40 700 T 10
Batterien   40 712
Bauelemente der Höchstfrequenztechnik
   40 700 T 11
Bedienungsplatz   40 700 T 10
Begrenzer   40 700 T 10
Bewegbare Leitung   40 717
Bild-Bild-Wandlerröhre   40 700 T 2
Bild-Signal-Wandlerröhren, Bildaufnahmeröhren
   40 700 T 2
Bildübertragung   40 700 T 10
Bildwiedergaberöhren   40 700 T 2
Blattschreiber   40 700 T 10
Blinkerrelais, Blinkschalter   40 717
Bolometer   40 716 T 6
Brückenschaltung   40 700 T 10
Buchsen   40 700 T 6
Buchsen, Steckerbuchsen   40 713

Chemie, Elektro-   40 704 T 1
Codierer   40 700 T 14

Dämmerungsschalter   40 717
Dämpfungsglieder   40 700 T 10, 40 700 T 11
Dauermagnete   40 712
Dauermagnete bei drehender Bewegung   40 175
Decca, Hyperbel-Navigations-Empfänger
   40 700 T 10
Decometer; Standortanzeiger   40 700 T 10
Deemphase   40 700 T 10
Dehnungsmeßstreifen   40 716 T 6
Demodulator   40 700 T 10

Detektoren für ionisierende Strahlung
   40 700 T 13
Differentialmelder (Temperatur)   40 717
Differenzdruckgeber   40 716 T 6
Differenzierer   40 700 T 10
Digitale Informationsverarbeitung   40 700 T 14,
   40 700 T 22
Diode, Halbleiter   40 700 T 8
Disjunktionsglied   40 700 T 14
Diskriminatoren   40 700 T 10, 40 700 T 13
Dividierer   40 900 T 13
Dreheisenmeßwerk   40 716 T 5
Drehmelder   40 716 T 6
Drehspulmeßwerk, trägheitsarm   40 716 T 5
Drehstrom-Synchronmaschinen   40 715
Drehwähler   40 700 T 1
Drehzahlregler   40 700 T 10
Drosseln, sättigbar   40 714 T 3
Drosselspulen   40 714 T 1
Drucken   40 700 T 10
Druckgeber   40 716 T 6
Druckluftschaltpläne, Graphische Symbole für
   43 609
Duplex-Wirkung   40 700 T 10
Durchführungen, Leitungs-   40 711
Dynamikdehner   40 700 T 10
Dynamikpresser   40 700 T 10

Echolot   40 700 T 10
Einfachschutzkontaktsteckdose   40 717
Einfachsteckdose   40 717
Einphasensynchronmaschine   40 715
Einschaltglied   40 713
Einschaltglied, Schließer   40 713
Einseitenband   40 700 T 10
Einstellbarkeit, Kennzeichen für   40 712
Einsteller   40 700 T 10
Elektrische Uhr   40 700 T 23
Elektroakustische Geräte (Beispiele)
   40 700 T 10
Elektroakustische Übertragungsgeräte
   40 700 T 9
Elektrochemie   40 704 T 1
Elektrode, Lichtbogenelektrode   40 704 T 1
Elektroden für Mikrowellenröhren   40 700 T 12
Elektroden, Speicher-Elektroden   40 700 T 2
Elektrogeräte für Installation   40 717
Elektro-Hausgeräte   40 717
Elektrolysebad   40 704 T 1
Elektromagnetische Geräte   40 713
Elektromechanische Antriebe für messende
   Auslöser und Schutzrelais   40 713
Elektromechanische Antriebe für nicht messende
   Auslöser und Schutzrelais   40 713
Elektromechanische Antriebe für Relais und
   Schütze   40 713
Elektromechanische und elektromagnetische
   Antriebe   40 713
Elektronenoptische Elektrode   40 700 T 2
Elektronenröhren   40 700 T 2
Elektronenstrahlerzeuger   40 700 T 12
Elektronisch gesteuerte Schalter   40 700 T 13
Elektrostatik   40 704 T 1

330

Elektrostatische Ablenkung 40 700 T 2
Elektrowärme 40 704 T 1
Element 40 717
Elemente für Röhren 40 700 T 12
Emittierende Sohle 40 700 T 12
Empfangen 40 700 T 10
Empfänger 40 700 T 10
Empfänger (Meldegeräte) 40 708
Endverschluß; Endverzweiger 40 717
Entkoppler 40 700 T 10
Entladungsgefäße 40 700
Entladungslampen und Zubehör 40 717
Entzerrer 40 700 T 10
Erde, Fremdspannungsarm 40 712
Erdfunkstellen 40 700 T 15
Erdung, Kennzeichen für 40 712
Erschütterungsmelder (Tresorpendel) 40 717
Erwärmungsgut 40 704 T 1
Erweiterungseingänge 40 700 T 14

Fallklappe 40 708
Fehlerspannungsschutzschalter 40 717
Fehlerstromschutzschalter 40 717
Feldeffekt-Transistoren, Halbleiter 40 700 T 8
Fernbedienung 40 700 T 16
Ferneinstellung 40 700 T 16
Fernhörer 40 700 T 9
Fernmeldenetze 40 722
Fernmeldesatellit, passiv 40 700 T 15
Fernmeldesteckdose 40 717
Fernmelde- und Signalgeräte 40 717
Fernmeldezentrale 40 717
Fernmeßanlage 40 700 T 16
Fernmessung 40 700 T 16
Fernschreiber 40 700 T 10
Fernsehempfangsgerät 40 717
Fernsprecher 40 700 T 10
Fernsprechgeräte 40 717
Fernsprechleitung 40 711
Fernüberwachung 40 700 T 16
Fernüberwachungsanlage 40 700 T 16
Fernwirkanlagen, Fernwirkgeräte 40 700 T 16
Fernzählung 40 700 T 16
Feuermelder 40 700 T 5
Feuermelder mit Laufwerk 40 717
Filter 40 700 T 10
Filter, Gasreiniger 40 704 T 1
Flipflop 40 700 T 14
Foto, siehe Photo
Freileitungsplan 40 722 T 1
Frequenzteiler 40 700 T 10
Frequenzumsetzer 40 700 T 10
Frequenzvervielfacher 40 700 T 10
Fremdspannungsarme Erde 40 712
Fritteuse 40 717
Funkleitstelle 40 700 T 15
Funkpeiler 40 700 T 15
Funkstelle im Weltraum (Fernmeldesatellit) 40 700 T 15
Funkstellen 40 700 T 15
Funktionelle Darstellung (Verfahrenstechnik) 19 227 T 1
Funktionsgeber 40 700 T 10, 40 900 T 13
Funkverbindung 40 722
Futterdämpfer 40 717

Gabelschaltungen; Gabelübertrager 40 700 T 10
Galvanische Meßstelle 40 716 T 6

Gasreiniger 40 704 T 1
Geber für Meßgrößenumformer 40 716 T 6
Geber, Sender, Sendegerät 40 700 T 10
Gefahrenmelder 40 700 T 5
Gegengewicht 40 700 T 3
Gegentaktverstärker 40 700 T 10
Generatoren, Beispiele für elektrische Maschinen 40 715
Generatoren, nicht rotierend 40 700 T 10
Generator-Impuls 40 700 T 13
Gerätetechnische Darstellung (Verfahrenstechnik) 19 227 T 2
Gesprächszähler 40 708
Gitter von Röhren 40 700 T 2
Gleichrichter (elektr. Ventil) 40 706
Gleichrichter, Halbleiter 40 700 T 8
Gleichrichtergerät 40 700 T 10
Gleichrichtung 40 700 T 10
Gleichstrom, Gleichspannung 40 700 T 4
Gleichstromglättung 40 700 T 10
Gleichstromwandler 40 714 T 2
Glimmgleichrichterröhre 40 700 T 2
Glimmlampe, Glimmlichtröhre 40 700 T 2
Glimmspannungsteiler 40 700 T 2
Glimmzwischenanode 40 700 T 2
Glühlampe, Leuchtmelder mit 40 708
Glühofen 40 704 T 1
Gong, Einschlagwecker (Hörmelder) 40 708
Grenzglied 40 900 T 13
Größtwertbegrenzung 40 700 T 10
Größtwertglied 40 700 T 10
Grundnormen für
 Antennen 40 700 T 3
 Elektroakustik 40 700 T 9
 Gefahrenmelder 40 700 T 5
 Installation 40 717
 Meßtechnik 40 716 T 1
 Röhren 40 700 T 2
 Schaltgeräte 40 713
 Wähler 40 700 T 1

Halbdublex-Wirkung 40 700 T 10
Halbleiterbauelemente 40 700 T 8
Halbleiterspeicher 40 700 T 10
Hallgenerator 40 700 T 8
Hauptuhr 40 700 T 23
Hebdrehwähler 40 700 T 1
Heizfaden 40 700 T 2
Heizglieder 40 704 T 1
Heizinduktion 40 704 T 1
Heizplatten für Widerstandsheizung 40 704 T 1
Heizung, Geräte für 40 713
Heizwiderstand 40 712
HF 40 700 T 10
Hochfrequenter Wechselstrom 40 700 T 4
Hochfrequenztechnik, Bauelemente 40 700 T 1
Hochpaß 40 700 T 10
Höchstfrequenztechnik, Röhren für 40 700 T 12
Höchstwertmelder (Temperatur) 40 717
Hohlleitung 40 711
Hohlraumkopplung, Beispiele 40 700 T 11
Hohlraumresonator 40 700 T 11
Hörkopf 40 700 T 7
Hörmelder 40 708
Horn 40 708
H-Schaltung 40 700 T 10
Hupe 40 708
Hyperbelortung 40 700 T 10

331

Ikonoskop-Riesel 40 700 T 2
Ikonoskop-Super 40 700 T 2
Impulsarten 40 700 T 4
Impulsformer 40 700 T 13
Impulsgenerator 40 700 T 13
Induktionsheizung 40 704 T 1
Induktive Kopplung 40 700 T 11
Induktivität 40 712
Industrielle Anwendung der Elektrowärme,
  Elektrochemie, Elektrostatik 40 704 T 1
Informationsverarbeitung, analog 40 900 T 13
Informationsverarbeitung, digital 40 700 T 14
Informationsverarbeitung (Ringkerntechnik)
  40 700 T 21, 40 700 T 22
Infrarotgrill 40 717
Infrarotstrahler 40 704 T 1
Installationspläne 40 717
Installationsschalter 40 717
Integrierer 40 700 T 10
Ionisationskammer 40 700 T 13
Isolierte Leitungen in Installationen 40 717

Kabel (Leitungen) 40 711
Kabel, Verlegung von 40 717
Kabelanlagen 40 722
Kabelendverschluß 40 722
Kabelmerkstein 40 722
Kabelmuffen 40 722
Kabelplan, Kabelnetz 40 722 Bbl 1
Kabelschacht 40 722
Kabeltrasse 40 722
Kaltleiter 40 700 T 8
Kapazitive Kopplung 40 700 T 11
Kartenkontrollgerät 40 717
Kartenkontrollgeräte, handbetätigt 40 717
Kathoden 40 700 T 2
Kennzeichen für
  Analoge Signale 40 900 T 13
  Analogverfahren 40 700 T 16
  Anfangswert, analoger Wert, bei einer
    Integration 40 900 T 13
  Ansageeinrichtung 40 700 T 23
  Anzahl von Kreisen bei Leitungen 40 711
  Anzeige 40 716 T 1
  Arbeitsweise 40 700 T 9
  Aufnahme bei reziproken elektroakustischen
    Wandlern 40 700 T 9
  Ausgeführte (Leitung) 40 711
  Auswahlverfahren 40 700 T 16
  Betätigung 40 713
  Bewegungsrichtung 40 713
  Bild-Übertragung 40 700 T 10
  Bistabil 40 700 T 14
  Brückenschaltung 40 700 T 3
  Deemphase 40 700 T 10
  Differenzierend 40 900 T 13
  Digitale Signale 40 900 T 13
  Digitalverfahren 40 700 T 16
  Drahtfunk-Übertragung 40 716 T 1
  Drehfeldrichtung 40 716 T 1
  Drucken 40 700 T 10
  Duplex-Betrieb 40 700 T 10
  Dynamikdehnung 40 700 T 10
  Dynamikpressung 40 700 T 10
  Dynamische Eingänge 40 700 T 14
  Einseitenband 40 700 T 10
  Einstellbarkeit 40 712

Kennzeichen für
  Empfangen 40 700 T 10
  Erdung, Schutz- 40 712
  Fernschreiben 40 700 T 10
  Fernsprechen 40 700 T 10
  Fernsprechleitung 40 700 T 5 und 40 711
  Feuermeldung 40 700 T 5
  Filterung, Siebung 40 700 T 10
  Fremdleitung 40 711
  Frequenz 40 710
  Frequenzkompensation 40 900 T 13
  Gabelung 40 700 T 10
  Geplant (Leitung) 40 711
  Gleichrichtung 40 700 T 10
  Grenzwertanzeige 40 716 T 1
  Größtwertbegrenzung 40 700 T 10
  Halten 40 900 T 13
  Hilferuf 40 700 T 5
  Hochfrequenter Wechselstrom 40 700 T 4
  H-Schaltung 40 700 T 10
  Hyperbelortung 40 700 T 10
  Im Bau (Leitung) 40 711
  Impulse 40 700 T 4
  Integrieren; integrierend 40 900 T 13
  Ionenbewegt (Arbeitsweise) 40 700 T 9
  Kapazitiv (Arbeitsweise) 40 700 T 9
  Kleinstwertbegrenzung, allgemein 40 700 T 10
  Klingelleitung 40 711
  Kompaßanzeige 40 700 T 10
  Kontaktgabe 40 716 T 1
  Koppelanordnung 40 700 T 10
  Kritische Länge 40 700 T 11
  Leiterzahl 40 711
  Lesen 40 700 T 10
  Lochen 40 700 T 10
  Logarithmierend 40 900 T 13
  Masse 40 712
  Mastarten 40 722
  Meßtechnik 40 716 T 1
  Modulierte Pulse 40 700 T 4
  Monostabil 40 700 T 14
  Negation (Eingang, Ausgang) 40 700 T 14
  Netzwerke 40 700 T 10
  Nullung 40 711
  Nummernschalterwahl 40 700 T 10
  Offene Schaltstelle 40 722
  Parallelverfahren 40 700 T 16
  Peilfunktion 40 700 T 3
  Pi-Schaltung 40 700 T 10
  Photoeffekt 40 700 T 2
  Piezoelektrisch (Arbeitsweise) 40 700 T 9
  Pilotfrequent 40 700 T 10
  Polarisationseinrichtung 40 700 T 3
  Preemphase 40 700 T 10
  Querschnittsabmessungen 40 700 T 11
  Radar 40 700 T 10
  Raste 40 703
  Registrierung 40 716 T 1
  Richtung der Leitungsführung 40 711
  Richtung der Meßwertübertragung
    40 716 T 1
  Richtung einer Bewegung 40 703
  Richtwirkung 40 700 T 3
  Rotation 40 700 T 3
  Rückgang, selbsttätig 40 713
  Rücksetzen 40 900 T 13
  Rückvergleichsverfahren 40 700 T 16
  Rufleitung 40 711
  Rundfunkleitung 40 711

Kennzeichen für
Schaltstellungen und Bewegungseinrichtungen
40 713
Schaltungsarten 40 710
Schrittwahlverfahren 40 700 T 16
Schutzeinrichtung 40 722
Schutzerdung 40 712
Schutzleitung 40 711
Schutzrelaiseinstellung 40 722
Schutzschaltung 40 711
Senden 40 700 T 10
Sender 40 700 T 10
Serienverfahren 40 700 T 16
Setzen 40 900 T 13
Siebung, Filterung 40 700 T 10
Signalleitung 40 711
Spannung 40 710
Sperre 40 703
Sperrung 40 700 T 5
Start-Stop-Verfahren 40 700 T 16
Strahlungsverteilung 40 700 T 3
Strom 40 710
Summierend 40 900 T 13
Synchronisieren 40 700 T 23
Synchronwahlverfahren 40 700 T 16
Tastatur 40 700 T 10
Tastwahl 40 700 T 10
Tonfrequenz 40 710
Ton-Übertragung 40 700 T 10
Trägheit 40 716 T 1
Trennlinie 40 712
T-Schaltung 40 700 T 10
Übertragung mit Lochstreifen 40 700 T 10
Übertragungsrichtung 40 700 T 10
Übertragungsverfahren 40 700 T 16
Uhren 40 700 T 23
Uhrzeit 40 716 T 1
Umrahmung 40 712
Veränderbarkeit 40 712
Versorgungsspannung 40 900 T 13
Verstärker 40 900 T 13
Verstärkung 40 700 T 10
Verstellbarkeit 40 712
Verzerrung 40 700 T 10
Verzögerung der Bewegung 40 703
Verzögerung der Kontaktgabe 40 713
Verzögerung (der Zeit) 40 700 T 10
Wächtermeldung 40 700 T 5
Wasserschall 40 700 T 10
Wechselbetrieb bei reziproken elektro-
akustischen Wandlern 40 700 T 9
Wechselspannungssysteme 40 710
Wechsler 40 713
Wellentyp 40 700 T 11
Werkstoffeigenschaften 40 700 T 11
Wicklungen 40 710
Wiedergabe bei reziproken elektro-
akustischen Wandlern 40 700 T 9
Wirkrichtung 40 703
Wirkverbindung 40 703
Zeitverzögerung 40 700 T 10
Zieltasten 40 700 T 10
Zweiseitenband 40 700 T 10
Zwillingsschließer 40 713
Kippschaltungen, Beispiele 40 700 T 14
Kippschaltung mit Speicherverhalten
40 700 T 14
Kippstrom 40 710

Kleinstwertbegrenzung 40 700 T 10
Kleinstwertglied 40 700 T 10
Klemmen 40 711
Klimagerät 40 717
Klinkenfeder 40 713
Klinkenhülse 40 713
Klystron 40 700 T 12
Koaxiale Leitung 40 711
Koeffizientenpotentiometer 40 900 T 13
Kolben für Röhren 40 700 T 2
Komparatoren 40 900 T 13
Kompasse 40 700 T 10
Kondensatoren 40 712
Kondensatorspeicher 40 700 T 10
Konjunktionsglied 40 700 T 14
Konverter, thermionischer 40 700 T 10
Koordinatenwandler 40 900 T 13
Koppelanordnung 40 700 T 10
Koppler für Mikrowellenröhren 40 700 T 12
Kopplungen 40 700 T 11
Körperschall Empfänger 40 700 T 9
Körperschall Sender 40 700 T 9
Kraftantriebe, mechanisch 40 703
Kraftwerke 40 722
Kreiselkompasse 40 700 T 10
Kreuzspulenmeßwerk 40 716 T 5
Kreuzzeigerinstrument 40 716 T 1
Küchenmaschine 40 717
Kühlgerät 40 717
Künstliche Leitung als Verzögerungsglied
40 700 T 10
Kupplung mechanisch 40 703
Kursregler 40 700 T 10
Kursschreiber 40 700 T 10

Laser 40 700 T 98
Laser-Generator 40 700 T 98
Läufer 40 715
Laufzeitentzerrer 40 717
Lautsprecher 40 700 T 9
Leistungsglieder 40 700 T 14
Leitfähigkeitselektroden 40 716 T 6
Leitung, Strecke 40 722
Leitungen der Höchstfrequenztechnik
40 700 T 11
Leitungen und Leitungsverbindungen 40 711
Leitungen und Leitungsverlegung 40 717
Leitungsabschlüsse 40 700 T 11
Leitungsart 40 717
Leitungsbauteile 40 700 T 11
Leitungsdurchführungen 40 711
Leitungsverbinder, lösbar 40 700 T 11
Leitungsverbindungen 40 711
Leitungsverzweigung 40 700 T 11
Lesen 40 700 T 10
Leuchtanode 40 700 T 2
Leuchten in Installationsplänen 40 717
Leuchtfeldrelais 40 708
Leuchtmelder 40 708
Leuchtstofflampen 40 717
Lichtbogenelektrode 40 704 T 1
Lichtbogenheizung 40 704 T 1
Lichtbogenreduktionsofen 40 704 T 1
Lichtbogenschmelzofen 40 704 T 1
Lichtmelder, selbsttätig 40 700 T 5
Lichtstrahlmeldeanlage 40 717
Linien 40 711
Linienschreibwerk 40 716 T 5
Linse für elektronische Wellen 40 700 T 3

333

Lochabtaster 40 700 T 10
Lochen 40 700 T 10
Lochkartenspeicher 40 700 T 10
Lochkopplung 40 700 T 11
Lochstreifenempfänger 40 700 T 10
Lochstreifensender 40 700 T 10
Lochstreifenspeicher 40 700 T 10
Löschkopf 40 700 T 7
Lüfter, elektrisch angetrieben 40 717
Lumineszenz 40 700 T 8

Magnet, Dauer 40 712
Magnetbandspeicher 40 700 T 10
Magnetische Verstärker 40 714 T 3
Magnetkompaß 40 700 T 10
Magnetköpfe 40 700 T 7
Magnetplattenspeicher 40 700 T 10
Magnetron 40 700 T 12
Magnetschaltkreise, digitale 40 700 T 21
Magnetspeicher 40 700 T 10
Maschinen 40 715
Maschinenwähler 40 700 T 1
Maser 40 700 T 98
Maser-Verstärker 40 700 T 98
Masse 40 712
Matrixspeicher 40 700 T 10
Meldegeräte; Empfänger 40 708
Meldewesen, Gefahr- 40 700 T 5
Messen, Steuern, Regeln 19 227 T 1, 19 227 T 2
Meßgeräte 40 716 T 1
Meßgrößenumformer 40 716 T 6
Meßinstrumente 40 716 T 1
Meßumformer 40 700 T 10
Meß- und Regelungstechnik 40 700 T 10
Meßwandler 40 714 T 2
Meßzelle 40 716 T 6
Mikrofon 40 700 T 9
Mikrowellenherd 40 717
Mikrowellenröhren 40 700 T 12
Mischstrom, starkwelliger Gleichstrom 40 700 T 4
Mitnehmer (Kupplung) 40 703
Modulationskennzeichen 40 700 T 4
Modulatoren 40 700 T 10
Monostabile Kippschaltung 40 700 T 14
Motor 40 712
Motorwähler 40 700 T 1
Muffen 40 722
Multiplizierer 40 900 T 13

Nachbildung 40 700 T 10
Nachverzerrer 40 700 T 10
Navigationsgeräte 40 700 T 10
Negationsglied 40 700 T 14
Netzwerk, H-Schaltung 40 700 T 10
Netzwerk, Pi-Schaltung 40 700 T 10
Netzwerk, T-Schaltung 40 700 T 10
Notleuchte 40 717
Nullindikator 40 716 T 1
Nullung, Kennzeichnung der Leitung für 40 711
Nummernschalter 40 700 T 1
Nummernschalterwahl 40 700 T 10

OB-Vermittlung 40 700 T 10
Oder-Glied 40 700 T 14
Offener Verstärker (Lineares Rechenelement)
Öffner, Ausschaltglied 40 713

Orthikon-Super (Röhre) 40 700 T 2
Oszillator 40 700 T 10
Oszillographenröhren 40 700 T 2
Oszillographenschleife 40 716 T 1
Oszilloskop 40 716 T 1

Paß 40 700 T 10
Passierschloß 40 717
Peltier-Element 40 700 T 8
Pendel 40 700 T 23
Pentoden 40 700 T 2
Phantom-Verknüpfungen 40 700 T 14
Phasenschieber 40 700 T 10
pH-Elektrode (Galvanische Meßzellen) 40 716 T 6
Pi-Schaltung 40 700 T 10
Photodiode 40 700 T 8
Photoelektrischer Stromerzeuger 40 700 T 10
Photoelektrisches Bauelement 40 700 T 8
Photokathoden 40 700 T 2
Phototransistor 40 700 T 8
Photowiderstand 40 700 T 8
Photozelle 40 700 T 2
Pilotfrequenz 40 700 T 10
Pilotsender 40 700 T 10
Pläne, Installation 40 717
Polarisationsdreher 40 700 T 1
Prallanode, Prallgitter 40 700 T 2
Preemphase 40 700 T 10
Pulsgenerator 40 700 T 10
Pulsinverter 40 700 T 10
Pulsmodulation 40 700 T 4
Pulswandler 40 700 T 10
Pumpspeicherwerk 40 722
Punktschreibwerk 40 716 T 5

Quadrupol 40 700 T 12
Quadrupollinse 40 700 T 2
Quantelungsgitter 40 700 T 2
Quarzgenerator 40 700 T 10
Quecksilberkathoden 40 770 T 2
Quittiermelder 40 708

Radarantenne 40 700 T 3
Radar-Geräte 40 700 T 10
Rahmenantenne 40 700 T 3
Raste 40 703
Raumbeheizung 40 717
Rauschgenerator 40 700 T 18
Reflektionselektrode 40 700 T 2
Reflektor für Dipol 40 700 T 3
Reflektor für Mikrowellenröhre 40 700 T 12
Register 40 700 T 14
Registrierwerke 40 716 T 5
Regler 40 700 T 10
Relais 40 713
Relaisstelle (Richtfunk) 40 700 T 15
Relaiswähler 40 700 T 1
Resonator 40 700 T 12
Rhombus-Antenne 40 700 T 3
Richtfunk-Relaisstation 40 700 T 15
Richtfunkstelle 40 700 T 15
Richtung einer Bewegung 40 703
Ringkerne 40 700 T 21
Ringkernspeicher 40 700 T 10
Röhren 40 700 T 2
Röhren, Elemente für 40 700 T 2
Röhren für Höchstfrequenztechnik 40 700 T 2
Röhren, Mikrowellen- 40 700 T 12

Röhrenkolben 40 700 T 2
Rotation des Richtdiagramms 40 700 T 3
Rubin-Laser-Generator 40 700 T 98
Rückgang, nicht selbsttätig, Kennzeichen für
 40 713
Ruf- und Abstelltafel 40 717
Rundfunkempfangsgerät 40 717
Rundfunksteuerrelais für Tonfrequenz 40 717

Sägezahngenerator 40 700 T 10
Sättigbare Drosseln 40 714 T 3
Schallschwinger 40 700 T 10
Schaltarten 40 710
Schaltbahn 40 700 T 1
Schalter 40 713
Schalter, elektronisch gesteuert 40 700 T 13
Schalter in Installationsplänen 40 717
Schaltgeräte 40 713
Schaltgerät mit Nummernwahl 40 700 T 10
Schaltglieder 40 713
Schaltpläne für Installationen 40 717
Schaltschloß 40 703
Schaltschrank 40 722
Schaltstellen in Energieversorgungsanlagen
 40 722
Schaltuhr 40 717
Schaltuhren, Beispiele 40 716 T 4
Schaltungsglieder 40 700 T 10
Schaltwerk, Schaltstation 40 722
Schauzeichen 40 708
Scheibenwischer mit Motorantrieb 40 703 Bbl 1
Scheinwerfer 40 717
Schließer 40 713
Schmelzlotmelder 40 703
Schmelzofen 40 704 T 1
Schnarre 40 708
Schnurvermittlung 40 700 T 10
Schütze 40 717
Schutzkontaktsteckdose 40 717
Schutzleitung, Anschlußstelle für 40 712
Schutz- oder Auslöseeinrichtung 44 713
Schutzrelais 40 713
Schwingkondensator 40 716 T 6
Sechsfach-Punktschreibwerk 40 716 T 5
Sekundärelektronenvervielfacher 40 200 T 2
Selbsttätiger Temperaturmelder 40 700 T 5
Senden 40 700 T 10
Sender 40 700 T 10
Sicherungen 40 713
Siebung; Filterung 40 700 T 10
Signalhauptuhr 40 717
Signalpegel-Umsetzer 40 700 T 14
Signal- und Fernmeldegeräte 40 717
Simplex-Wirkung 40 700 T 10
Sinnbilder für die Verfahrenstechnik 19 227 T 1
Sinusgenerator 40 700 T 10
Sirene 40 708
Sohle für Mikrowellenröhre 40 700 T 12
Sonder-Sprechstelle 40 717
Spannung, Strom 40 710
Spannungskonstanthalter 40 700 T 10
Spannungsmesser 40 716 T 1
Spannungsteiler 40 712
Spannungswandler 40 714 T 2
Speicher 40 700 T 10
Speicher-Elektroden 40 700 T 2
Speicherheizgeräte 40 717

Speicherverhalten, Kippschaltung mit
 (Flip-Flop) 40 700 T 14
Speicher-Verknüpfungsglieder 40 700 T 22
Sperrung 40 703
Sprechkopf 40 700 T 7
Sprechstelle 40 700 T 10
Sprüheinrichtung 40 704 T 1
Spulen; Wicklungen 40 712
Ständer 40 715
Standortanzeiger (Decometer) 40 700 T 10
Starkstromhausanschlußkasten 40 717
Starkstrom- und Fernmeldenetze 40 722
Starter für Leuchtstofflampen 40 717
Statik, Elektro- 40 704 T 1
Steckdosen für Installation 40 717
Steckverbinder 40 713
Steckverbindungen, Starkstrom 40 717
Stellungsgeber, Widerstands- 40 716 T 6
Steuersteg (Gitter) 40 700 T 2
Strahlendetektor 40 700 T 13
Strecken 40 711
Streifenschreiber 40 700 T 10
Strom 40 710
Stromerzeuger, nicht rotierend 40 700 T 10
Stromimpulse 40 710
Strommesser 40 716 T 1
Stromregler 40 700 T 10
Stromrichter 40 706
Stromstoßschalter 40 717
Stromversorgungsgeräte, Beispiele 40 700 T 10
Stromwandler 40 714 T 2
Stützpunkte 40 722
Summer 40 708
Super-Ikonoskop 40 700 T 2
Super-Orthikon 40 700 T 2
Synchronoskop 40 716 T 1
Szintillationszähler 40 700 T 13

Tastatur 40 700 T 10
Tastwahl 40 700 T 10
Tauchelektrode 40 704 T 1
Temperaturmelder 40 717
Thermionischer Konverter 40 700 T 10
Thermoelektrische Generatoren 40 700 T 10
Thermoelement (Thermopaar) 40 716 T 7
Thermorelais 40 713
Thermoumformer 40 716 T 6
Thyristoren, Halbleiter 40 700 T 8
Tiefpaß 40 700 T 10
Tonabnehmer 40 700 T 9
Tonfrequenter Wechselstrom 40 700 T 4
Tonfrequenz-Rundsteuerrelais 40 717
Tonfrequenzsperre 40 717
Tonschreiber 40 700 T 9
Tonschreibgerät 40 700 T 10
Ton-Übertragung 40 700 T 10
Totzeitglied 40 700 T 10
Transduktor 40 714 T 3
Transduktor (Beispiel) 40 714 T 3
Transduktordrossel 40 714 T 3
Transformationsleitung 40 700 T 11
Transformatoren 40 714 T 1
Transformatorstation 40 722
Transistoren 40 700 T 8
Trenndose 40 717
Trennlinie 40 712
Tresorpendel (Erschütterungsmelder) 40 717
T-Schaltung 40 700 T 10
Türöffner 40 717

335

Überspannungsableiter 40 717
Übertragung mit Lochstreifen 40 700 T 10
Übertragungsrichtungen 40 700 T 10
Übertragungswege, Leitungen 40 722
Uhren 40 700 T 23
Umformer 40 715
Umrahmung für Geräte 40 712
Umrichter 40 700 T 10
Umrichterwerk 40 722
Umschaltglied, Wechsler 40 713
Umsetzer 40 700 T 10, 40 900 T 13
Umsetzer (Gleichrichtergerät) 40 717
Umspannwerk 40 722
Und-Glied 40 700 T 14
Unterbrecher 40 700 T 1
Unterwerk 40 722

Vakuum-Photozelle 40 700 T 2
Ventil, Absperrorgan 40 703
Ventil mit Fühler und Antrieb durch Nocken 40 703 Bbl 1
Veränderbarkeit 40 712
Verbindungen für Leitungen 40 711
Verfahrenstechnik 19 227 T 1, 19 227 T 2
Vergleicher 40 900 T 13
Verknüpfungsglieder, digital 40 700 T 14
Verknüpfungsglieder-Speicher 40 200 T 22
Verlegung von Leitungen 40 717
Vermittlungsplatz 40 700 T 10
Vermittlungszentrale 40 700 T 10
Verriegelung, Sperre 40 703
Verstärker 40 700 T 10, 40 900 T 13
Verstärker, Kennzeichen für 40 900 T 13
Verstärker, magnetisch 40 714 T 3
Verstärkerröhren 40 700 T 12
Verstärkung 40 700 T 10
Verteiler 40 717
Verteilung 40 717
Verzögerung 40 713, 40 700 T 10
Verzögerungsglieder 40 700 T 10
Verzögerungsglieder, digital 40 700 T 14
Verzögerungsleitung für Mikrowellenröhren 40 700 T 2
Vorverzerrer 40 700 T 10

Wächtermelder 40 717
Wähler 40 700 T 1
Wählerzentrale 40 700 T 10
Wanderfeldröhre 40 700 T 12
Wandler 40 714 T 2
Wärmeplatte 40 717
Wäschetrockner 40 717

Waschmaschinen 40 717
Wasserschall 40 700 T 10
Wechselrichter 40 700 T 10
Wechselrichtergerät 40 717
Wechselspannungssysteme 40 710
Wechselsprechverkehr, Systeme für 40 700 T 9
Wechsler 40 713
Wecker 40 708
Weiche 40 700 T 10
Werke für Energieversorgung 40 722
Wicklungen 40 712
Wicklung für Maschinen 40 715
Widerstand, abhängig von der Induktion eines Magnetfeldes 40 700 T 8
Widerstände 40 712
Widerstände, Halbleiter 40 700 T 8
Widerstandsheizung 40 704 T 1
Widerstandsmeßbrücke 40 716 T 1
Widerstands-Stellungsgeber 40 716 T 6
Widerstandsthermometer 40 716 T 6
Wiedergabekopf 40 700 T 7
Winkelstellungsgeber (Drehmelder) 40 717 T 6
Wirkverbindung 40 703

Zähler 40 717
Zähler, Beispiele 40 716 T 4
Zähler, Gesprächs- 40 708
Zählratenmesser 40 700 T 13
Zählrohre 40 700 T 13
Zählröhren, elektronische 40 700 T 2
Zähluntersetzer 40 700 T 13
Zählwerk 40 708
Zeichen für das Strahlungsdiagramm einer Antenne 40 700 T 3
Zeichen für Pfeilfunktion einer Antenne 40 700 T 3
Zeigermelder 40 708
Zeit — Meldewesen 40 700 T 23
Zeitansagegerät 40 700 T 23
Zeitrelais 40 717
Zentrale Einrichtung; Zentrale Schaltstelle 40 700 T 10
Zerhacker (Kontaktwechselrichtergerät) 40 706
Zickzackschaltung 40 710
Zieltasten 40 700 T 10
Zirkulare Polarisation 40 700 T 3
Zusatzschaltzeichen 40 703
Zweileiter — Gleichstrom 40 710
Zweiphasen-Systeme, Schaltarten 40 710
Zweiphasen-Wechselstrom 40 710
Zweiseitenband 40 700 T 10
Zweistrahl-Oszillographenröhren 40 700 T 2

Für Notizen

Für Notizen

P. Funck:

Graphische Symbole.
Der Weg über die Vereinheitlichung zur Normung

1983. 112 S. 1 Tafel. A5. Brosch. 39,- DM
Beuth-Bestell-Nr. 11497

Herausgegeben
vom DIN Deutsches
Institut für
Normung e.V.

•

Verlegt in der
Beuth Verlag
GmbH · Berlin
und Köln:
Gemeinnütziger
Verlag und Vertrieb
von Literatur
technisch-wissen-
schaftlicher
Gemeinschafts-
arbeit.

•

Herausgegeben
vom DIN Deutsches
Institut für
Normung e.V.

Bildzeichen kann man heutzutage auf Schritt und Tritt begegnen. Sie werden weltweit zusammen mit Sinnbildern, Schalt- und Kennzeichen als graphische Symbole bezeichnet.

Wer Genaueres über die graphischen Symbole wissen will, über ihre Entstehungsgeschichte, ihre Zukunft, über ihre Vereinheitlichung und Normung, der braucht den Beuth-Kommentar

Graphische Symbole.
Der Weg über die Vereinheitlichung zur Normung.

In lebendiger und informativer Weise wird über die graphischen Symbole informiert und diskutiert, dabei kommt weder die geschichtliche Entwicklung zu kurz noch werden die mit der Normung verbundenen Probleme verschwiegen.

In diesem Beuth-Kommentar werden die jetzt gültigen Verfahren ausführlich geschildert und für ihre Anwendung – z. B. in technischen Zeichnungen, auf Geräten und Einrichtungern oder zur Information der Öffentlichkeit – erläutert.

Besondere Aufmerksamkeit wird dem Finden einer sinnfälligen Form für eine gewünschte Bedeutung gewidmet. Dabei wird die Gestaltung des Symbols für die Normung erörtert.

Der Beuth-Kommentar soll Verständnis für die Problematik der graphischen Symbole wecken und gleichzeitig darauf aufmerksam machen, daß die graphischen Symbole ein bedeutendes Instrument für die allgemeine sprachunabhängige Verständigung sind.

BEUTH VERLAG GMBH · BERLIN · KÖLN

DIN Taschenbücher Gesamtübersicht

DIN-Taschenbücher
Gesamtverzeichnis 1983
Beuth Verlag GmbH

Kostenlos von:
Beuth Verlag GmbH
Werbeabteilung
Postfach 11 45
D-1000 Berlin 30

Fachgebietsgliederung des Verzeichnisses:

- Anstrich- u. ähnl. Beschichtungsstoffe
- Antriebstechnik
- Armaturen
- Bauleistungen
- Bautechnik-Studium
- Bauwesen
- Bedienteile
- Begriffe der Fertigungsverfahren
- Bibliotheks- und Dokumentationswesen
- Bürowesen
- Einheiten und Formelgrößen
- Eisen und Stahl
- Elektrotechnik
- Federn
- Gewinde
- Gleitlager
- Heiz- und Raumlufttechnik
- Holz
- Informationsverarbeitung
- Kältetechnik
- Kerntechnik
- Kunststoffe
- Laborgeräte und Laboreinrichtungen
- Länge und Gestalt
- Maschinenbau
- Materialprüfung
- Mechanische Technik
- Mechanische Verbindungselemente
- Medizin
- Mineralöle und Brennstoffe
- Nichteisenmetalle
- Papier und Pappe
- Pigmente und Füllstoffe
- Rohre, Rohrverbindungen und Rohrleitungen
- Schienenfahrzeuge
- Schweißtechnik
- Siebböden und Kornmessung
- Sport- und Freizeitgerät
- Stahldraht und Stahldrahterzeugnisse
- Stanzteile
- Tankanlagen
- Textil und Textilmaschinen
- Verpackung
- Wälzlager
- Wasserwesen
- Werkzeuge und Spannzeuge
- Werkzeugmaschinen
- Zeichnungswesen

Beuth